图 C01 日本大阪北浜公寓 ——
世界上最高的装配整体混凝土建筑 (208m)

图 C02 悉尼歌剧院 ——
曲面造型的装配式混凝土建筑

图 C04 沈阳万科春河里 17 号楼 ——
框剪结构高装配率高层住宅 (万科沈阳公司提供)

图 C03 美国凤凰城图书馆 ——
全装配 (用螺栓连接的) 混凝土建筑

图 C05 上海浦江保障房
（国内应用范围最广的剪力墙结构住宅）

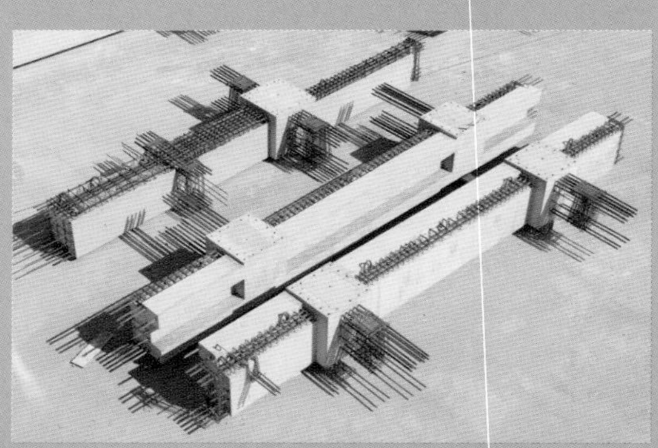

图 C06 双莲藕梁 —— 制作难度较大
的预制混凝土梁柱一体化构件（沈阳兆寰公司提供）

图 C07 上海中心大厦 (632m) —— 国内最高
的巨型钢框架—钢筋混凝土核心筒结构大厦

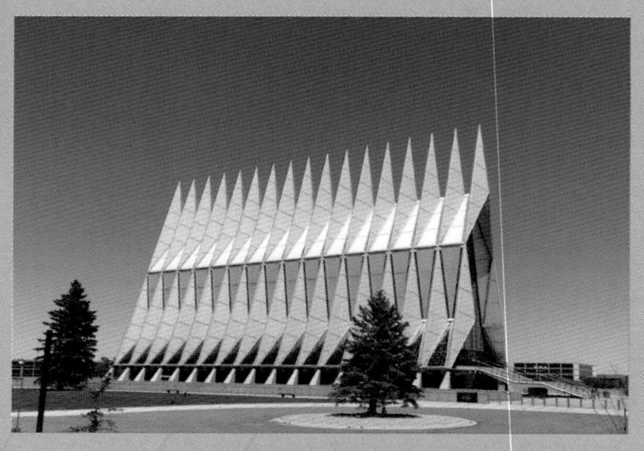

图 C08 美国科罗拉多州空军小教堂 ——
装配式与艺术完美结合的钢铁结构建筑

图 C09 日本积水公司建造的别墅 —— 在流水线上
造出的钢结构＋轻质水泥墙板装配式建筑

图 C10 日本某钢结构施工工地

图 C11 装配式木结构整间墙板

图 C12 温哥华 UBC 大学生公寓 —— 世界最高的木结构装配式建筑 (53m)

图 C13 西班牙塞维利亚都市阳伞 —— 世界上最大的木结构装配式建筑

图 C14 集成式卫生间

图 C15 集成式厨房

图 C16 带抽屉式穿鞋凳的整体收纳 —— 精细的集成式设计范例

图 C17 套筒灌浆作业旁站监理 —— 装配式混凝土结构最关键环节的管理

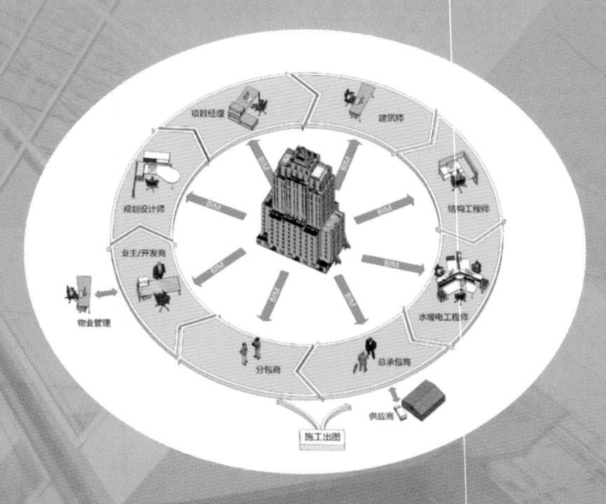

图 C18 BIM 多专业协同（壹仟零壹艺公司提供）

高等院校建筑产业现代化系列规划教材

装配式建筑概论

Introduction to Assembled Buildings

主编　郭学明

参编　王炳洪　张　岩　赵树屹
　　　毛林海　梁　栋　许德民
　　　钟　凡　黄　营

本书为普通高等教育土建学科和管理学科教材。本教材由在装配式建筑行业从事技术引进、研发、设计、管理经验丰富且对世界各国先进技术与管理有深入了解的专家团队编著，全面系统地介绍了装配式建筑的基本概念和装配式混凝土结构、钢结构、木结构、组合结构、外围护系统、集成与协同、装配式建筑管理、BIM与装配式建筑的系统知识与经验，并对未来建筑进行了展望。书中近400幅照片和图例多出自装配式建筑技术先进的国家（地区）和国内的优秀案例。

本书适合建筑学、土木工程、工程管理、给水排水工程专业使用，也可供装配式建筑行业相关人员学习和参考。

图书在版编目（CIP）数据

装配式建筑概论/郭学明主编.—北京：机械工业出版社，2018.3（2024.8重印）
高等院校建筑产业现代化系列规划教材
ISBN 978-7-111-59227-3

Ⅰ.①装…　Ⅱ.①郭…　Ⅲ.①装配式构件－高等学校－教材　Ⅳ.①TU3

中国版本图书馆CIP数据核字（2018）第035561号

机械工业出版社（北京市百万庄大街22号　邮政编码100037）
策划编辑：薛俊高　责任编辑：薛俊高
封面设计：马精明　责任校对：刘时光
责任印制：郜　敏
天津市光明印务有限公司印刷
2024年8月第1版第16次印刷
184mm×260mm·15印张·2插页·360千字
标准书号：ISBN 978-7-111-59227-3
定价：39.00元

凡购本书，如有缺页、倒页、脱页，由本社发行部调换

电话服务
服务咨询热线：010-88379833
读者购书热线：010-88379649

网络服务
机 工 官 网：www.cmpbook.com
机 工 官 博：weibo.com/cmp1952
教育服务网：www.cmpedu.com
金 书 网：www.golden-book.com

前言
FOREWORD

按照中央和国务院的要求，到2026年，我国装配式建筑占新建建筑的比例将达到30%。

装配式建筑并不仅仅是建造工法的改变，而是建筑业基于标准化、集成化、工业化、信息化的全面变革，承载了建筑现代化和实现绿色建筑的重要使命，也是建筑业走向智能化的过渡步骤之一。

装配式建筑大潮的兴起要求每一个建筑业从业者都要进行知识更新，不仅要掌握装配式建筑的知识和技能，还应当形成面向未来的创新意识与能力。如此，建筑学科和管理学科相关专业的大学生更应当与时俱进，了解国内外装配式建筑的现状与发展趋势，掌握必备的装配式建筑知识与技能，适应新形势，奠定走向未来的基础。

2017年初，《装配式混凝土结构建筑的设计、制作与施工》（郭学明主编）一书由机械工业出版社出版，受到读者欢迎。不到9个月时间重印两次，并有多所高等院校老师联系出版社，要求将此书作为教材。一些教师希望出版社能结合学科与专业设置将该书分成几册，以利于课程安排。

本套装配式建筑教材以《装配式混凝土结构建筑的设计、制作与施工》为基础编写，调整了部分内容，分成三册：《装配式建筑概论》《装配式混凝土建筑构造与设计》和《装配式混凝土建筑制作与施工》。

本书由装配式混凝土建筑行业从事技术引进、研发、设计、制作、施工和管理经验丰富且对世界各国先进技术有深入了解的专家团队编著，包括《装配式混凝土结构建筑的设计、制作与施工》主编郭学明和参编者许德民、黄营，新增加了装配式结构设计专家王炳洪，装配式建筑管理专家张岩、赵树屹，装配式木结构专家毛林海、装配式钢结构专家梁栋和BIM专家钟凡。

本书注重知识的整体性、系统性和实用性，既介绍了装配式建筑的历史沿革、技术与管理的系统知识，又介绍了国内外先进经验和实际案例，提出了现存问题与解决思路，并展望了未来建筑。表达方式力求清晰，即用简单的话把复杂的事说清楚。书中近400幅照片和图例多出自装配式建筑技术先进国家（地区）和国内的优秀案例。

本书共10章。介绍了装配式建筑的基本概念、装配式混凝土建筑、装配式钢结构建筑、装配式木结构建筑、装配式组合结构建筑、装配式建筑围护系统、装配式建筑集成与协同、装配式建筑管理、未来建筑展望、BIM应用等方面的知识、经验与思考。

本书编写过程中充分利用微信平台，建立了作者群和专题讨论群，随时进行信息交流和讨论，有的章节由两位以上作者执笔、多位作者贡献了智慧。

郭学明为本书主编，除制订各章提纲、提出要点、审改定稿外，还是第1章、第2章的主要编写者，第5章、第6章、第7章、第9章的主要编写者之一；王炳洪是第3章、第5章，第6章的主要编写者之一，同时参与编写了第2章；张岩是第8章、第9章的主要编写者之一；赵树屹是第 8 章的主要编写者之一；毛林海是第 4 章的主要编写者；梁栋是第 3 章的主要编写者之一；许德民是第 7 章的主要编写者之一，同时参与编写了第 2 章；钟凡编写了第 10 章；黄营是第 3 章的主要编写者之一。

感谢本套教材主编助理张玉波，虽然未在本册署名，但负责写作组织、汇总附录以及全书的一些校订工作。

感谢陆辉、尚进、郭苏夷对本书的贡献。

感谢石家庄山泰装饰工程有限公司设计师梁晓艳为本书绘制了部分图样与图表；沈阳兆寰现代建筑产业园有限公司田仙花翻译了日文资料；中国建筑东北设计研究院有限公司的李振宇、岳恒为本书绘制结构体系三维图。

感谢日本专家 IMS 公司董事长江东新先生、安井设计会社高凯先生对本书的指导。感谢哈尔滨工业大学郭兰慧教授对钢结构有关内容的指导。

感谢南京倍立达公司、北京宝贵石艺术公司为本书提供的工程实例照片。

本书编写者希望为当前的土木建筑专业师生奉献出一部知识性强、信息量大、实用性强并有思想性的教材。但限于我们的经验和水平有限，离目标还有较大差距，也存在差错和不足，在此恳请并感谢读者给予批评指正。

作　者

目录
CONTENTS

第1章　绪　　论

本章介绍什么是装配式建筑（1.1），装配式建筑历史（1.2），装配式建筑的优点（1.3），装配式建筑的缺点与局限（1.4），装配式建筑现状（1.5），关于装配式建筑的误区（1.6）。

1.1　什么是装配式建筑

1.1.1　装配式建筑的概念、定义及对其理解

1. 常规概念

一般来说，装配式建筑是指由预制部件通过可靠连接方式建造的建筑。按照这个理解，装配式建筑有两个主要特征：

（1）构成建筑的主要构件特别是结构构件是预制的。

（2）预制构件的连接方式是可靠的。

2. 国家标准定义

按照装配式混凝土建筑、装配式钢结构建筑和装配式木结构建筑的国家标准关于装配式建筑的定义，装配式建筑是指“结构系统、外围护系统、内装系统、设备与管线系统的主要部分采用预制部品部件集成的建筑。”

这个定义强调装配式建筑是4个系统（而不仅仅是结构系统）的主要部分采用预制部品部件集成的。按照国家标准的定义去套，传统装配式建筑在几千年发展史上以及现在世界上绝大多数所谓装配式建筑，都不能算作纯正的装配式建筑。

雅典帕特农神庙是著名的古典装配式建筑，悉尼歌剧院是著名的现代装配式建筑，日本大阪北浜公寓是当代最高的装配式混凝土建筑，但按照国家标准的定义，它们都不能算作装配式建筑。帕特农神庙的结构系统是石材部件装配而成的，但它的外围护系统和内装系统却不是部品部件的集成；悉尼歌剧院的结构系统和外围护系统是预制混凝土部件集成的，但它的内装系统和设备管线系统却不是预制部件集成；北浜公寓的结构系统和外围护系统是预制混凝土部件集成的；但它的内装系统和设备系统的主要部分却不是预制部品集成的。

现在世界上许许多多或者说绝大多数装配式建筑都没有实现4个系统主要部分由预制部品部件集成。严格意义上说，国家标准定义了一个目前基本不存在的装配式建筑。

3. 对国家标准定义的理解

但是，国家标准关于装配式建筑的定义又是非常有意义的。既有现实意义，又有长远意义。这个定义基于以下国情：

（1）近年来我国建筑特别是住宅建筑的规模是人类建筑史上前所未有的，如此大的规模特别适于建筑产业全面（而不仅仅是结构部件）实现工业化与现代化。

（2）目前我国还普遍存在建筑标准低，适宜性、舒适度和耐久性差，交付毛坯房，管线埋设在混凝土中，天棚无吊顶、地面不架空，排水不同层等。强调4个系统集成，有助于建筑标准的全面提升。

（3）我国建筑业施工工艺落后，不仅结构施工，包括设备管线系统和内装系统，标准化、工具化程度低，与发达国家比较有较大的差距。

（4）由于建筑标准低和施工工艺落后，材料、能源消耗高，是我国目前节能减排的重要战场。

鉴于以上各点，强调4个系统的集成，不仅是“补课”的需要，更是适应现实、面向未来的需要。通过推广以4个系统集成为主要特征的装配式建筑，可以以此为契机，全面提升建筑现代化水平，提高环境效益、社会效益和经济效益。

1.1.2　装配式建筑的类型

（1）按主体结构材料分类

现代装配式建筑按主体结构材料分类，有装配式混凝土建筑、装配式钢结构建筑、装配式木结构建筑和装配式组合结构建筑。

古典装配式建筑有装配式石材结构建筑和装配式木结构建筑。

（2）按建筑高度分类

装配式建筑按高度分类，有低层装配式建筑、多层装配式建筑、高层装配式建筑、超高层装配式建筑。

（3）按结构体系分类

装配式建筑按结构体系分类，有框架结构、框架-剪力墙结构、筒体结构、剪力墙结构、无梁板结构、空间薄壁结构、悬索结构、预制钢筋混凝土柱单层厂房结构等。

（4）按预制率分类

装配式混凝土建筑按预制率分为：小于5%为局部使用预制构件；5%～20%为低预制率；20%～50%为普通预制率；50%～70%为高预制率；70%以上为超高预制率。

1.2　装配式建筑的历史

1.2.1　装配式建筑的源头

人类是从灵长类动物进化而来的，与所有灵长类动物一样，人类没有建筑本能。人类对建筑的需求和建造建筑物的能力是在进化过程中形成的。

人类从直立到现在大约有六七百万年历史了，考古发现，人类最早的人造居所大约在200万年前，与人类开始用火差不多同时。或许，围绕火塘的生活方式和保护火种不因风吹雨淋熄灭是“建筑”起源的最直接原因。

建筑的源头可以追溯得很远很远。一些比灵长类更早的动物，也就是说早于6000万年前出现的动物，是各种建筑的始祖。有些动物是天生的建筑师，它们不用进建筑系不用掌握结构知识也不用学施工技术，就能建造非常棒的现浇“建筑”、装配式“建筑”和窑洞类“建筑”。

现浇建筑的始祖是蜜蜂、沙漠白蚁和金丝燕

蜜蜂用分泌出来的蜂蜡建造蜂巢。有一种沙漠石蜂用唾液和小沙粒混合成“蜂造混凝土”建造蜂巢。胡蜂和大黄蜂则用嘴嚼木质纤维，使纤维与唾液黏合，犹如造纸工艺一样，制作纸浆纤维材料建造蜂巢。

澳大利亚有一种沙漠白蚁，用粪便和沙粒混合成“蚁造混凝土”，能建造3m高的蚁巢，相对于体长，这么高的蚁巢相当于人类上千米的摩天大厦，比世界最高建筑——828m高的迪拜哈利法塔还要高。

金丝燕用唾液、湿泥和绒状羽毛建造名贵的燕窝，这些“鸟造混凝土”的原理与钢筋混凝土一样，树枝或羽毛承担拉应力，湿泥和唾液干燥后形成的胶凝体承受压应力。南美洲有一种鸟叫灶鸟，用软泥建造鸟巢的过程就像3D打印一样。

窑洞类建筑的鼻祖是蚯蚓、蛇和鼠类等。

蚯蚓、蛇都有的打洞的本能；一些鼠、獾类动物或在土中掘洞口，或在老树上啃出树洞。北极熊则会利用冰块中的冰洞或修整出冰洞，在洞内栖身。

装配式建筑的鼻祖是红蚂蚁、园丁鸟和乌鸦。

红蚂蚁用松针、小树枝、树皮、树叶、秸秆等建造很大的蚁巢，是带有屋顶的下凹式“建筑”。南美洲有一种园丁鸟，会用树枝盖带庭院的房子。乌鸦在树上用树枝搭建窝巢，大家已经司空见惯了（图1.2-1）。

图1.2-1 用树枝搭设的鸟巢是装配式“建筑”的源头

1.2.2 “前建筑时期”装配式建筑

所以，从某种意义上说，装配式建筑并不是新概念新事物，就连鸟类都会搭建“装配式建筑”。对人类而言，早在采集-狩猎时期，即农业出现前，就有了装配式居所。

人类从开始直立到现在已经有几百万年的历史，而定居的历史，也就是有固定居所的历史，只有1万多年。1万年前农业出现后，人类才从游动的居无定所的生活方式变为定居方式。

农业革命发生前，人类是采集狩猎者。由于一个地域的野生植物和动物无法长期提供充足的食物，采集狩猎者不得不到处游动。吃“光”了一个地方，再迁徙到另一个地方。我们把农业出现以前采集-狩猎者居无定所的时期称作“前建筑时期”。

有人以为“前建筑时期”人类是住在山洞里的，存在一个“洞穴时期”。这是一个以偏概全的认识。人类生活离不开食物和水，而有食物和水的地方未必有洞穴。农业革命发生前，人类已经遍布地球各个角落，大多数地区没有山洞。大自然并没有为人类在地球各地均匀地配置了山洞。流动的采集狩猎者的居所主要是搭设的棚厦或帐篷——最原始的装配式建筑。

图1.2-2是美洲印第安采集狩猎者的帐篷。用木杆和兽皮搭建。西方人来到美洲大陆之前，印第安人处于石器时代，用石头砍伐树木是比较困难的事，所以，采集狩猎者迁徙时，会带着搭设帐篷的树干和兽皮。

图 1. 2-3 是印第安采集狩猎者用木杆和草片搭建的房屋。

热带雨林地区的采集狩猎者的居所比较简单，用树枝和芭蕉叶搭建。考古还发现了西伯利亚狩猎者用猛犸象骨搭建的房屋（图 1. 2-4）。

图 1. 2-2　采集狩猎者搭建的树干兽皮帐篷

图 1. 2-3　采集狩猎者搭建的树干草片屋

图 1. 2-4　猛犸象骨搭建的房屋（大约 16000 年前）

1. 2. 3　古代装配式建筑

古代装配式建筑是指人类进入农业时代开始定居到 19 世纪现代建筑问世这段时间的装配式建筑。

人类进入农业时代定居了下来后，石头、木材、泥砖和茅草建造的真正的建筑开始出现了。

古代时期人类不仅建造居住的房子，也建造神庙、宫殿、坟墓等大型建筑。

住宅有砖石（早期主要是泥砖）砌筑建筑和木结构建筑，许多木结构住宅是装配式。图 1. 2-5 是印第安农耕部落用木材和树皮捆绑的房屋。

庙宇、宫殿大都是装配式建筑，包括石材装配式建筑和木材装配式建筑。如古埃及、古希腊和美洲特奥蒂瓦坎的石头结构柱式建筑，中世纪用石头和彩色玻璃建造的哥特式教堂，中国和日本的木结构庙宇、宫殿等，都是在加工场地把石头构件凿好，或把木头柱、梁、斗拱等构件制作好，再运到现场，以可靠的方式连接安装。古埃及和美索美洲的金字塔其实也是装配式建造物。

图 1. 2-6 ~ 图 1. 2-11 为古代装配式建筑的实例。

图 1. 2-5 印第安农民用木材和树皮捆绑的房屋

图 1. 2-6 古埃及阿斯旺菲莱神庙

图 1. 2-7 古埃及阿斯旺采石场
(柱子在采石场凿制好后再运到工地安装)

图 1. 2-8 古希腊雅典帕特农神庙——
装配式石材柱式建筑

图 1. 2-9 美洲古玛雅装配式石材柱式建筑

图 1. 2-10 科隆的哥特式大教堂——
石材装配式建筑

1.2.4 现代装配式建筑

现代建筑是工业革命和科技革命的产物，运用现代建筑技术、材料与工艺建造。世界上第一座大型现代建筑——1851 年伦敦博览会主展览馆——水晶宫，就是装配式建筑。

图 1.2-11 五台山唐代庙宇——木结构装配式建筑

1850 年，英国决定在第二年召开世界博览会，以展示英国工业革命的成果。博览会组委会向欧洲著名建筑师征集主展览馆设计方案。各国建筑师提交的方案都是古典建筑，既不能提供博览会所需要的大空间，又不能在博览会开幕前如期建成。万般无奈下，组委会负责人——维多利亚女王的丈夫艾伯特亲王采纳了一个花匠提出的救急方案，把用铸铁和玻璃建造花房的技术用于展览馆建设。在工厂制作好铸铁柱梁，在玻璃工厂按当时最大的规格制作玻璃，然后运到现场装配，几个月就完成了展览馆建设，解决了大空间和工期紧的难题，建筑也非常漂亮，像水晶一样，被誉为“水晶宫”，创造了建筑史上的奇迹。

巴黎埃菲尔铁塔和纽约自由女神像也是装配式建筑，或者称为装配式建造物。

图 1.2-12 人类第一座现代建筑水晶宫是装配式建筑

图 1.2-13 纽约自由女神像是装配式建造物

自由女神像是法国人在美国建国 100 周年时赠送给美国人民的，于 1886 年建成。自由女神像是铸铁结构，铸铜表皮。铸铁结构骨架和铸铜表皮都是在法国制作的，漂洋过海运到美国安装。结构由著名的埃菲尔铁塔的设计者埃菲尔设计。自由女神像是世界上最早的装配式钢结构金属幕墙工程。6 年后，美国著名建筑师——芝加哥学派代表人物沙利文设计了圣路易斯温赖特大厦（图 1.2-14），这是一座铁骨架结构加上石材、玻璃表皮的装配式建筑。这座装配式高层建筑是美国摩天大楼的里程碑。

1931年建造的纽约帝国大厦（图1.2-15）也是装配式建筑。这座高381m的钢结构石材幕墙大厦保持世界最高建筑的地位长达40年。帝国大厦102层，由于采用了装配式工艺，全部工期仅用了410天，平均4天一层楼，这在当时是非常了不起的奇迹。

图1.2-14 温莱特大厦——美国最早的高层装配式建筑

图1.2-15 帝国大厦

现代建筑从1851年问世到20世纪50年代长达100年的时间里，装配式建筑主要是钢结构建筑。20世纪50年代以后，装配式混凝土建筑渐渐成为装配式建筑舞台上的主角。

著名建筑师贝聿铭设计的费城社会岭公寓于1964年建成，由3座装配式混凝土高层建筑（图1.2-16）组成。由于采用了装配式，质量好，非常精致，还大幅度降低了成本。这个项目是利用装配式低成本高效率优势解决城市人口居住问题的代表作之一。

图1.2-16 贝聿铭设计的费城社会岭公寓——高层装配式混凝土建筑

20世纪最伟大的建筑之一悉尼歌剧院也是装配式建筑（见文前彩插C02），曲面薄壳采用装配式叠合板；外围护墙体采用装饰一体化外挂墙板。建筑师约翰·伍重在方案设计阶段并没有想到采用装配式，由于在项目实施过程中现浇混凝土工艺很难施工，被迫使用装配式，结果获得了成功。

1.3　装配式建筑的优点

从1.2节所举的现代装配式建筑的例子，我们看到了装配式的优势：水晶宫和帝国大厦装配式带来了高效率；悉尼歌剧院靠装配式解决了施工难题；社会岭公寓因为装配式提高了质量降低了成本。

图1.3-1是日本东京大宫的一个高层建筑工地，由于通往工地的道路狭窄，无法运输大型预制构件，施工企业宁可在工地建一个露天的临时工厂预制构件，也不直接现浇混凝土。因为装配式建筑质量好、效率高、成本低。日本有的超高层住宅的售楼书，还特别强调该建筑是装配式建筑，可见其质量是得到公众普遍认可的。

图1.3-1　日本东京一高层混凝土结构建筑工地的临时露天构件工厂

下面分析讨论装配式建筑的优势。

1.3.1　提高建筑质量

1. 混凝土结构

装配式并不是单纯的工艺改变——将现浇变为预制，而是建筑体系与运作方式的变革，对建筑质量提升有推动作用。

（1）装配式混凝土建筑要求设计必须精细化、协同化。如果设计不精细，构件制作好了才发现问题，就会造成很大的损失。装配式倒逼设计更深入、细化、协同，由此会提高设计质量和建筑品质。

（2）装配式可以提高建筑精度。现浇混凝土结构的施工误差往往以厘米计，而预制构件的误差以毫米计，误差大了就无法装配。预制构件在工厂模台上和精致的模具中生产，实现和控制品质比现场容易。预制构件的高精度会“逼迫”现场现浇混凝土精度的提高。在日本看到表皮是预制墙板反打瓷砖的建筑，100多米高的外墙面，瓷砖砖缝笔直整齐，误差不到2mm。现场贴砖作业是很难达到如此精度的。

（3）装配式可以提高混凝土浇筑、振捣和养护环节的质量。现场浇筑混凝土，模具组装不易做到严丝合缝，容易漏浆；墙、柱等立式构件不易做到很好的振捣；现场也很难做到符合要求的养护。工厂制作构件时，模具组装可以严丝合缝，混凝土不会漏浆；墙、柱等立式构件大都“躺着”浇筑，振捣方便；板式构件在振捣台上振捣，效果更好；一般采用蒸汽养护方式，养护质量大大提高。

（4）装配式是实现建筑自动化和智能化的前提。自动化和智能化减少了对人、对责任心等不确定因素的依赖。由此可以最大化避免人为错误，提高产品质量。

（5）工厂作业环境比工地现场更适合全面细致地进行质量检查和控制。

2. 其他

（1）钢结构、木结构装配式和集成化内装修的优势是显而易见的，工厂制作的部品部件由于剪裁、加工和拼装设备的精度高，有些设备还实现了自动化数控化，产品质量大幅度提高。

（2）从生产组织体系上来看，装配式将建筑业传统的层层竖向转包变为扁平化分包。层层转包最终将建筑质量的责任系于流动性非常强的农民工身上；而扁平化分包，建筑质量的责任由专业化制造工厂分担。工厂有厂房、有设备，质量责任容易追溯。

1.3.2 提高效率

对钢结构、木结构和全装配式（也就是用螺栓或焊接连接的）混凝土结构而言，装配式能够提高效率是毋庸置疑的。对于装配整体式混凝土建筑，高层超高层建筑最多的日本给出的结论也是装配式会提高效率。

装配式使一些高处和高空作业转移到车间进行，即使不搞自动化，生产效率也会提高。工厂作业环境比现场优越，工厂化生产不受气象条件制约，刮风下雨不影响构件制作。

工厂比工地调配平衡劳动力资源也更为方便。

英特尔大连工厂厂房建筑面积10万m^2，3层，钢筋混凝土框架结构，如果采用现浇方式，工期需要2年，而采用了装配式，结构工期只有半年。由于湿作业很少，工厂生产线和设备管线安装可以跟随结构流水作业，总工期大大缩短。

但是，如果一项工程既有装配式，又有较多现浇混凝土，虽然现浇混凝土数量可能减少了，但现浇部位多，零碎化了，就无法提高效率，还可能降低效率。

在工厂环节，如果预制构件伸出钢筋的界面多、钢筋多且复杂，也很难提高整体效率。

1.3.3 节约材料

对钢结构、木结构和全装配式混凝土结构而言，装配式能够节约材料。

实行内装修和集成化也会大幅度节约材料。

对于装配整体式混凝土结构而言，结构连接会增加套筒、灌浆料和加密箍筋等材料；规范规定的结构计算提高系数或构造加强也会增加配筋。可以减少的材料包括内墙抹灰、现场模具和脚手架消耗，以及商品混凝土运输车挂在罐壁上的浆料等。

如果装配整体式混凝土结构后浇混凝土连接较多，节约材料就比较难。

1.3.4 节能减排环保

装配式建筑可以节约材料，可以大幅度减少建筑垃圾，因为工厂制作环节可以将边角余料充分利用，自然有助于节能减排环保。

1.3.5 节省劳动力并改善劳动条件

1. 节省劳动力

工厂化生产与现场作业比较，可以较多地利用设备和工具，包括自动化设备，可以节省劳动力。节省多少主要取决于预制率大小、生产工艺自动化程度和连接节点复杂程度。

2. 改变从业者的结构构成

装配式可以大量减少工地劳动力，使建筑业农民工向产业工人转化，提高素质。由于设计精细化和拆分设计、产品设计、模具设计的需要，还由于精细化生产与施工管理的需要，白领人员比例会有所增加。由此，建筑业从业人员的构成将发生变化，知识化程度得以提高。

3. 改善工作环境

装配式把很多现场作业转移到工厂进行，高处或高空作业转移到平地进行；风吹日晒雨淋的室外作业转移到车间里进行；工作环境大大改善。工厂的工人可以在工厂宿舍或工厂附近住宅区居住，不用住工地临时工棚。装配式使很大比例的建筑工人不再流动，从而定居下来，解决了夫妻分居、孩子留守等社会问题。

4. 降低劳动强度

装配式可以较多地使用设备和工具，工人劳动强度大大降低。

1.3.6　缩短工期

一般来说，装配式钢结构和木结构建筑的设计周期不会增加，但装配整体式混凝土建筑的设计周期会增加较多。

计划安排得好，装配式建筑部品部件制作一般不会影响整个工期，因为在现场准备和基础施工期间，构件制作可以进行，当工地可以安装时，工厂已经生产出所需要的构件了。

就主体结构施工工期而言，全装配式混凝土结构会大幅度缩短工期，但对于装配整体式混凝土结构的主体施工而言，缩短工期比较难，特别是剪力墙结构，还可能增加工期。

装配式建筑特别是装配式整体式混凝土建筑，缩短工期的空间主要在主体结构施工之后的环节，特别是内装环节，因为装配式建筑湿作业少，外围护系统与主体结构施工可以同步，内装施工可以尾随结构施工进行。相隔2～3层楼即可。如此，当主体结构施工结束时，其他环节的施工也接近结束。

1.3.7　有利于安全

装配式建筑工地作业人员减少，高处、高空和脚手架上的作业也大幅度减少，如此减少了危险点。

工厂作业环境和安全管理的便利性好于工地。自动化和智能化会进一步提高生产过程的安全性。

工厂工人比工地工人相对稳定，安全培训的有效性增强。

1.3.8　有利于冬期施工

装配式混凝土建筑的构件制作在冬期不会受到大的影响。工地冬期施工，可对构件连接处做局部围护保温，也可以搭设折叠式临时暖棚，冬期施工成本比现浇建筑低很多。

1.4　装配式建筑的缺点与局限

装配式不是万能的，更不是完美的，存在着缺点与局限性。

1.4.1　装配式建筑的缺点

1. 装配整体式混凝土结构的缺点

（1）连接点的“娇贵”

现浇混凝土建筑一个构件内钢筋在同一截面连接接头的数量不能超过50%，而装配整体式混凝土结构，一层楼所有构件的所有钢筋都在同一截面连接。而且，连接构造制作和施工比较复杂，精度要求高，对管理的要求高，连接作业要求监理和质量管理人员旁站监督。这些连接点出现结构安全隐患的概率大。

（2）对误差和遗漏的宽容度低

构件连接误差大了几毫米就无法安装；预制构件内的预埋件和预埋物一旦遗漏也很难补救；要么重新制作构件造成损失和工期延误，要么偷偷采取不合规的补救措施，容易留下质量与结构安全隐患。

（3）对后浇混凝土依赖

装配整体式对后浇混凝土依赖，导致构件制作出筋多，现场作业环节复杂。

（4）适用高度降低

规范规定装配整体式混凝土结构的适用建筑高度与现浇混凝土结构比较有所降低，是否降低和降低幅度与结构体系、连接方式有关，一般降低10～20m，最多降低30m。

（5）成本控制难度

从世界各国的经验看，装配式混凝土建筑的成本比现浇低，至少不高。但目前中国装配式混凝土建筑比现浇混凝土建筑成本高，以主体结构总成本（不含建筑、水电、装修）为基数，高出10%～40%。高的原因与建筑风格（里出外进较多）、结构体系（剪力墙结构）、规范审慎、技术不成熟、管理不成熟和生产线投资大等因素有关。

（6）叠合板不适宜无吊顶建筑

国外装配式住宅的天棚都有吊顶，既不需要在叠合楼板现浇层埋设管线，也不需要处理叠合板缝。而中国大多数住宅不吊顶，采用预制叠合楼板并不适宜，主要是很难解决板缝问题。板缝之间采用现浇带，构件制作和现场施工都麻烦，得不偿失，也没有从根本上解决裂缝问题。

2. 全装配式混凝土结构的缺点

整体性差，抗侧向力的能力差，不适宜高层建筑和抗震烈度高的地区。

3. 装配式钢结构建筑的缺点

现在几乎没有在现场剪裁、加工钢结构部件的工程了，钢结构建筑部件都是在工厂加工的，因此，可以认为钢结构建筑都是装配式建筑，没有预制与现场制作进行比较一说。装配式钢结构建筑的缺点也就是钢结构建筑的缺点。

钢结构建筑的缺点包括：

（1）多层和高层住宅的适宜性还需要进一步探索。

（2）防火代价较高。

（3）确保耐久性的代价较高。

4. 装配式木结构建筑的缺点

（1）集成化程度低。

（2）适用范围窄。

（3）成本方面优势不大。

1.4.2 装配式建筑的局限性

1. 建筑风格的适宜性

就大规模推广而言，装配式建筑尤其是装配式混凝土结构建筑，对于个性化突出、重复元素少且规模较小的建筑不大适应，或者说经济上并不合算。

2. 结构体系的适宜性

各种结构体系都能做装配式，但不是各种结构体系都适宜做装配式。剪力墙结构体系做装配式的适宜性就不如框架结构等柱梁结构体系。

3. 对建筑规模或体量的依赖

装配式建筑建立在工厂化基础上，如果建筑规模小，开工量不足，工厂就很难生存。

1.5 装配式建筑的现状

1.5.1 国外的情况

欧洲高层建筑不是很多，装配式建筑以多层为主，主要是框架结构，也有预制永久性混凝土模板建造的剪力墙结构（双面叠合剪力墙）。欧洲制作混凝土构件的自动化程度很高，装配式建筑装备制造业非常发达，居于世界领先地位。

日本是世界上装配式混凝土建筑运用得最为成熟的国家，高层超高层钢筋混凝土结构建筑很多是装配式。多层建筑较少采用装配式，因为模具周转次数少，搞装配式造价太高。

日本装配式混凝土建筑多为框架结构、框-剪结构和筒体结构，预制率比较高。日本许多钢结构建筑也用混凝土叠合楼板、预制楼梯和外挂墙板。日本装配式混凝土建筑的质量非常高，但绝大多数构件都不是在流水线上生产的，因为梁、柱和外挂墙板不适宜流水线生产。

日本低层建筑装配式比例非常高。别墅大都是装配式建筑，结构体系是钢结构 + 水泥基轻质墙板，内装都是自动化生产线生产。

韩国、新加坡等地的装配式混凝土建筑技术与日本接近，应用比较普遍，但比例不像日本那么大。目前，亚洲的装配式建筑发展正处于上升期。

北美装配式混凝土建筑比欧洲和日本少。因为北美住宅大多是别墅和低层建筑，多用木结构建造。北美木结构建筑的木材与配件工厂化、标准化程度较高，但组件和部件集成化的比例不高。

北美全装配式混凝土建筑，也就是用螺栓连接的混凝土建筑比较多，大多数停车场是全装配式建筑。预应力空心板、双 T 板的应用也非常普遍。

大洋洲装配式建筑应用比较普遍，框架结构比较多，多层建筑居多，也有少数高层建筑。

现在的钢结构建筑事实上都属于装配式建筑，国外公共建筑特别是高层建筑较多采用钢结构建筑，许多钢结构建筑采用预制混凝土构件。

1.5.2 中国的情况

我国装配式混凝土建筑的历史在 20 世纪 50 年代就开始了，到 80 年代达到高潮，预制构件厂星罗棋布。许多工业厂房为预制钢筋混凝土柱单层厂房，柱子、吊车轨道梁和屋架都是预制的，有的建筑杯型基础也是预制的。还有许多无梁板结构的仓库和冷库也是装配式建筑，预制杯型基础、柱子、柱帽和叠合无梁楼板。90年代后，工业厂房主要采用钢结构建筑。

20世纪90年代以前，砖混结构住宅和办公楼等建筑大量使用预制楼板、过梁和楼梯等，一些地区还建造了一些预制混凝土大板楼、混凝土盒子楼。但这些装配式混凝土建筑由于抗震、漏水、透寒等问题没有很好地解决，日渐式微，装配式的尝试停了下来。90年代初期，预制板厂销声匿迹，现浇混凝土结构开始成为建筑舞台的主角。

我国早期装配式过程出现的问题在发达国家装配式早期阶段也都出现过，但他们并没有因出现问题而放弃装配式，而是致力于解决问题，使装配式技术日趋完善成熟。

进入21世纪后，我国重新启动了装配式混凝土建筑的进程，近10年来取得了非常大的进展，引进了国外成熟的技术，自主研发了一些具有中国特点的技术，并建造了一些装配式建筑，积累了宝贵的经验。

按照我国政府的要求，装配式建筑在2026年将达到新建建筑的30%，按照目前建筑业总产值与增长速度计算，届时建筑业总产值约为33万亿（表1.5-1），装配式建筑产值将达10万亿以上。

表1.5-1 装配式建筑市场趋势

指 标	2015年	2016年	增 速	2026年（预计）
建筑业总产值/亿元	180757	193567	7.09%	约33万亿 （按照我国住建部5.5%增速计算）

1.6 关于装配式建筑的误区

关于装配式建筑，目前也存在一些误区：

1. 装配式优点会自动实现

有人以为只要搞了装配式，装配式建筑的优点就会自动实现。实际上，装配式建筑需要更精细的设计、更严谨的计划、更有效的管理，装配式的优点只有基于这几个“更”才能实现。否则的话，会出现各种问题、麻烦和隐患。

2. 高大上的厂房设备

一些人注重高大上的厂房设备，盲目上自动化流水线。世界上装配式建筑技术相对发达、产品质量过硬的日本，只有叠合板实现了自动化生产，其他构件都在固定模台上制作。

目前世界上最先进的混凝土构件流水线适用范围很窄，只适合生产不出筋的板式构件，按照中国现行规范，没有一样构件可以完全实现自动化生产。

3. 盲目追求高速度

到2026年中国装配式建筑比例达到30%，已经是很高的速度了，是世界建筑工业化进程中前所未有的速度，前所未有的规模，前所未有的跨度和前所未有的难度。但一些地方还要加速，在技术不够完善，尤其是人才匮乏的情况下，高速度的盲目发展可能带来灾难性后果。

4. 为装配率而装配式

有时，甲方和设计单位只是被动地完成政府规定的装配率指标，并没有对实现装配式的效率与效益进行深入分析和多方案经济比较。

1. 什么是装配式建筑？
2. 国家标准关于装配式建筑的定义有什么意义？
3. 装配式建筑有哪些优点？
4. 装配式建筑有哪些缺点？
5. 装配式建筑目前还存在哪些局限性？

第 2 章　装配式混凝土建筑

本章介绍装配式混凝土建筑的基本知识，具体包括：什么是装配式混凝土建筑（2.1），装配式混凝土建筑的历史沿革（2.2），装配式混凝土建筑类型与适宜性（2.3），装配式混凝土结构连接方式（2.4），装配式混凝土建筑设计（2.5），装配式混凝土建筑结构设计（2.6），预制混凝土构件制作（2.7），装配式混凝土建筑施工（2.8），质量管理要点（2.9）以及装配式混凝土建筑的技术课题（2.10）。

2.1　什么是装配式混凝土建筑

按照装配式混凝土建筑国家标准的定义，装配式混凝土建筑是指“建筑的结构系统由混凝土部件构成的装配式建筑。”而装配式建筑又是结构、外围护、内装和设备管线系统的主要部品部件预制集成的建筑。如此，装配式混凝土建筑有两个主要特征：

第一个特征是构成建筑结构的构件是混凝土预制构件。

第二个特征是装配式混凝土建筑是 4 个系统——结构、外围护、内装和设备管线系统的主要部品部件预制集成的建筑。

国际建筑界习惯把装配式混凝土建筑简称为 PC 建筑。PC 是英语 Precast Concrete 的缩写，是预制混凝土的意思。

2.2　装配式混凝土建筑的历史沿革

装配式混凝土建筑的历史，可以从水泥的发明说起。1824 年，英国人约瑟夫·阿斯帕丁发明了水泥。43 年后，1867 年，法国花匠约瑟夫·莫尼埃申请了钢筋混凝土专利。又过了 23 年，1890 年，法国开始出现钢筋混凝土建筑。

预制混凝土构件在建筑上的应用始于 1891 年。那一年，巴黎一家公司首次在建筑中使用了预制混凝土梁。1896 年，法国人建造了最早的装配式混凝土建筑——一座小门卫房。

进入 20 世纪，一些现代主义建筑大师意识到建筑工业化是大规模解决城市住宅问题的有效途径，主张、提倡装配式混凝土建筑。1910 年，现代建筑领军人物，20 世纪世界四大建筑大师之一的格罗皮乌斯提出：钢筋混凝土建筑应当预制化、工厂化。

由于两次世界大战的影响，20 世纪 50 年代之前，装配式混凝土建筑只停留在概念阶段。二次世界大战结束后，装配式混凝土建筑大步登上建筑舞台，并逐渐成为重要角色。

20 世纪 50 年代，世界四大著名建筑大师之一的勒·柯布西耶设计了马赛公寓，采用了大量预制清水混凝土构件（图 2.2-1）。简单粗放的马赛公寓在浪漫的法国不受欢迎，但这种风格的建筑在德国却受到欢迎。一方面德国人本来就喜欢简单风格；另一方面德国城市在战争中毁坏严重，重建规模大，装配式加上不装饰，可以降低建造成本。勒·柯布西耶还为印度规划设计了昌迪加尔城，也大量采用了预制构件（图 2. 2-2）。

图 2. 2-1　马赛公寓采用了大量预制混凝土构件

图 2. 2-2　印度昌迪加尔采用了大量预制混凝土构件

格罗皮乌斯 20 世纪 50 年代末设计的纽约泛美大厦是一座地标性高层建筑（图 2. 2-3），建筑表皮的预制混凝土构件是露骨料的装饰一体化构件。虽然这座大厦的建筑风格招致很多批评，但其对装配式混凝土建筑的引领作用是非常大的。

贝聿铭是格罗皮乌斯的研究生，在建筑理念方面深受导师的影响，在装配式方面紧跟导师，是积极的践行者。贝聿铭在世界级建筑大师中，装配式混凝土建筑作品最多，也最成功。他设计的费城社会岭公寓 1964 年建成（图 2. 2-4），是美国最早的装配式混凝土高层住宅之一。

图 2. 2-3　格罗皮乌斯设计的纽约泛美大厦

图 2. 2-4　贝聿铭设计的费城社会岭公寓

装配式混凝土建筑的热潮在 20 世纪 50 年代末兴起。瑞典、丹麦、芬兰等北欧国家由政府主导建设“安居工程”，大量建造装配式混凝土建筑，主要是多层“板楼”。瑞典当时人口只有800万左右，每年建造安居住宅多达20万套，仅仅5年时间就为一半国民解决了住房。北欧冬季漫长，气候寒冷，夜长昼短，一年中可施工时间较少，搞装配式混凝土建筑主要是为了缩短现场工期，提高建造效率，降低造价。冬季在工厂大量预制构件，到了可施工季节到现场安装。北欧的装配式混凝土建筑提高了效率，降低了成本，也提升了质量。其经验被欧洲其他国家借鉴，又传至美国、日本、东南亚……目前，装配式混凝土建筑已经成为许多发达国家重要的建筑方式，在新建混凝土建筑中占有一定比例，高的达到60%，低的也有15%。

预制装配化是建筑工业化的重要部分。早期每个工地都要建一个小型混凝土搅拌站；后来商品混凝土搅拌站形成了网络，取代了工地搅拌站；再进一步，预制构件厂将会形成网络，从而部分取代商品混凝土。

2.3 装配式混凝土建筑的类型与适宜性

2.3.1 建筑功能及其适宜性

就建筑功能而言，装配式混凝土建筑适用范围很广，包括住宅、学校、酒店、写字楼、商业建筑、医院、大型公共建筑、车库、多层仓库、标准厂房等。如果建筑体量大，非标准厂房也可采用装配式。

2.3.2 建筑高度及其适宜性

高层和超高层混凝土建筑比较适宜做装配式，因为模具周转次数多。世界上最高的装配式混凝土住宅高达208m（见文前彩插C01）。

低层和多层混凝土建筑如果采用标准化构件，或项目的规模较大，也适宜做装配式。

2.3.3 建筑风格的适宜性

关于装配式混凝土建筑适宜的建筑风格，有一种认识误区，以为装配式混凝土建筑只适合于简洁的风格。

当然，装配式混凝土建筑非常适宜简洁的建筑风格。对普通建筑而言，个性化突出、复杂多变，重复元素少，规模又不大的建筑不适宜做装配式，或者说做装配式不合算。但对于造型复杂的“非普通建筑”，类似悉尼歌剧院那样的标志性建筑，装配式比现浇更有优势，甚至是无可替代的优势。

著名建筑师伯纳德·屈米设计的辛辛那提大学体育馆中心（图2.3-1），建筑表皮是预制钢筋混凝土镂空曲面板，如果现浇是非常困难的，很难脱模，造价也会非常高。但采用预制装配式就容易了许多，成本大大降低，还缩短了工期。

美国著名建筑组合墨菲西斯设计的达拉斯佩罗自然博物馆（图2.3-2），建筑表皮是渐变的地质纹理，由预制墙板组成。这种复杂质感如果现场浇筑，会比工厂预制困难很多。虽然预制渐变的地质纹理构件模具周转次数很少，甚至一块一模，但现浇也同样需要模具周转次数少或一块一模。采用预制方式，模具是平躺着的，可以用聚苯乙烯、石膏等便宜的一次性材料制作模具；而现场浇筑模具是立着的，必须用诸如玻璃钢一类的高强度材料制作模具，还要先制作模型再翻制模具，成本更高。如此看来，对于复杂质感的建筑，装配式反倒有优势。

图 2. 3-1　辛辛那提大学体育馆中心镂空曲面板

图 2. 3-2　达拉斯佩罗自然博物馆

总体上讲，装配式适合造型简单、简洁，没有繁杂装饰的建筑。密斯“少就是多”的现代主义建筑理念最适合装配式。装配式建筑往往靠别具匠心的精致、恰到好处的比例、横竖线条排列组合变化、虚实对比变化以及表皮质感等构成艺术张力。

图 2. 3-3 是日本鹿岛公司的一座办公楼，装配式混凝土框架结构，清水混凝土梁柱与大玻璃窗构成简洁明快的建筑表皮。图 2. 3-4 是日本东京芝浦一座 159m 高的超高层装配式混凝土住宅，凹入式阳台，砖红色表皮显得颇为厚重。

图 2. 3-3　梁柱与玻璃组成简洁明快的立面

图 2. 3-4　凹入式阳台的外立面显得非常简洁

著名建筑师山崎实设计的美国普林斯顿大学罗宾逊楼是非常有特色的现代建筑（图 2. 3-5），楼四周是柱廊，既简洁又有风韵的现代风格预制柱是变截面的，柱子与柱头连体，用白色装饰混凝土制作而成。这类构件采用预制方式，模具可以反复使用，会比现浇降低成本。

图 2. 3-6 是我国建筑师马岩松设计的哈尔滨大剧院局部清水混凝土外挂墙板。这些外挂

墙板有曲面的，也有双曲面的，曲率还不一样。在工厂预制作过程是先将参数化设计信息输入数控机床，在聚苯乙烯板上刻出精确的曲面板模具，再在模具表面抹浆料刮平磨光，然后浇筑制作出曲面板。

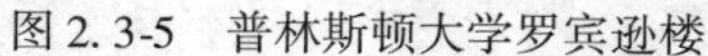
图 2.3-5　普林斯顿大学罗宾逊楼

图 2.3-6　哈尔滨大剧院曲面板

2.3.4　装配方式及其适宜性

装配式混凝土建筑分为装配整体式结构和全装配式结构两种类型。

1. 装配整体式混凝土结构

装配整体式混凝土结构是预制混凝土构件通过可靠方式进行连接并与现场后浇混凝土、水泥基灌浆料形成整体的装配式结构。简言之，以“湿连接”为主要方式。

装配整体式混凝土结构具有较好的整体性和抗震性。目前多数多层和全部高层装配式混凝土建筑采用装配整体式。

2. 全装配式混凝土结构

全装配式混凝土结构是指预制混凝土构件靠干法连接，即螺栓连接或焊接形成的装配式建筑。

全装配式混凝土建筑整体性和抗侧向作用的能力较差，不适于高层建筑。但它具有构件制作简单，安装便利，工期短，成本低等优点。国外许多低层和多层建筑采用全装配式混凝土结构。文前彩插图 C03 所示美国凤凰城图书馆就是一座全装配式建筑。

2.3.5　结构体系及其适宜性

任何结构体系的钢筋混凝土建筑，框架结构、框架-剪力墙结构、筒体结构、剪力墙结构、无梁板结构、预制钢筋混凝土柱单层厂房结构、薄壳结构、悬索结构等，都可以做装配式。但是，有的结构体系更适宜一些，有的结构体系则勉强一些；有的结构体系技术与经验已经成熟，有的结构体系则正在探索之中。

1. 柱梁结构体系

以柱、梁为主要构件的结构体系包括框架结构、框剪结构和各种筒体结构（图 2.3-7）。下面，我们简单分析一下其优点和缺点。

（1）优点

1）柱梁结构体系是世界各国装配式混凝土建筑中应用最久、最多的结构体系，经验成熟。

2）柱梁结构体系主要结构构件连接界面较小，连接钢筋数量少，灌浆料也用得少。连

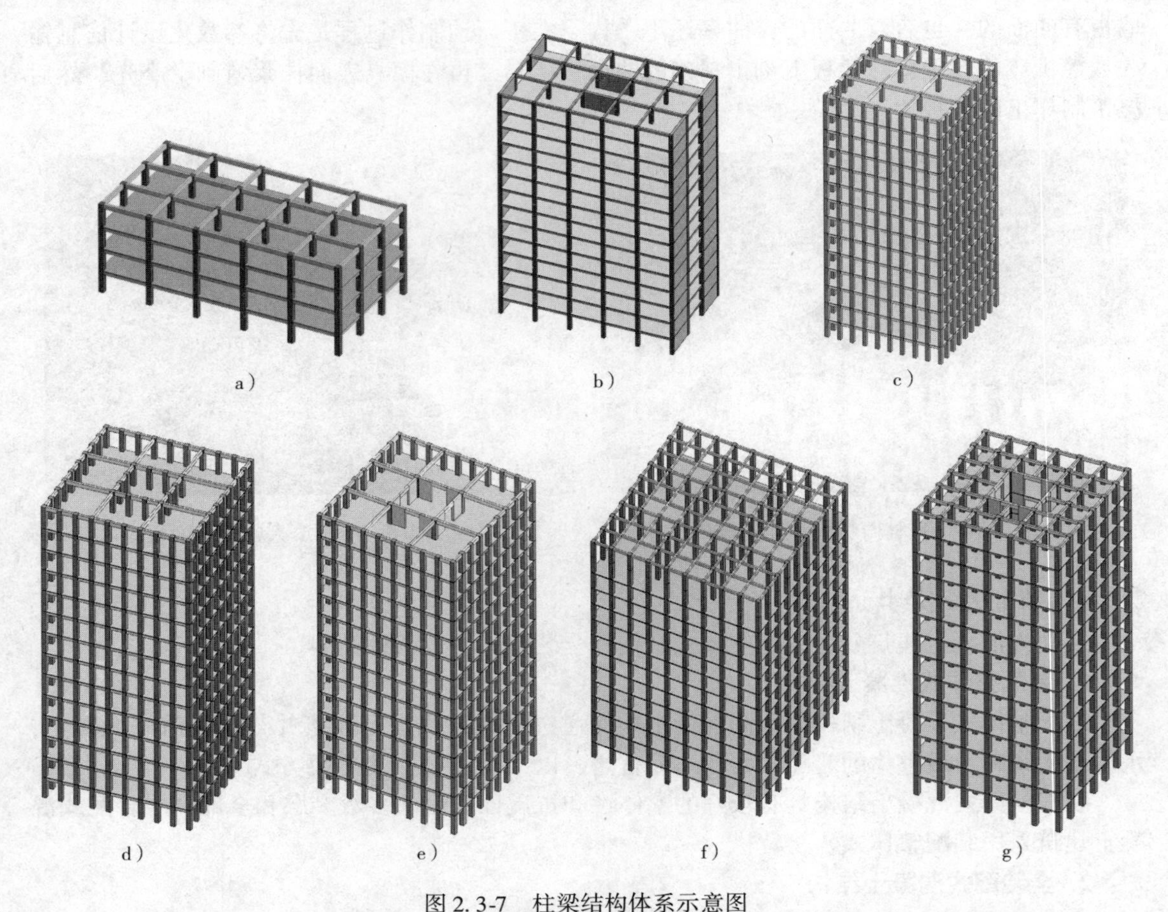

图 2. 3-7　柱梁结构体系示意图

a）框架结构　b）框剪结构　c）筒体结构　d）筒中筒结构　e）筒中筒-剪力墙核心筒结构　f）束筒结构　g）稀柱筒体结构

接成本增量要小一些。

3）可通过采用高强度等级和大直径钢筋的方法，减少钢筋根数，进而减少套筒连接件数量，简化施工，降低成本。

4）结构传递侧向力对楼盖、屋盖依赖度低，楼盖、屋盖预制楼板连接较为简单。

5）外墙围护系统选择范围宽，建筑师受到的约束较少。

6）施工便利，现场作业量少。

（2）缺点

柱和梁目前尚无法用自动化生产工艺制作，各国都采用固定模台生产方式；预制外挂墙板也很少用自动化生产工艺。柱梁结构体系距离自动化的目标比较远。

2. 剪力墙结构

剪力墙结构是由剪力墙组成的承受竖向和水平作用的结构（图 2. 3-8）。在剪力墙结构中，楼盖和屋盖传递侧向力的作用较大。

国外高层装配式混凝土剪力墙结构较少，可供借鉴的理论与经验不多。中国近年来剪力墙结构装配式建筑，特别是高层建筑应用较多，积累了许多经验，也暴露了一些问题。下面分析其优点与缺点。

(1) 优点

1) 构件在工厂制作，比现场浇筑质量易控制。

2) 外墙板可以实现保温装饰一体化，提高防火性能，还可简化外围护系统施工作业。

3) 如果采用石材、面砖反打或装饰混凝土面层，可节省干挂石材龙骨和面砖粘贴费用，装饰面材与墙体连接牢固。

4) 结构可拆分成以板式构件为主，有利于实现自动化制作，(目前剪力墙板配筋复杂，出筋较多，尚无法实现自动化生产)。

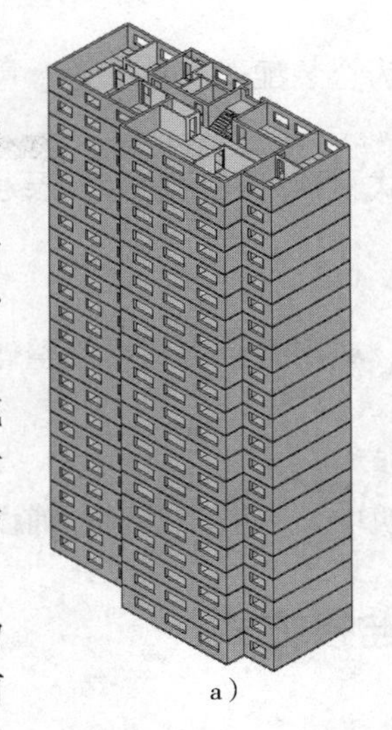

a)

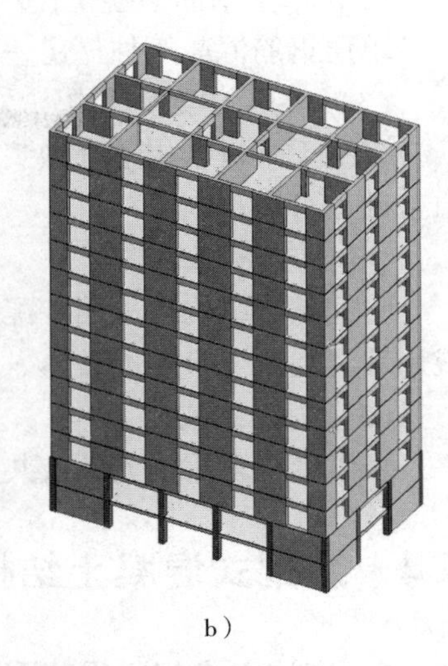

b)

图 2.3-8　剪力墙结构示意图

a) 剪力墙结构　b) 部分框支剪力墙结构

(2) 缺点

1) 按国家标准规定，最大适用高度比现浇剪力墙结构低 10～20m，最多低 30m。

2) 剪力墙板竖向连接面积大，钢筋连接点多，局部加强钢筋增加较多，灌浆料用量多，连接作业量大，增加成本较多。

3) 剪力墙板横向连接面积大，伸出的环形钢筋使制作、安装比较麻烦，费时费工。

4) 后浇混凝土部位多，零碎，虽然减少了现浇混凝土量，但不省工不省时；作业环节增加，且比较麻烦。

5) 由于对楼盖传递水平作用的依赖度高，国家标准规定叠合楼板现浇层厚度小于100mm 时 (常用的大多数叠合楼板)，预制部分出筋须伸入支座。如此，工厂制作环节无法实现自动化，手工作业也非常麻烦，耗费工时多。

6) 按国家标准规定，上下剪力墙之间须设置水平现浇带。通常在混凝土浇筑后的第二天，强度还很低时，就开始安装上一层墙板。这存在结构安全隐患，而如果等现浇带达到一定强度再安装上层构件，工期比现浇混凝土结构又会成倍增加，各种施工机械租金和工地窝工也会增加成本。

7) 预制剪力墙板三边出筋，一边是套筒或浆锚孔，上了流水线也无法实现自动化。

以上问题致使剪力墙结构装配式建筑效率低，工期长，结构成本增加较多。这些问题大多是剪力墙结构特性带来的。因此，房地产决策人员和设计单位在进行装配式建筑设计时，首先应解构“高层住宅只适宜做剪力墙结构”的心理定式，通过综合的定量分析对比，选择安全、可靠、合理、经济的结构体系。

3. 其他结构

(1) 多层墙板结构

多层墙板结构或者是剪力墙结构的简化版，或者是框架结构的改造版——将柱、梁与墙板一体化制作。板式构件适合自动化流水线生产，制作、安装效率高，成本低。大规模装配式混凝土建筑发展初期，框架-墙板结构应用得比较多。

（2）单层钢筋混凝土柱厂房

单层钢筋混凝土柱厂房一般为全装配式，柱、梁、屋架或屋面梁用螺栓或焊接连接。

（3）多层无梁板结构

多层无梁板结构适宜做装配式，预制柱一般为多层通长制作，楼盖和屋盖为叠合板，杯口基础也可以预制。

（4）空间薄壁结构

空间薄壁结构可采用装配式，或用叠合方式形成整体，如悉尼歌剧院（文前彩插 C02）；或用后浇混凝土带连成整体。

（5）悬索结构

悬索结构多用于大型公共建筑中，一般在悬索上铺设预应力混凝土屋面板。

2.4　装配式混凝土结构连接方式

2.4.1　连接方式与适用范围

连接技术是装配式混凝土建筑的核心技术，是结构安全最基本的保障。图 2.4-1 给出了装配式混凝土结构连接方式一览；表 2.4-1 给出了各种结构连接方式的适用范围。

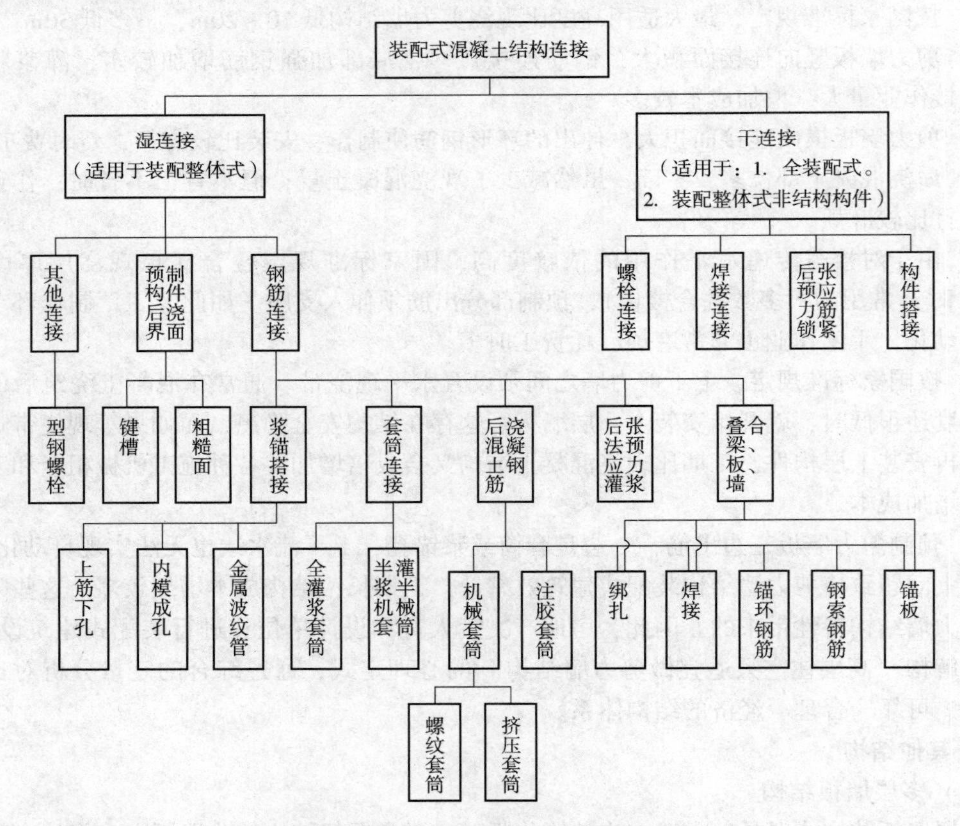

图 2.4-1　装配式混凝土结构连接方式一览

表2.4-1　装配式结构连接方式及适用范围表

类别		序号	连接方式	可连接的构件	适用范围	备注
湿连接	灌浆	1	套筒连接	柱、墙	适用各种结构体系高层建筑	日本最新技术也用于梁
		2	浆锚搭接	柱、墙	房屋高度小于三层或12m的框架结构，二、三级抗震的剪力墙结构（非加强区）	
		3	金属波纹管	柱、墙		
	后浇混凝土钢筋连接	4	螺纹套筒	梁、楼板	适用各种结构体系高层建筑	
		5	挤压套筒	梁、楼板	适用各种结构体系高层建筑	
		6	注胶套筒	梁、楼板	适用各种结构体系高层建筑	
		7	环形钢筋	墙板水平连接	适用各种结构体系高层建筑	
		8	绑扎	梁、楼板、阳台板、挑檐板、楼梯板固定端	适用各种结构体系高层建筑	
		9	直钢筋无绑扎	双面叠合板剪力墙、圆孔剪力墙	适用剪力墙体结构体系高层建筑	
		10	焊接	梁、楼板、阳台板、挑檐板、楼梯板固定端	适用各种结构体系高层建筑	
	后浇混凝土其他连接	11	锚环钢筋连接	墙板水平连接	适用多层装配式墙板结构	
		12	钢索连接	墙板水平连接	适用多层框架结构和低层板式结构	
		13	型钢螺栓	柱	适用框架结构体系高层建筑	
	叠合构件后浇筑混凝土连接	14	钢筋折弯锚固	叠合梁、叠合板、叠合阳台等	适用各种结构体系高层建筑	
		15	锚板	叠合梁	适用各种结构体系高层建筑	
	预制混凝土与后浇混凝土连接截面	16	粗糙面	各种接触后浇筑混凝土的预制构件	适用各种结构体系高层建筑	
		17	键槽	柱、梁等	适用各种结构体系高层建筑	
干连接		18	螺栓连接	楼梯、墙板、梁、柱	楼梯使用各种结构体系高层建筑。主体结构构件适用框架结构或组装墙板结构低层建筑	
		19	构件焊接	楼梯、墙板、梁、柱	楼梯使用各种结构体系高层建筑。主体结构构件适用框架结构或组装墙板结构低层建筑	

下面对各种连接方式做简要介绍。

2.4.2　湿连接

湿连接是装配整体式混凝土结构的主要连接方式，包括钢筋套筒灌浆、浆锚搭接、后浇混凝土连接、叠合层连接、粗糙面与键槽等。

1. 钢筋套筒灌浆连接

套筒灌浆连接的工作原理是：将需要连接的带肋钢筋插入金属套筒内“对接”，在套筒内注入高强早强且有微膨胀特性的灌浆料，灌浆料凝固后在套筒筒壁与钢筋之间形成较大压力，在钢筋带肋的粗糙表面产生摩擦力，由此传递钢筋的轴向力。

套筒分为全灌浆套筒和半灌浆套筒。全灌浆套筒是接头两端均采用灌浆方式连接钢筋的套筒；半灌浆套筒是一端采用灌浆方式连接，另一端采用螺纹连接的套筒。套筒灌浆连接示意图见图 2. 4-2。

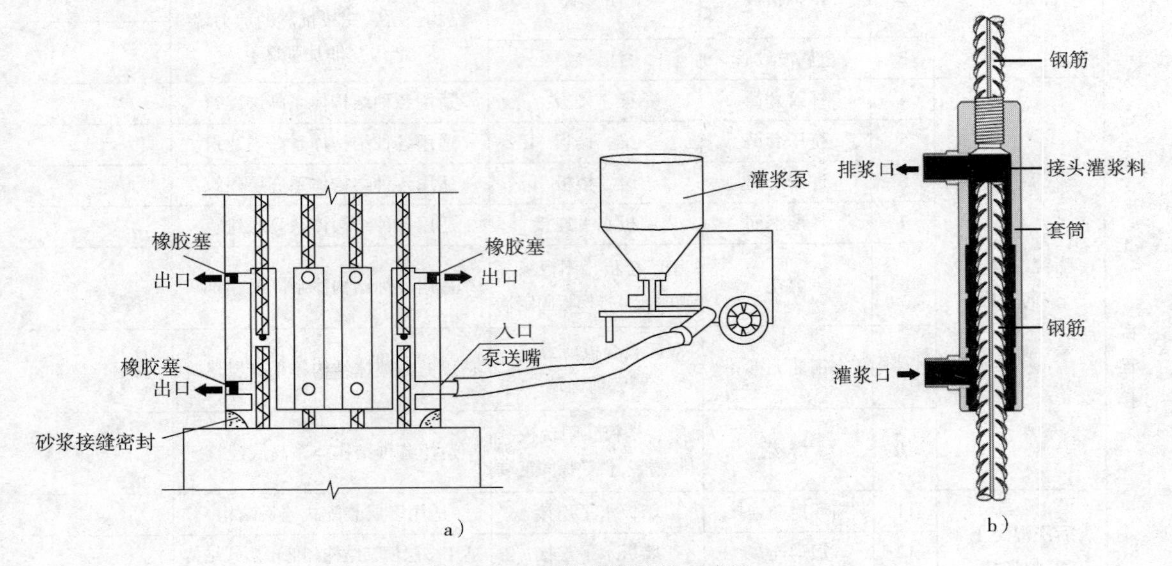

图 2. 4-2　套筒灌浆连接示意图
a）灌浆套筒示意图（全灌浆套筒）　b）半灌浆套筒

套筒灌浆连接是装配式混凝土建筑竖向构件连接应用最广泛，也被认为是最可靠的连接方式。水平构件如梁的连接偶尔也会用到。套筒灌浆连接可用于各种结构最大适用高度的建筑。

2. 钢筋浆锚搭接连接

浆锚搭接的工作原理是：将需要连接的钢筋插入预制构件预留孔内，在孔内灌浆锚固该钢筋，使之与孔旁的钢筋形成“搭接”。两根搭接的钢筋被螺旋钢筋或者箍筋约束。

浆锚搭接连接按照成孔方式可分为金属波纹管浆锚搭接和螺旋内模成孔浆锚搭接。前者通过埋设金属波纹管的方式形成插入钢筋的孔道；后者在混凝土中埋设螺旋内模，混凝土达到强度后将内模旋出，形成孔道。浆锚搭接示意图见图 2. 4-3。

装配式混凝土建筑国家标准和行业标准规定，浆锚搭接可用于框架结构 3 层（不超过 12m）以下，对剪力墙结构没有明确限制，只是规定如边缘构件全部采用浆锚搭接，建筑最大适用高度比现浇建筑降低 30m。

3. 后浇混凝土连接

后浇混凝土是指预制构件安装后与相邻构件连接处的现浇混凝土。在装配式混凝土建筑中，基础、首层、裙楼、顶层等部位的现浇混凝土就叫现浇混凝土；构件连接部位的现浇混凝土叫“后浇混凝土”。

后浇混凝土是装配整体式混凝土结构的非常重要的连接方式。世界上所有装配整体式混凝土建筑，都有后浇混凝土。包括：柱子连接，柱、梁连接，梁连接，剪力墙横向连接等。图 2. 4-4 是后浇混凝土示意图。

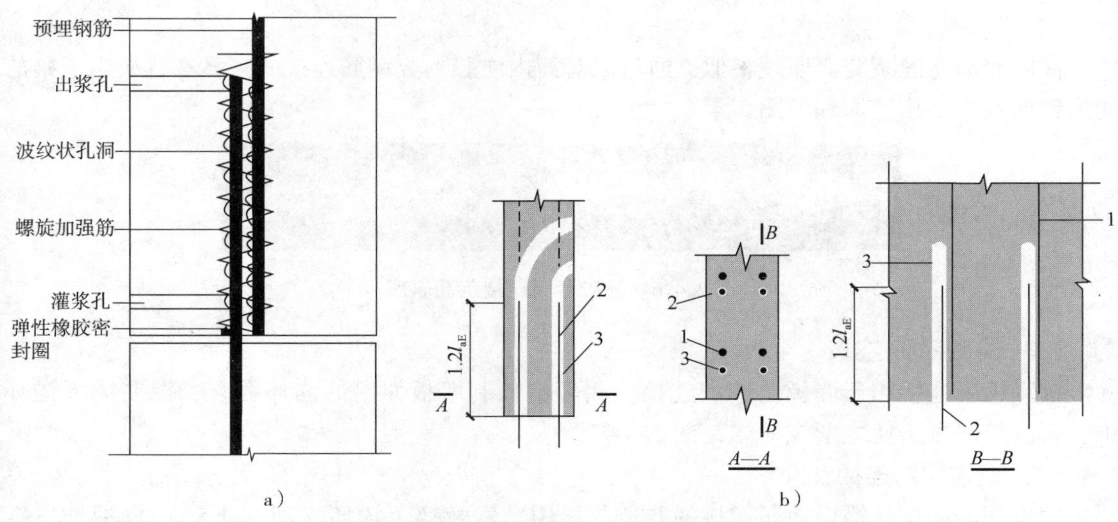

图 2.4-3　浆锚搭接示意图

a）螺旋内模成孔浆锚搭接　b）金属波纹管浆锚搭接

1—搭接钢筋　2—插入金属波纹管的钢筋　3—金属波纹管

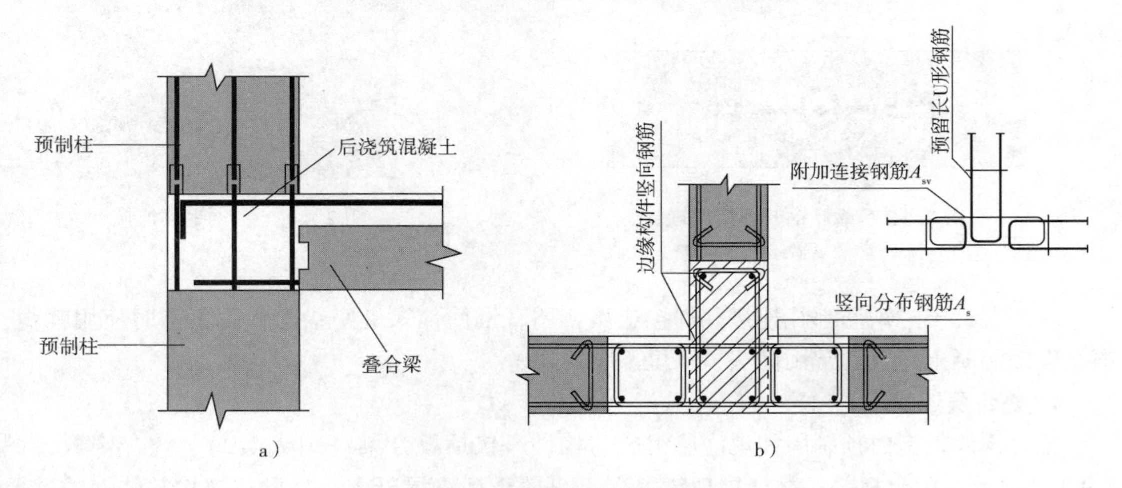

图 2.4-4　后浇混凝土示意图

a）剪力墙竖向连接后浇混凝土　b）剪力墙横向连接后浇混凝土

钢筋连接是后浇混凝土连接节点最重要的环节。后浇区钢筋连接方式包括机械套筒连接、注胶套筒连接、锚环钢筋连接、钢索钢筋连接、绑扎、焊接以及锚板连接等。

（1）机械套筒连接

机械套筒连接是用机械方法——螺纹法或挤压法——将两个构件伸出的纵向受力钢筋连接在一起。图 2.4-5 为机械套筒连接示意图。

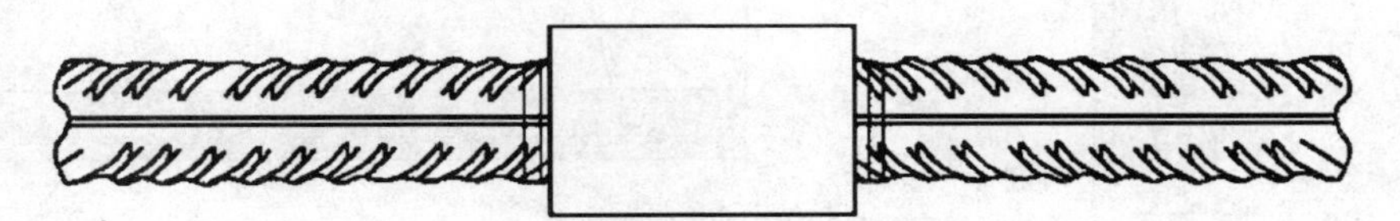

图 2.4-5　机械套筒连接示意图

（2）注胶套筒连接

注胶套筒与灌浆套筒原理相似，通过向套筒内注胶形成钢筋连接，在日本普遍用于梁的受力钢筋连接，构造原理见图 2. 4-6。

图 2. 4-6　注胶套筒连接钢筋原理

（3）锚环钢筋连接

锚环钢筋连接用于墙板之间的连接。相邻的预制墙板伸出的锚环叠合，钢筋插入锚环中，再浇筑混凝土使之形成一体（图 2. 4-7）。

（4）钢索钢筋连接

钢索钢筋连接是锚环钢筋连接的改造版，用钢索替换了锚环（图 2. 4-8）。预埋伸出钢索比伸出锚环更方便，适用于构件自动化生产线，现场安装简单。

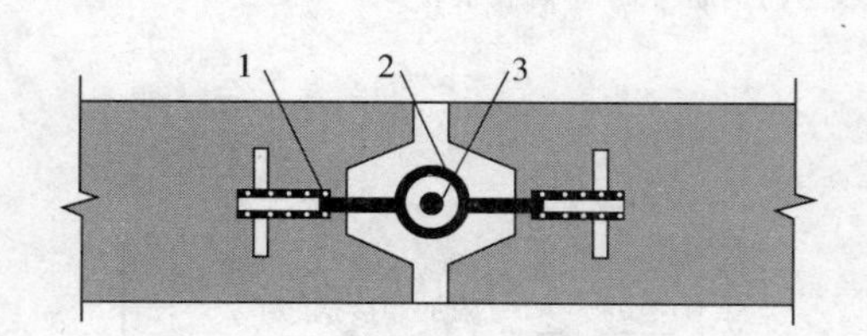

图 2. 4-7　锚环钢筋连接原理

1—预埋件　2—锚环　3—插筋

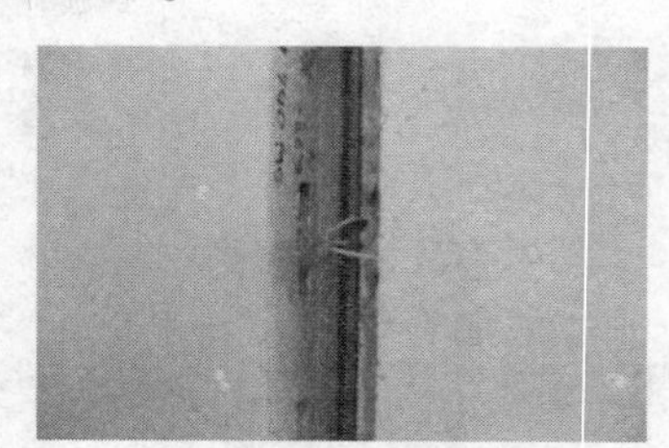

图 2. 4-8　钢索钢筋连接

后浇混凝土的钢筋绑扎连接和焊接连接，还有钢筋伸入支座锚固长度不够时使用锚板，都是现浇混凝土建筑的常用做法，这里不予赘述。

4. 叠合层连接

叠合构件是指由预制层和现浇层组成的构件，包括叠合梁（图 2. 4-9）、叠合楼板（图 2. 4-10）、叠合阳台板等。叠合层现浇混凝土也属于后浇混凝土，是形成结构整体性的重要连接方式。

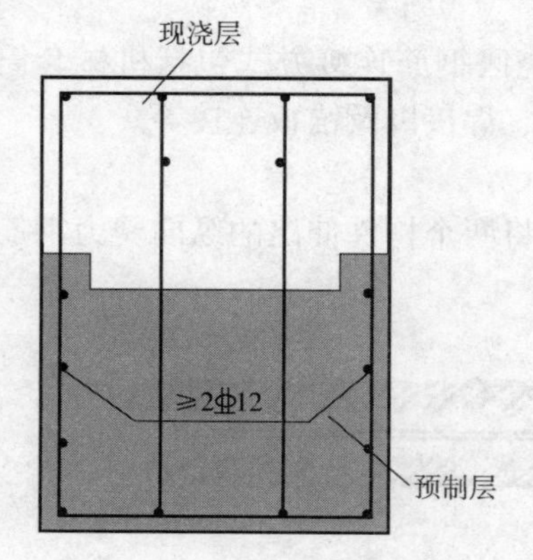

图 2. 4-9　叠合梁后浇混凝土连接

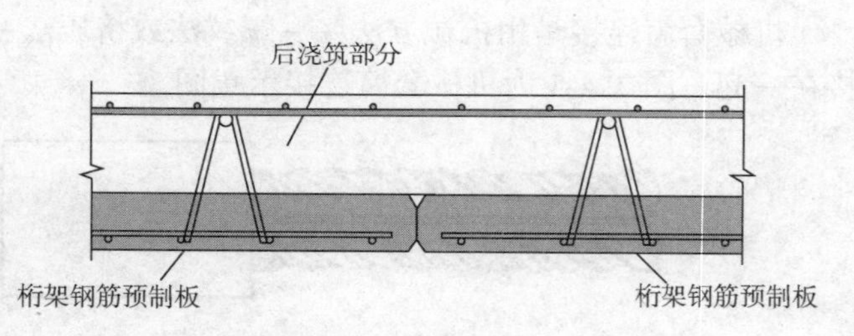

图 2. 4-10　叠合楼板后浇混凝土连接

5. 粗糙面与键槽

预制混凝土构件与后浇混凝土、灌浆料、坐浆材料的接触面须做成粗糙面或键槽，以提高其抗剪能力。

（1）粗糙面

对于制作时的抹压面（如叠合板、叠合梁表面）。可在混凝土初凝前“拉毛”形成粗糙面，见图2.4-11。

对于模具面（如梁端、柱端表面），可在模具上涂刷缓凝剂，拆模后用水冲洗未凝固的水泥浆，露出骨料，形成粗糙面。

（2）键槽

键槽是靠模具凸凹成型的。图2.4-12是工程中预制柱子底部的键槽构造。

图2.4-11　拉毛形成粗糙面

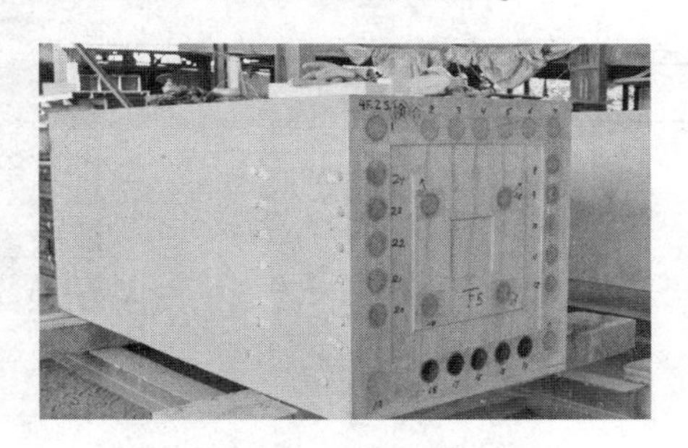

图2.4-12　柱子底部键槽构造

2.4.3　干连接

干连接顾名思义就是不用混凝土、灌浆料等湿材料连接，而是像钢结构一样，用螺栓、焊接方式连接。全装配式混凝土结构采用干连接方式；装配整体式混凝土建筑的一些非结构构件，如外挂墙板、ALC板、楼梯板等也常采用干连接方式。

1. 螺栓连接

螺栓连接是指用螺栓和预埋件将预制构件与预制构件或预制构件与主体结构进行连接。

在全装配式混凝土结构中，螺栓连接用于主体结构构件的连接（图2.4-13）；在装配整体式混凝土结构中，螺栓连接常用于外墙挂板（图2.4-14）、楼梯（图2.4-15）以及低层房屋等非主体结构构件的连接。

图2.4-13　全装配式主体结构螺栓连接

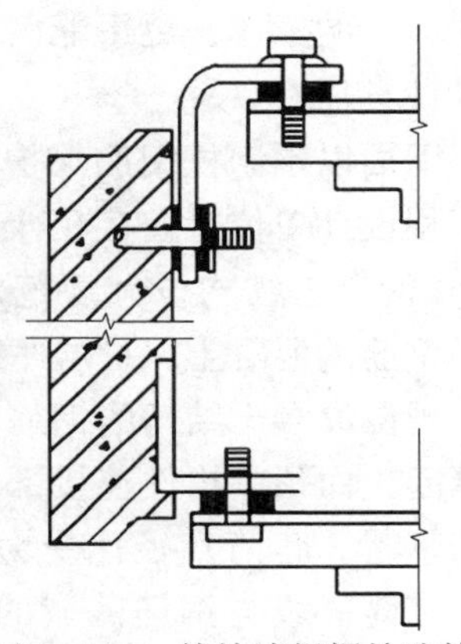

图2.4-14　外挂墙板螺栓连接

2. 焊接连接

焊接连接方式是在预制混凝土构件中预埋钢板，构件之间如钢结构一样用焊接方式连接。与螺栓连接一样，焊接方式在装配整体式混凝土结构中，仅用于非结构构件的连接。在全装配式结构中，可用于结构构件的连接。

3. 搭接

搭接是指将梁搭在柱帽上（图 2. 4-16），或将楼板搭在梁上，用于全装配式混凝土结构，在搭接节点处可设置限位销。

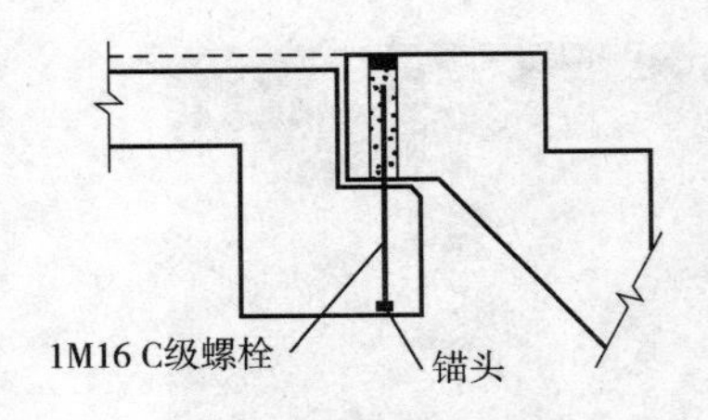

图 2. 4-15　楼梯螺栓连接

图 2. 4-16　预制梁搭接

2. 5　装配式混凝土建筑设计

2. 5. 1　关于装配式混凝土建筑设计的误区

有人把装配式混凝土建筑设计看得很简单，以为就是按现浇混凝土结构照常设计，之后再由拆分设计单位或制作厂家进行拆分设计、构件设计和细部构造设计。他们把装配式设计看作是后续的附加环节，属于深化设计性质。许多设计单位认为装配式设计与己无关，最多对拆分设计图审核签字；许多建筑师则以为装配式设计是结构专业的事情。

尽管装配式混凝土建筑设计以现浇混凝土结构为基础，许多工作也确实是在常规设计完成后展开，大量工作属于结构专业，但装配式混凝土建筑设计不仅仅是附加的深化设计，也不是常规设计完成后才开始的工作，更不能由拆分设计机构或制作厂家承担设计责任。

下面以预制柱钢筋保护层为例，看看装配式设计脱离工程设计单位管控存在什么问题。

《混凝土结构设计规范》规定，一类环境结构柱最外层钢筋的混凝土保护层厚度是 20mm。

现浇混凝土结构的钢筋保护层厚度从受力钢筋的箍筋算起，而预制构件连接部位的钢筋保护层厚度从套筒箍筋算起。套筒直径比受力钢筋直径大约大 30mm，如此，套筒区域与钢筋区域的保护层相差约 15mm，见图 2. 5-1。

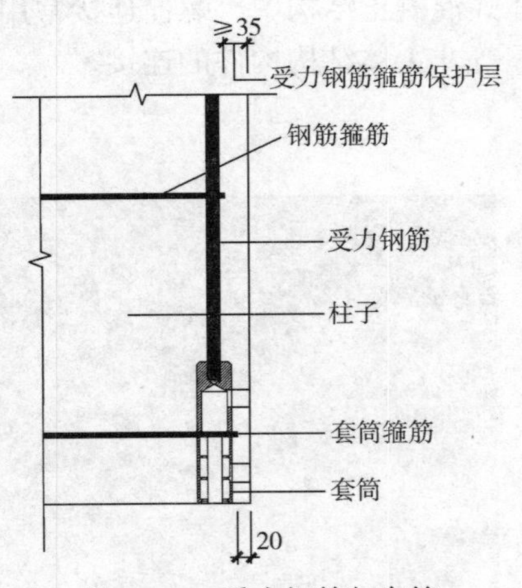

图 2. 5-1　受力钢筋与套筒保护层厚度不同

如果装配式建筑开始按现浇结构设计，然后交给其他人员拆分，拆分设计人员对柱的保护层可能有 3 种做法：

（1）柱子断面尺寸和受力钢筋位置不变。如此，套管箍筋保护层厚度就无法满足规范要求的最小厚度，对套管在混凝土中的锚固和耐久性非常不利。

（2）为保证套管箍筋的保护层厚度，将受力钢筋“内移”，柱的断面尺寸不变。如此，原结构计算条件发生了变化，h_0 变小，柱子的承载力降低。尤其对截面高度小的柱子，如剪力墙暗柱，h_0 减小 15mm 是不可忽略不计的因素。

（3）为保证套管箍筋的保护层厚度，也不减小 h_0，将柱子边线“外移”，受力钢筋位置不变，但柱子断面尺寸加大了。如此，原结构计算条件发生变化，柱子刚度变大，结构尺寸和建筑尺寸都将发生变化，见图 2. 5-2。

从这个例子可以看出，把装配式设计当作常规设计的后续工作，交由其他机构去做，存在问题甚至结构安全隐患。装配式建筑应当从方案阶段就纳入装配式的考虑，而不是先按现浇设计，再改成装配式设计。

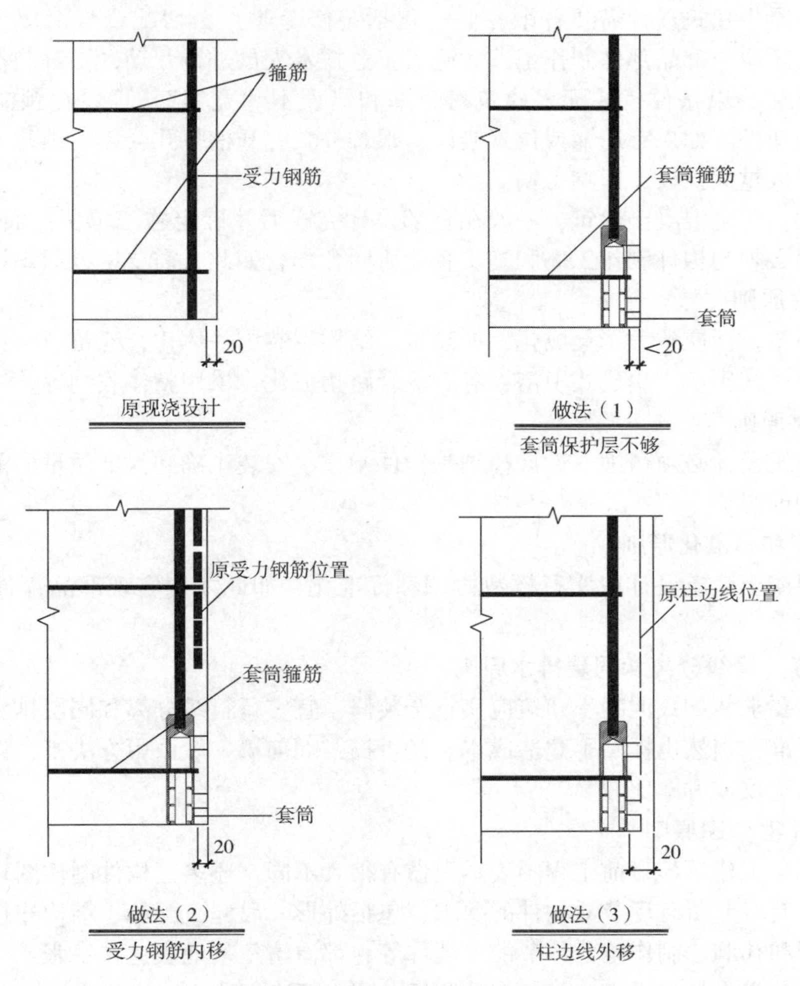

图 2. 5-2　拆分阶段保护层解决办法及其存在的问题

关于设计的认识误区导致装配式混凝土建筑设计出现被动、敷衍，不仅无法实现装配式的优势，还可能导致效率低，成本高，质量差，遗漏多，甚至可能造成结构的安全隐患。

因此，装配式混凝土建筑设计应当由建筑师领衔，结构设计师唱主角，与装饰设计师、水电暖通设计师、拆分和构件设计师、制造厂家工程师、施工安装企业工程师全程协同设计。

2.5.2　装配式混凝土建筑设计原则

1. 同步原则

装配式设计应当与建筑设计同步，在设计前期就应开始。

2. 效益与效能原则

不应被动地为实现预制率、装配率而设计，而应以实现功能、效率和效益为主导设计。应避免为装配式而装配式，勉强凑预制率。如此会削弱建筑功能，制造麻烦，降低效率，提升成本。

3. 协同设计原则

装配式混凝土建筑设计需要各个专业（包括装修专业）密切配合与衔接，进行协同设计。设计人员还应与部品部件制作工厂和施工企业技术人员进行互动，了解制作和施工环节对设计的要求和约束条件。装配式建筑对遗漏和错误不“宽容”，埋设在预制构件中的管线、套筒、预埋件等如果有遗漏或位置错误，很难补救。开槽打孔会影响结构安全，重新制作构件则会造成重大损失，影响工期。

需要提醒：现浇混凝土建筑，一般在全部设计完成后才确定施工单位；而装配式建筑，在设计初期就必须与构件制作工厂和施工企业协同合作，如此，需要甲方组织协调。

4. 集成化原则

装配式建筑设计应致力于集成化，如建筑、结构、装饰一体化，建筑、结构、保温、装饰一体化，集成式厨房，集成式卫浴，各专业管路集成化，采用整体收纳等。

5. 精细化原则

装配式建筑设计必须精细。设计精细是构件制作、安装正确和保证质量的前提，是避免失误和损失的前提。

6. 模数化和标准化原则

装配式混凝土建筑设计应实行模数协调和标准化，如此才能实现部品部件的工业化生产，降低成本。

7. 全装修、管线分离和同层排水原则

国家标准要求装配式混凝土建筑应实行全装修，宜实行管线分离和同层排水。这些要求提升了建筑标准，当然也提高了建造成本。是否搞，如何搞一般由甲方决策，设计者应依据规范要求做出建议或方案比较。

8. 一张（组）图原则

装配式混凝土建筑与目前工程图表达习惯有很大不同，还多了构件制作图环节。构件制作图应表达所有专业所有环节对构件的要求，包括外形、尺寸、配筋、结构连接、各专业预埋件、预埋物和孔洞、制作施工环节的预埋件等，都清清楚楚地表达在一张或一组图上，不用制作和施工技术人员自己去查找各专业图纸，或去标准图集上找大样图。

一张（组）图原则主要是为避免或减少出错、遗漏和各专业设计间的“撞车”现象。

2.5.3　装配式混凝土建筑设计内容

1. 确定建筑风格

在确定建筑风格、造型、质感时分析判断装配式的影响，以及实现的便利性与经济性。

2. 选择结构体系

通过综合技术经济分析，与结构工程师共同选择适宜的结构体系。

3. 建筑高度

在确定建筑高度时考虑装配式的影响。按照现行国家标准规定，框架结构、框剪结构装配式建筑最大适用高度与现浇混凝土建筑一样；剪力墙结构装配式比现浇降低10～20m；框架—核心筒结构装配式比现浇低了10m；仅楼盖采用叠合梁、叠合板的剪力墙结构和部分框支剪力墙结构，装配式与现浇一样。

高宽比仅框架-剪力墙结构和剪力墙结构，在非抗震设计情况下，装配式比现浇要求小；由7降到6。其他结构体系都一样。

4. 平面布置

国家标准关于装配式混凝土结构平面形状的规定与现浇混凝土结构一样。从抗震和成本两个方面考虑，装配式建筑平面形状以简单为好。凹凸过大形状对抗震不利；平面形状复杂的建筑，预制构件种类多，会增加成本。

宜选用大开间、大进深的平面布置；承重墙、柱等竖向构件上、下宜连续；门窗洞宜上下对齐、成列布置，其平面位置和尺寸应满足结构受力及预制构件的设计要求；剪力墙结构不宜采用转角窗；厨房和卫生间的平面布置应合理，其平面尺寸宜满足标准化整体橱柜及整体卫浴的要求。

5. 模数协调

设计中应先设定模数，确定模数协调原则。

6. 外立面设计

（1）柱梁结构体系

柱梁结构体系外立面设计比较灵活，或采用外挂墙板（图2.3-1、图2.3-2）；或用柱梁围合窗户组成立面（图2.3-3）；或在悬挑楼板上安装预制腰板或预制外挂墙板（图2.5-3），形成横向线条立面。还可以采用GRC板、超高性能混凝土墙板等。低层、多层框架结构外墙还可以采用ALC板等轻质墙板。

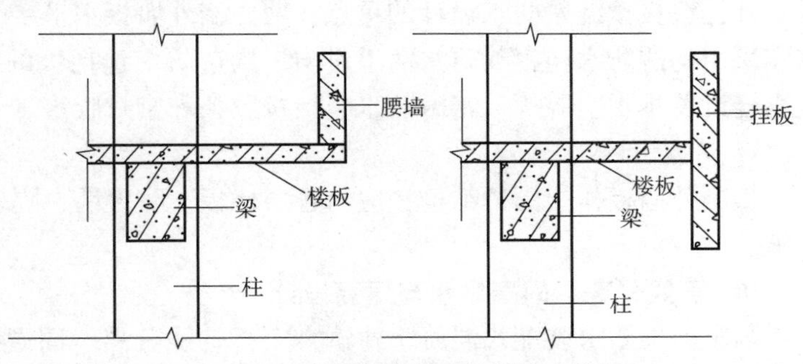

图2.5-3　安装在楼板上的腰墙或挂板

当采用柱梁围合窗户方式时，可以将柱梁做成带翼缘的断面，以减小窗洞面积。梁向上伸出的翼缘叫作腰墙；向下伸出的翼缘叫作垂墙；柱子向两侧伸出的翼缘叫作袖墙，见图2.5-4。

（2）剪力墙结构

剪力墙结构外墙多是结构墙体，建筑师可灵活发挥的空间远不如柱梁体系那么大。剪力墙结构预制外墙板可做成建筑、结构、围护、保温、装饰一体化墙板，即夹心保温板。建筑

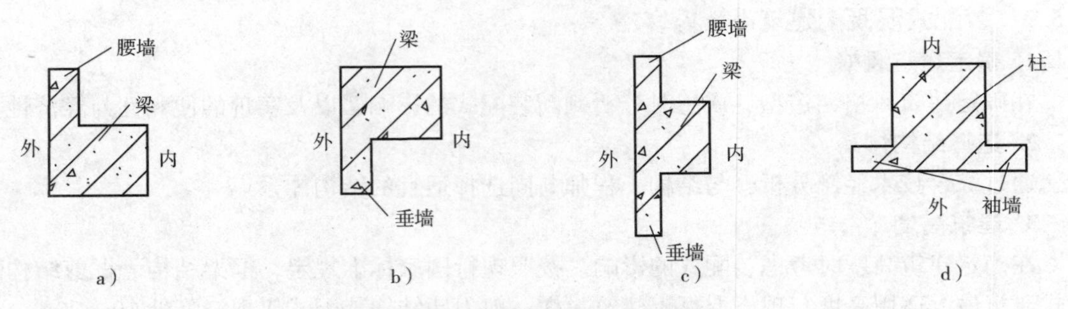

图 2.5-4　带翼缘的预制柱、梁断面
a）上翼缘梁　b）下翼缘梁　c）双翼缘梁　d）翼缘柱

师可在外叶板表面做文章，如设计凸凹不大的造型、质感、颜色和分格缝等。

7. 外墙拆分

装配式混凝土建筑拆分应当由结构设计师主导，但外立面拆分应当以建筑师为主。须考虑的因素包括：

（1）建筑功能的需要，如围护、保温、采光功能等。

（2）建筑艺术的审美要求。

（3）建筑、结构、保温、装饰一体化。

（4）对外墙或外围柱、梁后浇筑区域的表皮处理。

（5）构件规格尽可能少。

（6）整间墙板尺寸或重量超过了制作、运输、安装条件许可时的对应办法。

（7）符合结构设计规定和合理性要求；外挂墙板等构件有对应结构支座等。

8. 防水设计

外挂墙板接缝是防水设计的重点，剪力墙外墙板水平接缝灌浆不密实也会出现渗漏。防水应采用构造防水与密封防水两道设防。构造防水包括板的水平接缝采用高低缝或企口缝；竖直缝设置排水空腔等。密封防水包括橡胶条和密封胶等。

9. 防火设计

预制外墙板作为围护结构，应与各层楼板、防火墙、隔墙、梁柱相交部位设置防火封堵措施。

10. 管线分离、同层排水与层高设计

国家标准要求装配式混凝土建筑宜实行管线分离、同层排水。如此可能需要天棚吊顶，地面架空。为了保证净高，需增加建筑层高。由于涉及市场定位和造价，决策者是建设开发单位，建筑师可做出方案和性价比分析，向开发商提出建议。

11. 内墙设计

选用符合装配式要求的墙体材料等。

12. 构造节点设计

根据门窗、装饰、厨卫、设备、电源、通讯、避雷、管线、防火等专业或环节的要求，进行建筑构造设计和节点设计，将各专业对建筑构造的要求汇总，与预制构件设计对接。

13. 集成化部品

设计或选用集成化部品，例如采用整体收纳、集成式卫生间、集成式厨房等。

2.6　装配式混凝土建筑结构设计

2.6.1　等同原理

装配式混凝土建筑结构设计的基本原理是等同原理。也就是说，通过采用可靠的连接技术和必要的结构与构造措施，使装配整体式混凝土结构与现浇混凝土结构的效能基本等同。

实现等同效能，结构构件的连接方式是最重要最根本的。但并不是仅仅连接方式可靠就安全了，必须对相关结构和构造做一些加强或调整，应用条件也会比现浇混凝土结构限制得更严。

等同原理不是一个严谨的科学原理，而是一个技术目标。等同原理不是做法等同，而是强调效果和实现的目的等同。

2.6.2　结构设计主要内容

装配式混凝土建筑结构设计的主要内容包括：

（1）选择、确定结构体系

进行多方案技术经济比较与分析，进行使用功能、成本、装配式及适宜性的全面分析。

（2）进行结构概念设计

依据结构原理和装配式结构的特点，对结构整体性、抗震设计等与结构安全有关的重点问题进行概念设计。

（3）确定结构拆分界面

确定预制范围；确定结构构件拆分界面的位置；进行接缝抗剪计算等。

（4）作用计算与系数调整

进行因装配式而变化的作用分析与计算。按照规范要求，对剪力墙结构应加大现浇剪力墙部分的内力调整系数。

（5）确定连接方式，进行连接节点设计

确定连接方式，进行连接节点设计，选定连接材料，给出连接方式试验验证的要求。进行后浇混凝土连接节点设计。

（6）预制构件设计

1）对预制构件的承载力和变形进行验算，包括在脱模、翻转、吊运、存放、运输、安装和安装后临时支撑时的承载力和变形验算，给出各种工况的吊点、支承点的设计。

2）设计预制构件形状尺寸图、配筋图。

3）进行预制构件结构设计，将建筑、装饰、水暖电等专业需要在预制构件中埋设的管线、预埋件、预埋物、预留沟槽，连接需要的粗糙面和键槽要求，制作、施工环节需要的预埋件等，都无一遗漏地汇集到构件制作图中。

4）给出构件制作、存放、运输和安装后临时支撑的要求，包括临时支撑拆除条件的设定。

（7）夹心保温板结构设计

选择夹心保温构件拉结方式和拉结件，进行拉结节点布置、外叶板结构设计和拉结件结构计算，明确给出拉结件的物理力学性能要求与耐久性要求，明确给出试验验证的要求。

2.6.3　结构概念设计

概念设计是指根据结构原理与逻辑及其设计经验进行定性分析和设计决策的过程，装配式混凝土建筑结构设计应进行结构概念设计，包括：

1. 整体性设计

对装配式混凝土结构中不规则的特殊楼层及特殊部位，应从概念上加强其整体性。如：平面凹凸及楼板不连续形成的弱连接部位；层间受剪承载力突变造成的薄弱层；侧向刚度不规则的软弱层；挑空空间形成的穿层柱等部位和构件，不宜采用预制。

2. 强柱弱梁设计

“强柱弱梁”简单说就是框架柱不先于框架梁破坏，因为框架梁破坏是局部性构件破坏，而框架柱破坏将危及整个结构安全。设计要保证竖向承载构件“相对”更安全。装配式结构有时为满足预制装配和连接的需要无意中会带来对“强柱弱梁”的不利因素，须引起重视。例如：叠合楼板实际断面增加或实配钢筋增多的影响，梁端实配钢筋增加的影响等。

3. 强剪弱弯设计

“弯曲破坏”是延性破坏，有显性预兆特征，如开裂或下挠变形过大等，而“剪切破坏”是脆性破坏，没有预兆，是瞬时发生的。结构设计要避免先发生剪切破坏。

预制梁、预制柱、预制剪力墙等结构构件设计都应以实现“强剪弱弯”为目标。比如：将附加筋加在梁顶现浇叠合区内，会带来框架梁受弯承载力的增强，可能改变原设计的弯剪关系。

4. 强节点弱构件设计

“强节点弱构件”就是要梁柱节点核心区不能先于构件出现破坏，由于大量梁柱纵筋在后浇节点区内连接、锚固、穿过，钢筋交错密集，设计时应考虑采用合适的梁柱截面，留有足够的梁柱节点空间满足构造要求，确保核心区箍筋设置到位，混凝土浇筑密实。

5. “强”接缝结合面“弱”斜截面受剪设计

装配式结构的预制构件接缝，在地震设计工况下，要实现强连接，保证接缝结合面不先于斜截面发生破坏，即接缝结合面受剪承载力应大于相应的斜截面受剪承载力。由于后浇混凝土、灌浆料或坐浆料与预制构件结合面的粘结抗剪强度往往低于预制构件本身混凝土的抗剪强度，实际设计中需要附加结合面抗剪钢筋或抗剪钢板。

6. 连接节点避开塑性铰

梁端、柱端是塑性铰容易出现的部位，为避免该部位的各类钢筋接头干扰或削弱钢筋在该部位所应具有的较大的屈服后伸长率，钢筋连接接头宜尽量避开梁端、柱端箍筋加密区。对于装配式柱梁体系来说，套筒连接节点也应避开塑性铰位置。具体地说，柱、梁结构一层柱脚、最高层柱顶、梁端部和受拉边柱和角柱，这些部位不应做套筒连接部位。装配式行业标准规定装配式框架结构一层宜现浇，顶层楼盖现浇，已经避免了柱塑性铰位置有连接节点。为了避开梁端塑性铰位置，梁的连接节点不应设在梁端塑性铰范围内，见图 2.6-1。

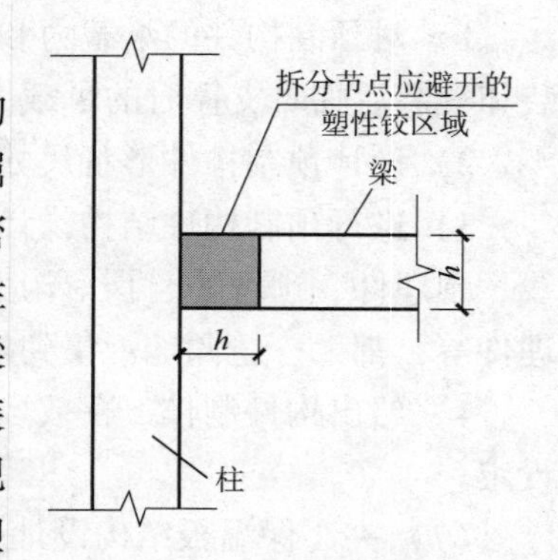

图 2.6-1　结构梁连接点避开塑性铰位置

7. 减少非承重墙体刚度影响

非承重外围护墙、内隔墙的刚度对结构整体刚度、地震力分配、相邻构件的破坏模式等都有影响，影响大小与围护墙及隔墙数量、刚度、与主体结构连接方式直接相关。这些非承重构件应尽可能避免采用刚度大的墙体。有些设计者为了图省事或提高预制率，填充墙也采用预制混凝土墙板，这是不可取的。

外围护墙体采用外挂墙板时，与主体结构应采用柔性连接方式。

8. 使用高强材料

柱梁体系结构宜优先采用高强混凝土与高强钢筋，减少钢筋数量和连接接头，避免钢筋配置过密、套筒间距过小而影响混凝土浇筑质量。使用高强材料可以方便施工，对提高结构耐久性、延长结构寿命非常有利。

2.6.4　拆分设计

1. 拆分设计原则

（1）应考虑结构的合理性。

（2）接缝选在应力较小的部位。

（3）高层建筑柱梁结构体系套筒连接节点应避开塑性铰位置。

（4）尽可能统一和减少构件规格。

（5）相邻、相关构件拆分协调一致，如叠合板拆分与支座梁拆分需协调一致。

（6）符合制作、运输、安装环节约束条件。

（7）遵循经济性原则，进行多方案比较，给出经济上可行的拆分设计。

2. 拆分设计内容

（1）确定拆分界线。

（2）设计连接节点。

（3）设计预制构件。

2.6.5　预制构件设计

预制构件设计内容包括：

（1）构件模板图设计。根据拆分设计和连接设计确定构件形状与详细尺寸。

（2）伸出钢筋与钢筋连接设计。根据结构设计、拆分布置和连接节点设计，进行构件的钢筋布置、伸出钢筋、钢筋连接（套筒或金属波纹管或浆锚孔）、连接部位加强箍筋构造等的设计。

（3）安装节点、吊点、预埋件、埋设物、支承点的设计。

（4）键槽面、粗糙面设计。

（5）各专业设计汇集。将建筑、结构、装饰、水电暖、设备等各个专业和制作、堆放、运输、安装各个环节对预制构件的全部要求，在构件制作图上无遗漏地表示出来。

（6）敞口构件运输临时拉杆设计等。

2.7　预制混凝土构件制作

2.7.1　预制构件生产流程

预制混凝土构件主要生产环节包括：模具制作、钢筋与预埋件加工、混凝土构件制作。

1. 模具制作

所有预制构件都是在模具中制作的（图2.7-1）。最常用的模具是钢模具，也可用铝材、混凝土、超高性能混凝土、GRC制作模具；造型或质感复杂的构件可以用硅胶、常温固化橡胶、玻璃钢、塑料、木材、聚苯乙烯、石膏制作模具。模具设计与制作要求如下：

（1）形状与尺寸准确。

（2）有足够的强度和刚度，不易变形。

（3）立模和较高模具有可靠的稳定性。

（4）便于安放钢筋骨架。

（5）穿过模具的伸出钢筋孔位准确。

（6）固定灌浆套筒、预埋件、孔眼内模的定位装置位置准确。

（7）模具各部件之间连接牢固，接缝紧密，不漏浆。

（8）装拆方便，容易脱模，脱模时不损坏构件。

（9）模具内转角处平滑。

（10）便于清理和涂刷脱模剂。

（11）便于混凝土入模。

（12）钢模具既要避免焊缝不足导致连接强度过弱，又要避免焊缝过多导致模具变形。

（13）造型和质感表面模具与衬模结合牢固。

（14）满足周转次数要求等。

图2.7-1给出了模具图例。

a）

b）

c）

图2.7-1　预制构件模具示例

a）梁的模具　b）墙板模具　c）造型墙板的橡胶模具

2. 钢筋与预埋件加工

预制构件一般是将钢筋骨架加工好，灌浆套筒或浆锚搭接内模、预埋件、吊钩、吊钉、预埋管线与钢筋骨架连接固定好，然后一并入模。

钢筋加工包括钢筋调直、剪裁、成型、组成钢筋骨架、灌浆套筒与钢筋连接、金属波纹管或孔内模与钢筋骨架连接、预埋件与钢筋骨架连接、管线套管与钢筋骨架连接、保护层垫块固定等。

工厂钢筋加工比工地加工的优势是可以较多地借助自动化设备，提高质量与效率。不过，并不是所有钢筋加工环节都可以实现自动化，手工加工目前还是必不可少的方式。

(1) 钢筋加工方式

1) 自动化加工钢筋的范围。自动化加工钢筋的范围包括：钢筋调直、剪裁、单根钢筋成型（如制作钢箍）、规则的单层钢筋网片、钢筋桁架焊接成型，钢筋网片与钢筋桁架组装为一体等。

目前，世界上只有极少的板式构件如叠合板钢筋可以实现全自动化加工和入模，其他构件都须借助于手工方式加工钢筋骨架。

2) 手工加工方式。手工加工方式的钢筋调直、剪切、成型等环节一般通过加工设备完成，由人工通过绑扎或焊接形成钢筋骨架。

(2) 钢筋加工基本要求

1) 钢筋、焊条、灌浆套筒、金属波纹管、预埋件、保护层垫块等材料符合设计与规范要求。

2) 钢筋焊接和绑扎符合规范要求。

3) 钢筋尺寸、形状，钢筋骨架尺寸，保护层垫块位置等符合设计要求，误差在允许偏差范围内。

4) 附加的构造钢筋，如转角处、预埋件处的加强筋等，没有遗漏，位置准确。

5) 套筒、波纹管、内模、预埋件等位置准确，误差在允许偏差范围内；安装牢固，不会在混凝土振捣时移位、偏斜。

6) 外露预埋件按设计要求进行了防腐处理。

3. 混凝土构件制作

(1) 构件制作工序

构件制作主要工序：模具就位组装→清理模具→涂脱模剂→有粗糙面要求的模具部位涂缓凝剂→钢筋骨架就位→灌浆套筒、浆锚孔内模、波纹管安装固定→预埋件就位→隐蔽验收→混凝土浇筑→蒸汽养护→脱模起吊堆放→对粗糙面部位冲洗掉水泥面层→脱模初检→修补→出厂检验→出厂运输。

(2) 夹心保温板制作

夹心保温板的外叶板与内叶板不宜同一天浇筑。同一天浇筑非常有可能在外叶板开始初凝后，内叶板作业尚未完成，由此会扰动拉结件，使之锚固不牢，导致外叶板在脱模、安装或使用过程中脱落，形成安全隐患甚至事故。

4. 工厂车间与设施

预制构件工厂车间和设施包括：钢筋加工车间、混凝土搅拌站、构件制作车间、构件堆放场、表面处理车间、试验室、仓库等。其中钢筋加工车间、构件生产车间需布置门式起重机；构件堆放场需布置龙门吊。

5. 工厂主要工种

预制构件工厂主要工种包括：钢筋工、模具工、混凝土工、表面处理工、吊车工等。

2.7.2 构件制作工艺

预制混凝土构件制作工艺分为固定方式和流动方式两种。

固定方式模具固定不动，包括固定模台工艺、独立模具工艺、集约式立模工艺、预应力工艺等。

流动方式是模具在流水线上移动，包括流动模台工艺和自动化流水线工艺。

图 2. 7-2 给出了预制构件制作工艺一览。

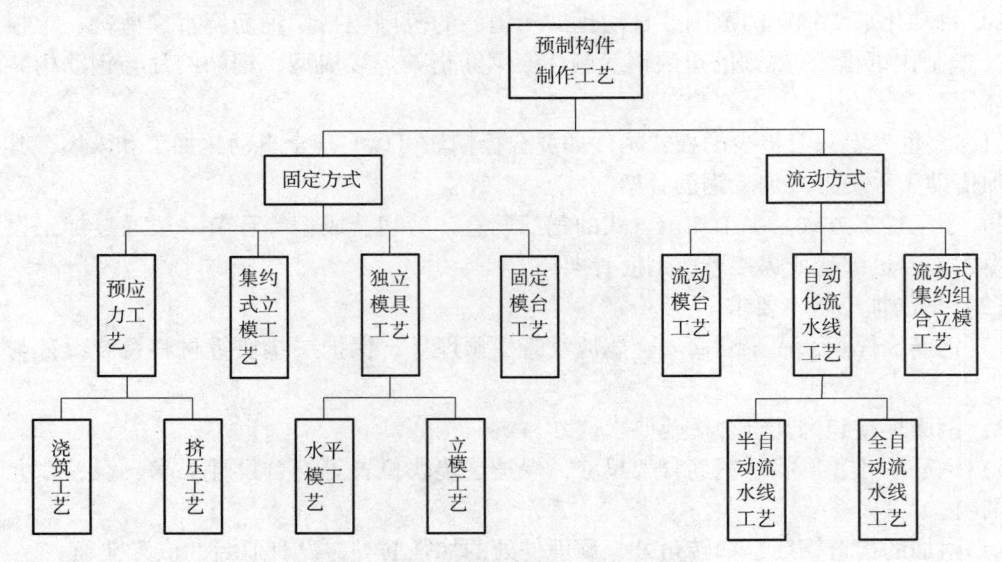

图 2. 7-2 常用预制构件制作工艺一览

不同的制作工艺适用范围不一样，优缺点各不相同，下面分别介绍。

1. 固定方式

(1) 固定模台工艺

固定模台是用平整度较高的钢平台作为预制构件底模，在模台上固定构件侧模，组合成完整模具，见图 2. 7-1a、b。

固定模台工艺的模具固定不动，组模、放置钢筋与预埋件、浇筑振捣混凝土、养护构件和拆模都在固定模台上进行。钢筋骨架用吊车送到固定模台处；混凝土用送料车或送料吊斗送到固定模台处，蒸汽管道也通到固定模台下，就地覆盖养护；构件脱模后被吊运到构件存放区。

固定模台工艺可以生产柱、梁、楼板、墙板、楼梯、飘窗、阳台板、转角构件等各类构件。它的优势是适用范围广，灵活方便，适应性强，启动资金较少，见效快。固定模台工艺是目前世界上装配式混凝土预制构件中应用最多的工艺。

(2) 独立模具工艺

独立模具是指带底模的模具，不用在模台上组模，包括水平独立模具和立式独立模具。

1) 水平独立模具是“躺”着的模具，如制作梁、柱的 U 形模具。

2) 立式独立模具是“立”着的模具，如立着的柱子、T 形板、楼梯等模具。立模工艺有占地面积小、构件表面光洁、可垂直脱模、不用翻转等优点。

独立模具的生产工艺流程与固定模台工艺一样。

(3) 集约式立模工艺

集约式立模是指多个构件并列组合在一起制作模具的工艺，可用来生产规格标准、形状规则、配筋简单且不出筋的板式构件，如轻质混凝土空心墙板、混凝土内墙板（图 2. 7-3）等。

(4) 预应力工艺

装配式混凝土建筑用的预应力构件主要是预应力楼板，采用先张法工艺生产。先将钢筋在张拉台上张拉，然后浇筑混凝土，经养护达到强度后拆卸边模和肋模，放张并切断预应力钢筋，切割预应力楼板。预应力混凝土构件生产工艺简单、效率高、质量易控制、成本低。除钢筋张拉和楼板切割外，其他工艺环节与固定模台工艺接近（图2.7-4）。

先张法预应力生产工艺适合生产预应力叠合楼板、空心楼板以及双T板等。

图2.7-3 集约式固定立模（内墙板生产用）

图2.7-4 先张法预应力楼板

2. 流动方式

流动方式包括流动模台工艺（图2.7-5）、自动化流水线工艺（图2.7-6）和流动式集约组合立模工艺。其中，前两者区别在于自动化程度。流动模台工艺自动化程度较低；自动化流水线工艺的自动化程度较高。

（1）流动模台工艺

目前国内的预制构件流水生产线属于流动模台工艺。

图2.7-5 流动模台生产线

流动模台工艺是将标准订制的钢平台（一般为4m×9m）放置在滚轴上移动。先在组模区组模；然后移到钢筋入模区段，进行钢筋和预埋件入模作业；再移到浇筑振捣平台上进行混凝土浇筑；完成浇筑后模台下的平台开始震动，进行振捣；之后，模台移到养护窑养护；养护结束出窑后，移到脱模区脱模，构件或被吊起，或在翻转台翻转后吊起，最后运送到构件存放区。

目前，流动模台工艺在清理模具、画线、喷涂脱模剂、振捣、翻转环节实现或部分实现了自动化，但在最重要的模具组装、钢筋入模等环节没有实现自动化。

流动模台工艺只适宜生产板式构件。如果制作大批量同类型构件，可以提高生产效率、节约能源、降低工人劳动强度。但生产不同类型构件，特别是出筋较多的构件时，没有以上优势。中国目前装配式建筑以剪力墙为主，构件一个边预留套筒或浆锚孔，三个边出筋，且出筋复杂，很难实现自动化。

图 2. 7-6　自动化流水线

（2）自动化流水线工艺

自动化流水线由混凝土成型流水线和自动钢筋加工流水线两部分组成，通过电脑编程软件控制，将这两部分设备自动衔接起来。实现了设计信息输入、模板自动清理、机械手画线、机械手组模、脱模剂自动喷涂、钢筋自动加工、钢筋机械手入模、混凝土自动浇筑、机械自动振捣、电脑控制自动养护、翻转机、机械手抓取边模入库等全部工序的自动完成，是真正意义上的自动化流水线。

自动化流水线一般用来生产叠合楼板和双面叠合墙板以及不出筋的实心墙板。法国巴黎和德国慕尼黑各有一家预制构件工厂，采用智能化的全自动流水线，年产 110 万 m^2 叠合楼板和双层叠合墙板，流水线上只有 6 个工人作业。

自动化流水线价格昂贵，适用范围非常窄，目前国内板式构件大都出筋，尚没有适用自动化流水线的构件。

图 2. 7-7 到图 2. 7-14 给出了自动化流水线的部分设备照片。

图 2. 7-7　模台清扫设备

图 2. 7-8　机械手组模

图 2.7-9　脱模剂喷涂

图 2.7-10　钢筋网自动焊接机

图 2.7-11　自动布料机

图 2.7-12　柔性振捣设备

图 2.7-13　集中养护窑

图 2.7-14　倾斜机

(3) 流动式集约组合立模工艺

流动式集约组合立模工艺主要生产内隔墙板。组合立模（图 2.7-15）通过轨道被移送到各个工位，浇筑混凝土后入窑养护。流动式组合立模的主要优点是可以集中养护。

不同工艺对制作常用预制构件的适用范围可参考图 2.7-16。

图 2.7-15　流动式集约组合立模
（内隔墙板生产用）

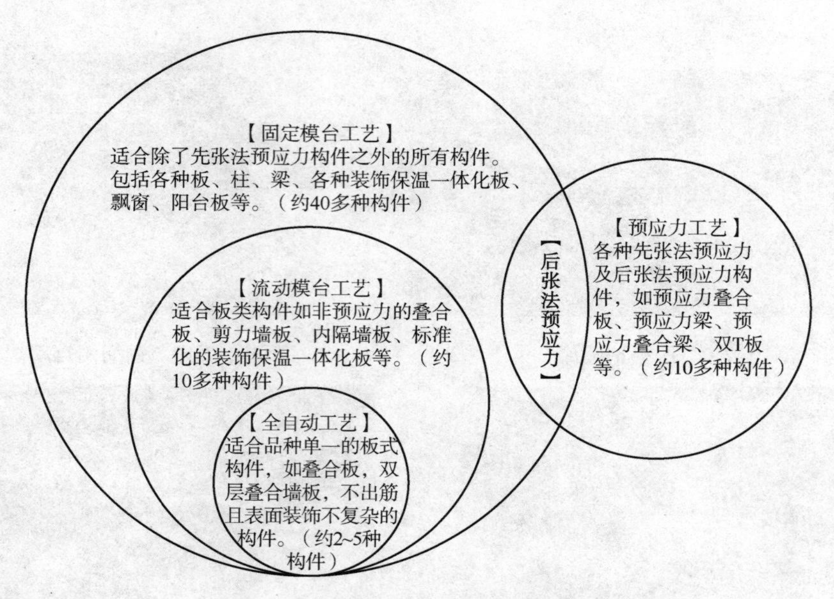

图 2. 7-16　制作工艺对常用预制构件的适用范围

2. 7. 3　制作工艺的适宜性与经济性

1. 固定模台工艺与流动模台工艺比较

固定模台工艺与流动模台工艺是目前国内应用最多的工艺，表 2. 7-1 给出了两者比较。

表 2. 7-1　固定模台工艺与流动模台工艺的适宜性比较

比较项目	固定模台工艺	流动模台工艺
可生产的构件	梁、叠合梁、莲藕梁、柱梁一体、柱、楼板、叠合楼板、内墙板、外墙板、T形板、L形板、曲面板、楼梯板、阳台板、飘窗、夹心保温墙板、后张法预应力梁、各种异形构件	楼板、叠合楼板、剪力墙内墙板、剪力墙外墙板、夹心保温墙板、阳台板、空调板等板式构件
10万 m^3 产能设备投资	800万~1200万	3000万~5000万
优点	1. 适用范围广。2. 可生产复杂构件。3. 生产安排机动灵活，限制较少。4. 投资少、见效快。5. 租用厂房就可以启动。6. 可用于工地临时工厂	1. 在放线、清理模台、喷脱模剂、振捣、翻转环节实现了自动化。2. 钢筋、模具和混凝土运输线路固定。3. 实现自动化的环节节约劳动力。4. 集中养护在生产饱满时节约能源。5. 制作过程质量管控点固定，方便管理
缺点	1. 与流动模台相比同样产能占地面积要大出10%~15%。2. 可实现自动化的环节少。3. 生产同样构件，振捣、养护、脱模环节比流水线工艺用工多。4. 养护耗能高	1. 适用范围窄，仅适于板式构件。2. 投资较大。3. 制作不一样的构件，对效率影响较大。4. 不机动灵活。5. 一个环节出现问题会影响整个生产线运行。6. 生产量小的时候浪费能源。7. 不宜在租用厂房投资设置
适用范围	适用于：1. 产品定位范围广的工厂。2. 市场规模小的地区。3. 受投资规模限制的小型工厂或启动期。4. 没有条件马上征地的工厂	适合市场规模较大地区的板式构件

2. 关于自动化的认识误区

许多人以为装配式建筑必须采用自动化生产方式。其实，在世界范围内，目前能实行自动化生产的构件非常少，仅限于不出筋、配筋简单的规格化板式构件。这样的构件中国目前使用量也很少。最有可能实现自动化生产的叠合板，由于中国规范要求出筋，也无法实现自动化。

（1）框架结构柱、梁构件目前世界各国都没有自动化生产线。

（2）按现行行业标准和国家标准规定，剪力墙板大都两边甚至三边出筋，且出筋复杂；一边为套筒或浆锚孔，所以很难实现自动化。

（3）剪力墙结构建筑构件品种比较多，还有异形构件，如楼梯板、飘窗、阳台板、挑檐板、转角板等，生产流程复杂、钢筋骨架复杂，一些构件既有暗柱又有暗梁，钢筋加工无法实现自动化。

（4）装饰保温一体化外墙板生产工序繁杂，也无法实现自动化。

（5）自动化流水线投资非常大。只有在市场需求较大、稳定且劳动力比较贵的情况下，才有经济上的可行性。

3. 关于流动模台工艺的误区

一些人以为流水线就等于自动化和智能化，甚至有的地方政府和甲方把有没有流水线作为选择预制构件供货厂家的前提条件，这是一个很大的误区。按照这个标准，日本、美国、澳洲绝大多数预制构件厂家在中国都不合格。

国内目前的流水线其实就是流动的模台，并没有实现自动化，与固定模台比没有技术和质量优势，生产线也很难做到匀速流动；并不节省劳动力。流水线投资较大，适用范围却很窄。梁、柱不能做，飘窗不能做，转角板不能做，转角构件不能做，各种异形构件也不能做。

日本是装配式建筑的大国和强国，也只是不出筋的叠合板用流水线。欧洲也只是侧边不出筋的叠合板、双面叠合剪力墙板和非剪力墙墙板用自动化流水线。只有在构件标准化、规格化、专业化、单一化和数量大的情况下，流水线才能实现自动化和智能化。

2.8　装配式混凝土建筑施工

2.8.1　装配式施工与现浇混凝土建筑的不同

装配式建筑与现浇混凝土建筑比较，施工环节的不同主要在于：

（1）必须与设计和制作环节密切协同。

（2）施工精度要求高，误差从厘米级变成毫米级。

（3）增加了部品部件安装环节；大幅度增加了起重吊装工作量。

（4）增加了关键的构件连接作业环节，包括套筒灌浆、浆锚搭接灌浆和后浇混凝土。

下面分别予以讨论。

2.8.2　与设计和制作环节协同

1. 与设计方的协同

（1）在拆分设计前就应当向设计提出施工安装对构件重量、尺寸的限制条件，提出翻转与安装吊点设置的要求，如非对称构件吊点设置必须保持重心平衡的要求等。

（2）施工阶段用的预埋件，如塔式起重机支撑点预埋件、后浇混凝土浇筑模板架立预埋件、安全设施架立预埋件等，需埋设到预制构件中。因此，在构件制作图设计前，施工单位应向设计者提出要求。

（3）在图样会审和设计交底阶段，从施工可能性、便利性角度提出要求。构件在工地存放，构件安装后临时支撑等，都需要设计方给出明确的设计图样和技术要求。有些小型构件使用捆绑式吊装，设计需要给出捆绑位置，否则会因为捆绑不当造成吊装运输过程中的构件损坏。

（4）现场出现质量问题或无法施工的情况，须由设计给出处理解决方案等。

2. 与制作方协同

（1）施工期受制于工厂，计划管理须延伸到工厂，要求工厂按安装计划进行生产；计划要详细周密定量，计划到天。对每层楼的构件都应确定装车顺序。

（2）构件进场检查受场地限制，特别是直接从车上吊装构件，检查时间也受限制，构件的一些检查验收项目需前移到工厂进行。

（3）对不合格品应有补救预案，并由工厂落实。

（4）对于存量少的构件要有备用构件。

（5）制定在施工过程中出现与工厂有关的质量问题的补救预案。

（6）制定各类问题或质量缺陷的协调解决机制。

2.8.3　现浇混凝土伸出钢筋的定位

现浇混凝土伸出的钢筋是否准确是施工中非常重要的环节，直接影响到结构的安全性和构件能否顺利安装。保证伸出钢筋准确性的通常做法是使用钢筋定位模板（图 2.8-1）。

2.8.4　构件吊装

（1）根据构件重量和安装幅度半径，选择和布置起重设备。

（2）设计吊索吊具。吊具有点式吊具、一字型吊具、平面吊具和特殊吊具（图 2.8-2）。

（3）检查构件安装部位混凝土和准备吊装的构件的质量。

（4）水平构件吊装前架设支撑，竖直构件吊装后架设支撑（图 2.8-3）。

（5）构件吊装前须放线、并做好标高调整。

图 2.8-1　钢筋定位模板

（6）按照操作规程进行吊装，保证构件位置和垂直度的偏差在允许范围内。

（7）水平构件安装后，检查支撑体系受力状态，进行微调。

（8）竖直构件和没有横向支承的梁吊装后架立斜支撑，调节斜支撑长度保证构件垂直度。

（9）进行安装质量验收。

图2.8-2　构件安装吊具

a）点式吊具　b）一字型吊具　c）平面吊具　d）特殊柱子专用吊具

图2.8-3　构件安装临时支撑

a）水平构件（叠合楼板）支撑　b）竖向构件（墙板）斜支撑

2.8.5　灌浆作业

灌浆作业是装配整体式混凝土结构施工重点中的重点，直接影响到结构安全。灌浆作业流程见图 2.8-4。

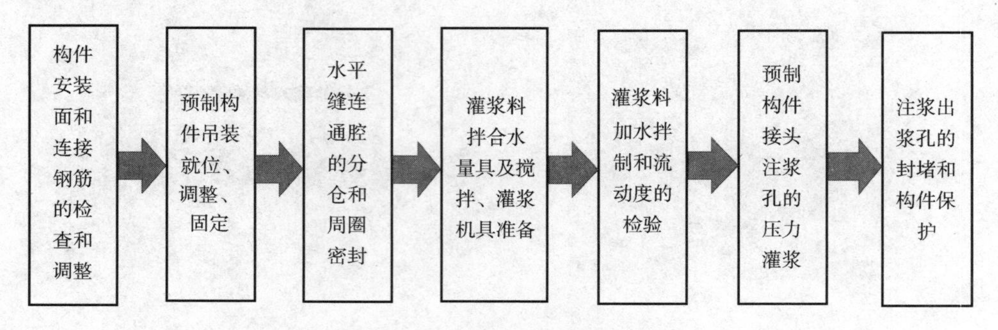

图 2.8-4　灌浆作业流程

下面对灌浆作业重点环节做简单介绍：

1. 剪力墙灌浆分仓

当预制剪力墙板灌浆距离超过 3m 时，宜进行灌浆作业区分割，也就是“分仓”（图 2.8-5）。分仓长度一般控制在 1.0～3.0m 之间；分仓材料通常采用抗压强度为 50MP 的坐浆料。坐浆分仓作业完成后，不得对构件及构件的临时支撑体系进行扰动，待 24h 后，方可进行灌浆施工。

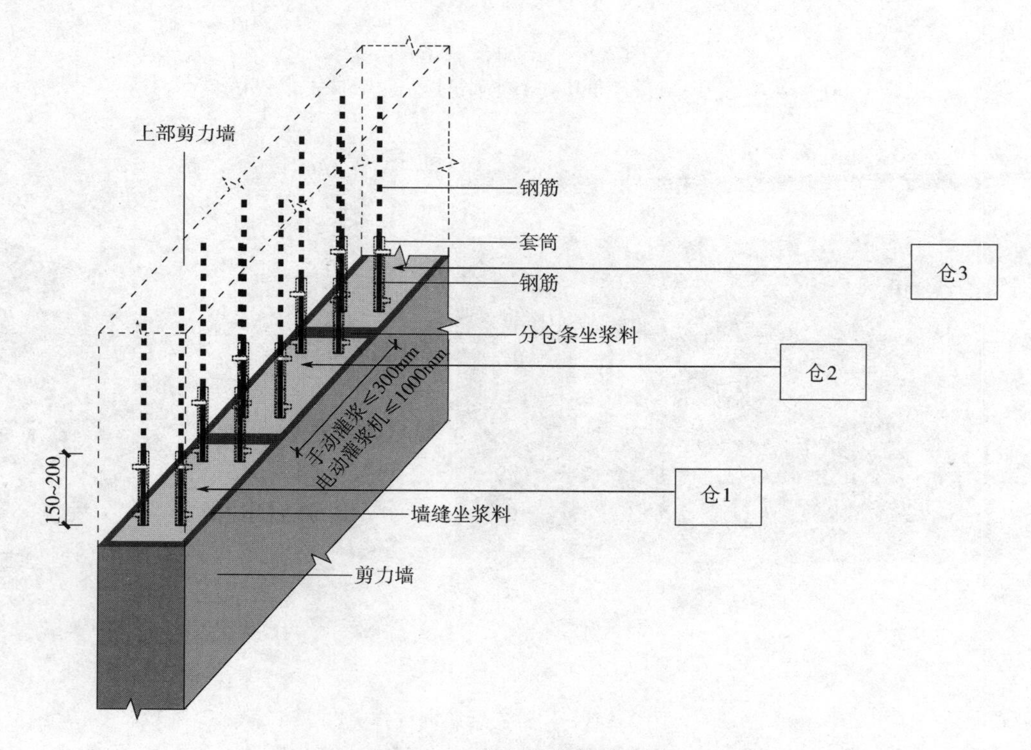

图 2.8-5　剪力墙分仓示意图

2. 密封接缝

接缝必须被严密封堵，保证灌浆作业时不漏浆，且不影响连接钢筋的保护层厚度。封缝方法有木条、坐浆料、压密封条和充气胶条等（图2.8-6）。

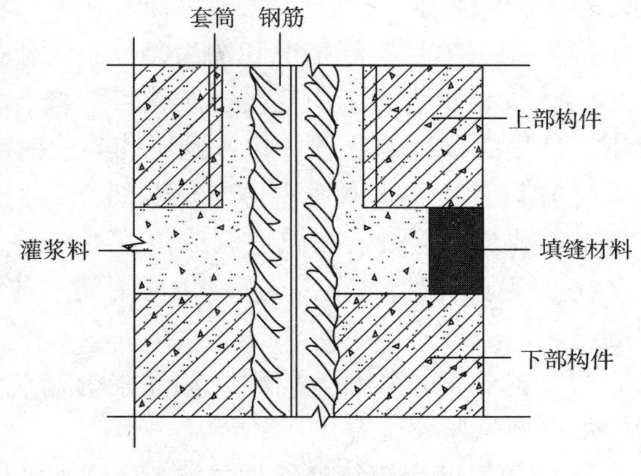

图2.8-6　灌浆作业封缝示意图

3. 灌浆料搅拌

（1）使用正确的灌浆料，灌浆套筒与浆锚搭接的灌浆料不一样，避免用错。

（2）严格按规定的配合比和搅拌要求加水搅拌。

（3）达到要求的流动度才可进行灌浆作业。

（4）必须在灌浆料厂家给出的限定时间内完成灌浆。

4. 灌浆作业

（1）在正式灌浆前，逐个检查各接头灌浆孔和出浆孔内有无影响浆料流动的杂物，确保孔路畅通。

（2）用灌浆泵（枪）从接头下方的灌浆孔处向套筒内压力灌浆。

（3）灌浆浆料要在自加水搅拌开始20~30min内灌完，全过程不宜压力过大。

（4）同一仓只能在一个灌浆孔灌浆，不能同时从两个以上孔灌浆。

（5）同一仓应连续灌浆，不宜中途停顿。如中途停顿，再次灌浆时，应保证已灌入的浆料有足够的流动性后，还需要将已经封堵的出浆孔打开，待灌浆料再次流出后逐个封堵出浆孔。

（6）如果因封堵不密实导致漏气，有灌浆孔不出浆，此时严禁从该孔补灌浆料，必须用高压水将浆料全部冲洗，重新封堵后再次灌浆。

（7）灌浆作业须有备用设备和小型发电机。

2.8.6　外挂墙板安装

外挂墙板与主体结构的连接方式主要是螺栓连接，也有焊接连接的情况。

外挂墙板安装需要注意的问题是避免将设计的柔性支座（即允许适当位移以避免结构变形影响的支座）固定过紧甚至焊死，变成固定支座。

2.9　质量管理关键点

对于装配式混凝土建筑影响到结构安全和重要使用功能的质量关键点必须格外重视，下面列出设计、材料与配件采购、制作、存放与运输、安装各个环节的主要质量关键点（不限于此）。

2.9.1　设计环节质量关键点

设计环节的质量关键点包括：

（1）在确定方案、选择结构体系时充分考虑功能性、适宜性和经济性。

（2）在结构设计时，考虑整体性、强柱弱梁、强剪弱弯、强接缝弱构件、套筒连接点避开塑性铰等因素。

（3）根据项目实际情况和约束条件，优化拆分设计，实现合理性与经济性。

（4）设计负责人组织建筑、结构、装修、水电暖通各个专业协同设计，避免需埋设在预制构件里的预埋件、预埋物、预留孔洞遗漏或位置不准。

（5）设计负责人联系甲方，负责组织与制作和施工企业进行协同设计，避免制作、施工环节需要的预埋件、吊点遗漏或位置不准。

（6）避免各种预埋件、预埋物与钢筋、伸出钢筋干涉；或因拥堵无法正常浇筑、振捣混凝土。

（7）对钢筋连接件与材料，如灌浆套筒、金属波纹管、灌浆料等，给出明确具体的性能要求以及试验验证要求。

（8）须保证套筒箍筋保护层厚度，如此会带来受力钢筋在截面中相对位置的变化，须进行复核计算。如需要，采取调整措施。

（9）夹心保温板内外叶板拉结件选用、布置、锚固构造及耐久性设计。

（10）外挂墙板活动支座的构造设计，避免全部采用刚性支座。

（11）不对称构件的吊点平衡设计，避免起吊时构件歪斜无法安装。

（12）给出构件存放与运输的支承点、支承方式、存放层数的设计；捆绑方式吊装构件的捆绑点位置设计。

（13）给出各类构件安装后临时支撑设计。

（14）给出防雷引下线、连接及其连接点耐久性设计。

（15）选择压缩比符合接缝设计要求的防水胶条和适用混凝土的建筑密封胶。

（16）给出敞口构件临时拉结设计等。

2.9.2　材料与配件采购环节质量关键点

除了按照设计要求和有关标准采购混凝土建筑常用材料外，关于装配式的专用材料与配件，采购质量的关键点包括：

（1）按照设计要求、国家标准和行业标准规定的物理力学性能采购灌浆套筒、金属波纹管、机械套筒、夹心保温板拉结件、内埋式螺母、吊钉等。

（2）按照设计要求、国家标准和行业标准规定的物理力学性能和工艺性能选购灌浆料、坐浆料等。

（3）外挂墙板接缝用的防水橡胶条须满足设计要求的弹性指标。

（4）按设计要求选购适合混凝土基面的建筑密封胶。

（5）用镀锌钢带做防雷引下线时，镀锌层厚度须满足设计要求。

2.9.3　构件制作环节质量关键点

构件制作环节的质量关键点包括：

（1）混凝土强度和其他力学性能符合设计要求。当不同构件组成复合构件时，如梁柱一体化构件，如果梁、柱强度等级不同，应避免出现混同错误。

（2）避免混凝土裂缝和龟裂。通过混凝土配合比控制、原材料质量控制、蒸汽养护升温-降温梯度控制、保护层厚度控制以及准确存放等措施避免出现裂缝。

（3）钢筋与出筋准确。保证钢筋加工、成型、骨架组装的正确与误差控制，外伸连接钢筋直径、位置、长度的准确与误差控制。

（4）灌浆套筒位置正确。保证套筒位置和垂直度在允许误差内，固定牢固，不会在混凝土振捣时移位歪斜。

（5）保证保护层厚度。正确选用和布置保护层垫块，避免钢筋骨架位移，导致保护层不够甚至露筋。

（6）保证预埋件、预埋物、孔洞位置在误差允许范围内。

（7）构件尺寸误差在允许范围内。确保模具质量和组模质量符合构件精度要求。

（8）混凝土外观质量。通过模具的严密性和浇筑、振捣操作保证混凝土外观质量。

（9）保证养护质量。

（10）保证夹心保温板制作质量。内外叶板宜分两天制作，特别要防止拉结件锚固不牢。保证保温层铺设质量等。

（11）做好门窗一体化构件防水构造。

（12）做好半成品和产品保护，避免磕碰。

2.9.4　存放运输环节质量关键点

构件存放运输环节的质量关键点包括：

（1）按照设计要求的支承位置、方式与层数存放，垫块、垫方和靠放架应符合设计要求。

（2）避免因存放不当导致的构件变形。

（3）防止立式存放构件倾倒的可靠措施。

（4）避免磕碰和污染的可靠措施。

2.9.5　施工环节质量关键点

施工环节的质量关键点包括：

（1）避免现浇混凝土伸出的钢筋位置与长度误差过大。

（2）避免灌浆孔被堵塞。

（3）竖向构件斜支撑地锚与叠合板桁架筋连接，避免现浇叠合层时混凝土强度不足，地锚被拔起。

（4）构件安装误差在允许范围内；竖向构件控制好垂直度。

（5）按设计要求进行临时支撑。

（6）竖向构件安装后及时灌浆，避免隔层灌浆。

（7）确保灌浆质量，避免出现灌浆料配置错误、延时使用、灌浆不饱满、不到位的情况。

（8）剪力墙结构水平现浇带浇筑混凝土后，安装上层构件前，须探测混凝土强度，如果强度较低，须采取必要的措施。

（9）后浇混凝土模具牢固，避免胀模和夹心保温板外叶板探出部分被混凝土挤压外涨。

（10）后浇混凝土钢筋连接正确，外观质量好，同时采取可靠的养护措施。

（11）防雷引下线连接部位防腐处理符合设计要求。

（12）避免将外挂墙板活动支座被锁紧变成固定支座。

（13）做好外挂墙板和夹心保温剪力墙外叶板的接缝防水施工。

（14）做好成品保护。

2.10 装配式混凝土建筑技术课题

本节列出装配式混凝土结构建筑需要进一步解决的技术课题，供从事科研的师生参考。

（1）预制剪力墙横向连接节点简化。

（2）预制剪力墙竖向连接无现浇混凝土带节点研究。

（3）全装配式混凝土结构连接节点与适用范围。

（4）筒体结构装配式混凝土连接节点研究。

（5）叠合楼板预制板钢筋伸入支座的作用分析。

（6）隔震、减震在装配式混凝土建筑中的应用。

（7）外围护系统优化设计（如外墙外保温、夹心保温的优化等课题）。

（8）套筒灌浆检测技术等。

思考题

1. 我国装配式建筑在20世纪80年代末以后一段时间，发展停滞的原因是什么？

2. 装配式混凝土建筑分别对应的各建筑高度、建筑造型风格、结构体系而言，各有何适宜性？

3. 装配式混凝土建筑与现浇混凝土建筑相比，在设计理论和设计方法上有什么不同？

4. 如何理解装配式建筑“可靠的连接方式”，列举在装配式建筑里主要的连接方式有哪些？

5. 简要说明为什么装配式建筑里强调使用高性能混凝土、高强钢筋。

6. 装配式混凝土建筑平面形状的基本要求是怎么样的？装配式混凝土建筑为什么要强调标准化设计，标准化设计的意义是什么？

7. 预制构件工厂制作都有哪些工艺？其各自都适应哪些种类预制构件？

8. 装配式建筑施工单位与设计单位存在哪些需要互动沟通的内容？

9. 简述装配式混凝土建筑当前发展中面临需要突破的主要技术课题。

第3章　装配式钢结构建筑

本章介绍装配式钢结构建筑的基本知识，包括：什么是装配式钢结构建筑（3.1），装配式钢结构建筑的历史（3.2），装配式钢结构建筑的类型与适用范围（3.3），装配式钢结构建筑设计要点（3.4），装配式钢结构建筑结构设计要点（3.5），装配式钢结构建筑生产与运输（3.6），装配式钢结构建筑施工安装（3.7），装配式钢结构建筑质量验收（3.8），装配式钢结构建筑使用维护（3.9），装配式钢结构建筑的技术课题（3.10）。

3.1　什么是装配式钢结构建筑

3.1.1　装配式钢结构建筑的定义

说到“装配式钢结构建筑”，很多人奇怪：钢结构建筑不都是钢构件或焊接或栓接（早期还有铆接）装配而成的吗？难道还有不是装配式的钢结构建筑吗？装配式是钢结构建筑的固有特征，就像车轮是汽车的固有特征一样。推广“装配式钢结构建筑”的说法就像推广“带车轮的汽车”一样可笑。

钢结构建筑是从铁结构（铸铁和熟铁）建筑发展而来的，铁结构建筑从诞生那天起就是彻头彻尾的装配式：在工厂里铸造或锻造构件，到现场用铆接方式连接。进入钢时代后，1927年钢材焊接技术发明之前，钢结构建筑与铁结构建筑一样，也是采用铆接或螺栓连接，构件必须在工厂里加工，再到现场装配。只有普遍应用焊接技术后，在没有钢结构工厂的地方，才有在工地现场用乙炔“切割”钢材，再进行焊接装配的作业方式。此种做法尽管装配式程度有所降低，但本质上还是装配式。

近几十年来，钢结构建筑越来越多，钢结构工厂也越来越多，钢结构加工设备的自动化和智能化程度也越来越高，现场切割剪裁钢材的建造方式早已销声匿迹。所有钢结构建筑，无论高层多层低层建筑还是单层工业厂房，都是在工厂加工构件，再到现场进行组装的装配式建筑。

既然所有钢结构建筑都是装配式建筑，为什么还要特别提出“装配式钢结构建筑”的概念呢?

我们来看看国家标准《装配式钢结构建筑技术标准》GB/T 51232—2016关于装配式钢结构建筑的定义：装配式钢结构建筑是“建筑的结构系统由钢部（构）件构成的装配式建筑”。

第1章已经介绍了装配式建筑的定义，是“结构系统、外围护系统、设备与管线系统、内装系统的主要部分采用预制部品部件集成的建筑”。

按照国家标准定义的装配式钢结构建筑，与具有装配式自然特征的普通钢结构建筑相比有两点差别：

第一、更加强调预制部品部件的集成。

第二、不仅钢结构系统，其他系统也要搞装配式。

按照这个定义，钢结构建筑如果外围护墙体采用砌块，就无法理直气壮地称作装配式建筑；钢结构建筑如果没有考虑内装系统集成，也很难算作装配式建筑。

图 3.1-1 给出了钢结构装配式建筑图解。具体地说，装配式钢结构建筑与普通钢结构建筑比较，更突出以下各点：

（1）更强调钢结构构件集成化和优化设计

（2）各个系统的集成化，尽可能采用预制部品部件

（3）标准化设计

（4）连接节点、接口的通用性与便利性

（5）部品部件制作的精益化

（6）现场施工以装配和干法作业为主

（7）基于 BIM 的全链条信息化管理

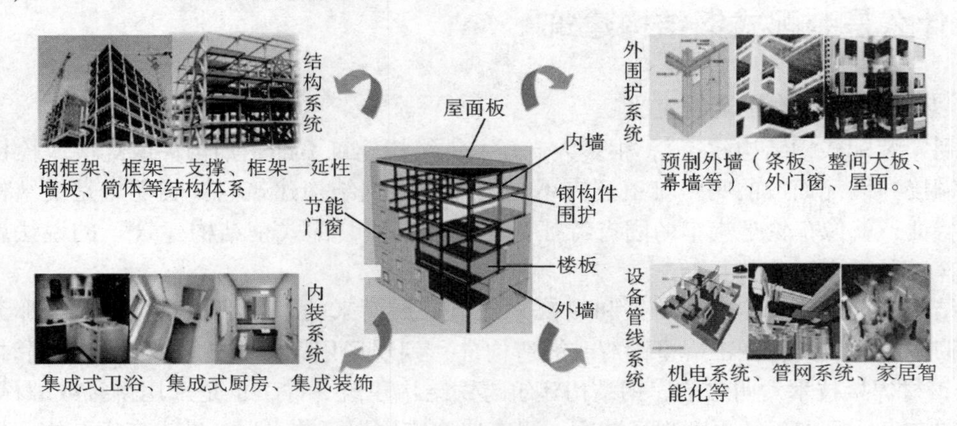

图 3.1-1　装配式钢结构建筑图解

3.1.2　装配式钢结构建筑的优点

关于装配式钢结构建筑的优点，从两个层面讨论：钢结构建筑的优点和装配式钢结构建筑的优点。

1. 钢结构建筑的优点

钢结构建筑具有安全、高效、绿色、节能减排和可循环利用的优势。

（1）安全　钢结构有较好的延性，当结构在动力冲击荷载作用下能吸收较多的能量，可降低脆性破坏的危险程度，因此其抗震性能好，尤其在高烈度震区，使用钢结构能获得比其他结构更可靠的抗震减灾能力。日本中小学校校舍大都是钢结构建筑，地震时可兼做避难所。

（2）轻质高强　钢结构具有轻质高强的特点，特别适于高层、超高层建筑，能建造的建筑物高度远比其他结构高。钢结构与钢筋混凝土结构比较，同等地震烈度情况下，适用建造的最高建筑可高出 1.5 倍以上。

（3）结构受力传递清晰　钢结构具有结构清晰的特点，现代建筑各种结构体系大都先从钢结构获得结构计算简图、计算模型并经过成功的工程实践后再推广到混凝土结构的。如

框架结构、密柱筒体结构、核心筒结构、束筒结构等现代建筑的结构体系，都是先从钢结构开始实践，然后钢筋混凝土结构才采用的。

（4）适用范围广　钢结构建筑比混凝土结构和木结构建筑适用范围更广，可建造各种类型使用功能的建筑（图3.1-2）。

图3.1-2　装配式钢结构建筑的适用范围

（5）适于标准化　钢结构建筑具有便于实现标准化的特点。

（6）适于现代化　钢结构具有与生俱来的装配式或工业化优势，特别适于建筑产业的现代化。或者说，钢结构建筑一直在引领着建筑产业的现代化进程。钢结构建筑现代化的过程能够带动冶金、机械、建材、自动控制以及其他相关行业发展。高层建筑钢结构的应用与发展既是一个国家经济实力强大的标志，也是其科技水平提高、材料工艺与建筑技术进入高科技发展阶段的体现。

（7）资源储备　钢材是可以循环利用的建筑材料，钢结构建筑实际上是钢材资源巨大的“仓库”。像美国这样在建筑和汽车行业大量使用钢材的国家，对铁矿石等自然资源的依赖非常少，废旧钢材的循环利用就可以基本满足需求。

（8）绿色建筑优势　钢结构建筑是建设“资源节约型、环境友好型、循环经济、可持续发展社会”的有效载体，优良的装配式钢结构建筑是“绿色建筑”的代表。

1）节能（节省建造及运行能耗）：炼钢产生的CO_2是烧制水泥的20%，消耗的能源比水泥少15%；钢结构部件及制品均轻质高强，建造过程能大幅减少运输、吊装的能源消耗。

2）节地（提高土地使用效率）：钢结构“轻质高强”的特点，易于实现高层建筑，可提高单位面积土地的使用效率。

3）节水（减少污水排放）：钢结构建筑以现场装配化施工为主，建造过程中可大幅减少用水及污水排放，节水率达80%以上。

4）节材：钢结构高层建筑结构自重约为500～600kg/m^2，传统混凝土结构约为1000～1200kg/m^2，其自重减轻约50%。可大幅减少水泥、砂石等资源消耗；建筑自重减轻，也降低了地基及基础技术处理的难度，同时可减少地基处理及基础费用约30%。

5）环保：采用装配化施工，可有效降低施工现场噪声扰民、废水排放及粉尘污染，有利于绿色建造，保护环境。

6）主材回收与再循环利用：建筑拆除时，钢结构建筑主体结构材料回收率在90%以上，较传统建筑垃圾排放量减少约60%。并且钢材回收与再生利用可为国家作战略资源储备；同时减少建筑垃圾填埋对土地资源占用和垃圾中有害物质对地表及地下水源污染等

（建筑垃圾约占全社会垃圾总量的40%）。

7）低碳营造：根据实际统计，采用钢结构的建筑 CO_2 排放量约为480kg/m²，较传统混凝土建筑碳排放量740.6kg/m² 降低35%以上。

2. 装配式钢结构建筑的优点

国家标准所定义的装配式钢结构建筑与普通具有装配式自然特征的钢结构建筑比较有哪些优点？我们先看看日本的经验。

日本每年新建住宅中大约有十几万套别墅。以前，日本人喜欢木结构房屋，别墅大多数是木结构建筑，混凝土结构和钢结构比例很少。自从钢结构别墅采用集成化工业化程度高的装配式工艺进行规模化制作后，市场格局发生了根本性变化，装配式钢结构别墅逐渐取代木结构成了主角，市场份额高达到90%左右。

为什么集成化工业化程度高的装配式钢结构别墅会受到市场的青睐呢？我们具体看一看：

装配式钢结构住宅虽然是标准化工业化产品，但并不是千篇一律的风格与式样，购房者可选择的菜单有几十种，每种房型还可以选择不同的颜色、质感和装修风格。图3.1-3是日本积水公司钢结构别墅样板区的局部，样板区约有20种不同风格的别墅。图3.1-4是别墅的一种。

图3.1-3 日本积水装配式钢结构别墅样板区局部

图3.1-4 装配式钢结构别墅

别墅的形体、平面、层数、立面可能各不相同，但结构的基本架构是一样的，节点是标准化的。装配式钢结构建筑的设计是为成千上万套建筑进行标准化设计的，投入精力再多，设计与试验费用再高，摊到每座建筑上也很少。基于重复利用的标准化设计可以投入较多资源和费用，做到更精细，更优化。日本装配式钢结构别墅的结构设计优化到了极致。两三层楼的小建筑，结构与构造设计特别是抗震设计都是基于试验做出的。结构安全更为可靠（图3.1-5～图3.1-8）。

如图3.1-6所示，采用集成化钢结构部件使现场无焊接作业，都是锚栓连接。一方面避免了现场焊接对构件接头部位防锈层的破坏，有利于建筑的耐久性；一方面使安装更简便，效率大幅度提高。

钢结构部件焊接在工厂自动化生产线上采用机械手自动焊接，焊接质量及稳定性非常高（图3.1-9）；钢结构部件表面有三层防锈镀层，采用自动化工艺，耐久性达到75年（图3.1-10）。

外围护结构采用集成化设计，各种功能考虑得很细，水蒸气在外墙系统中凝结成水的构造确保了保温效果的耐久性（图3.1-11），自动化流水线生产的高压蒸养水泥基墙板更是提供了丰富的质感和颜色（图3.1-12）。

图3.1-5　日本装配式钢结构别墅结构

图3.1-6　日本装配式钢结构别墅螺栓连接节点

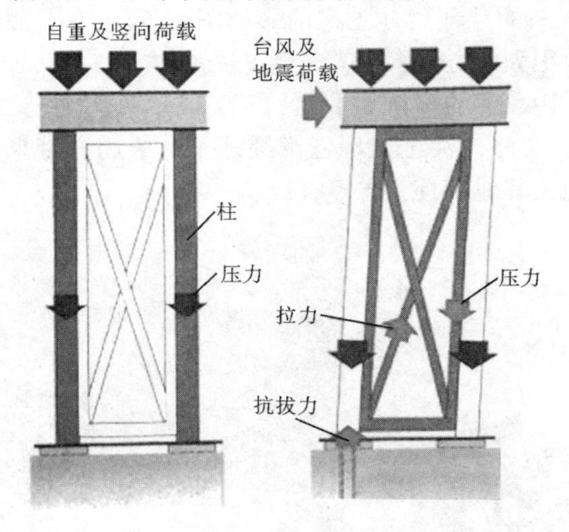

图3.1-7　装配式钢结构别墅抗震试验原理

图3.1-8　装配式钢结构别墅抗震装置

图3.1-9　装配式钢结构别墅“机器人”焊接

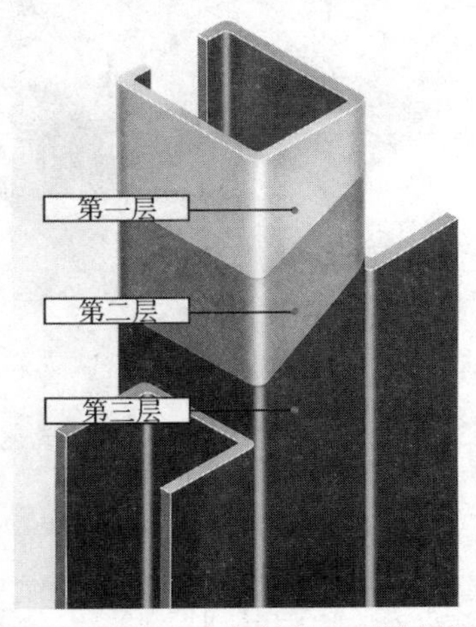

图3.1-10　装配式钢结构3层防锈蚀镀层

图 3. 1-11　装配式钢结构别墅外围护系统

图 3. 1-12　自动化生产线生产高压蒸养水泥基墙板

集成式厨房、集成式卫生间和整体收纳设计得非常实用、精细（见文前彩插图 C14、图 C15）。以门厅整体收纳为例，还设计了抽屉式的穿鞋凳（见文前彩插图 C16）。专业而精细的集成化部品提高了住宅舒适度，给用户以很大的方便，也大大降低了成本。

设备与管线系统的集成式布置合理、适用、节约（图 3. 1-13）。

从吊顶到地板（图 3. 1-14）到墙体的全装修，甚至连地毯都铺好了，给用户带来了极大的便利，除了床、沙发和桌椅，基本不用买其他家具，省事省钱。

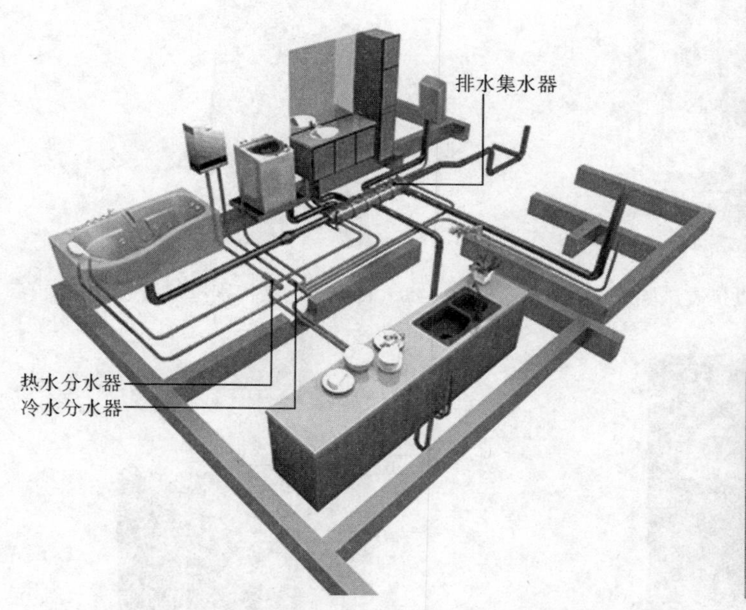

图 3. 1-13　装配式钢结构别墅集成化设计设备管线系统

图 3. 1-14　带保温层的地面架空

装配式钢结构别墅大都是一家一户的散户订货，购房者根据自己的场地环境条件、需求和偏好选定了别墅类型，装配式钢结构别墅企业向购房者提供基础要求和图样，等购房者请当地施工企业做完基础时，装配式别墅整套部品部件和零件（大大小小几万件）也运到现场，半个月到一个月时间装配完毕，即可入住。工期非常短。

总而言之，日本的装配式钢结构别墅提高了结构安全性，更好地实现了建筑功能，提高了质量，降低了成本和大幅度缩短了工期。

以上关于日本装配式钢结构别墅的简介可以使我们对装配式钢结构建筑的优点有个具体直观的认识。

日本高层、超高层钢结构建筑，外围护系统集成化做得较好，大多采用装饰一体化预制混凝土外挂墙板，有的建筑还采用跨层或多跨超大型墙板。一些多层钢结构建筑采用 ALC（蒸压轻质混凝土）墙板，详见本书第6章。外围护系统的集成提高了施工效率，降低了成本。由于围护系统的干作业与结构施工同时进行，也使得内装施工可以尾随进行，有利于总工期的缩短。

通过以上具体分析，可以归纳装配式钢结构建筑的优点如下：

（1）标准化设计实际上是优化设计的过程，有利于保证结构安全性，更好地实现建筑功能和降低成本。

（2）钢结构构件的集成化可以减少现场焊接，由此减少焊接作业对防锈层的破坏点。

（3）外围护系统的集成化可以提高质量，简化施工，缩短工期。

（4）设备管线系统和内装系统的集成化以及集成化预制部品部件的采用，可以更好地提升功能，提高质量和降低成本。

3.1.3　装配式钢结构建筑的缺点和局限性

1. 钢结构建筑的缺点

钢结构材料特点决定了装配式钢结构建筑也有一些弱点，如未采取防护措施的钢构件防火性能差、易锈蚀等。

（1）耐火性能差　钢材在温度达到150℃以上时须采用隔热层防护。用于有防火要求部位的钢构件，须按建筑设计防火等级的要求采取防火措施。防火保护是钢结构建筑重要的成本构成。

（2）耐腐蚀性差　钢材在潮湿环境中，特别是处于有腐蚀介质的环境中容易锈蚀，必须采取防腐措施——涂刷防腐涂料或采用耐候钢。3.1.2 小节介绍的日本装配式钢结构别墅所用钢材，防锈蚀涂料达3层。

（3）多层和高层建筑的建造成本高　钢结构建筑单层厂房和低层装配式建筑在成本方面有优势，比钢筋混凝土建筑要低。所以，在中国，钢结构是工业厂房的主角；在日本，钢结构是别墅的主角。

但是多层和高层建筑，钢结构与混凝土结构比较，建造成本要高一些。

钢结构在超高层、大跨度公共建筑领域的优势是无可替代的，成本再高也只能用它，别无选择。也有专家做过分析，150m 以上的超高层建筑，钢结构有成本优势。

但在多层和高层住宅领域，与混凝土结构建筑比较，就对比出了成本方面的劣势。大多数情况下，钢结构比混凝土结构的成本要高一些。（大开间、重载荷及高烈度抗震设防地区的建筑如商场、展览馆、档案馆、体育馆等公共建筑，与现浇混凝土或许持平）。主要原因在于其结构材料、围护材料相比混凝土建筑要贵一些，人工费、机械费的减少还无法完全抵消其增加的材料成本。

但是，还是有越来越多的多层和高层建筑采用钢结构，主要原因是：虽然钢结构直接造价高，但其结构施工期短、没有湿作业又使得设备与内装可尾随结构施工进度展开，总工期大大缩短，如此可以减少财务费用，提前收益，综合效益可能更具优势。

有人认为，不应当形成“钢结构建筑成本高”的心理定式，而应当具体项目具体分析，进行全面定量的比较分析。有钢结构专家乐观地认为，以当前钢结构应用技术的发展进步态势，在良好的设计、施工和管理条件下，多层和高层钢结构建筑的综合造价越来越具有竞争性。就像钢结构工业厂房和低层别墅那样。

（4）高层钢结构住宅舒适度问题　高层钢结构属于柔性建筑，自振周期较长，易与风荷载波动中的短周期产生共振，因而风荷载对高层建筑有一定的动力作用。

日本早期有钢结构高层住宅，后来因为有住户反映在大风时有晕船的不舒适感，愿意住钢结构住宅的人减少，现在日本用混凝土高层住宅取代了大多钢结构高层住宅。美国仍有高层钢结构住宅，但多与混凝土结合。

所以，钢结构高层住宅必须按照规范进行舒适度验算。钢结构高层住宅的舒适度问题可通过在设计中对侧移变形、风振舒适度的严格控制加以解决。为了满足舒适度与围护结构不损坏等要求，结构设计必须满足规定的顶点位移与层间位移限值要求，此外考虑舒适度的要求及避免横向风振的发生，还应验算风荷载作用下的结构顶点加速度与临界风速等。

2. 装配式钢结构建筑的局限性

（1）对建设规模依赖度较高　建设规模小，工厂开工不足，很难维持生存。而没有构件工厂，装配式就是空话。前面介绍了日本装配式钢结构别墅非常成功，但日本企业在沈阳建设了同样的生产线，却举步维艰。因为中国土地政策对建造别墅有严格限制，多数地区农村住宅又用不起装配式。有工厂，没有市场也等于零。

（2）局限于中、高端建筑　装配式钢结构建筑集成化程度高，性价比高，相对成本是降低了，但较传统现浇钢筋混凝土绝对成本是高的，因此，目前看比较适于高端建筑，至少是中等水平的建筑。

（3）要求高　装配式钢结构建筑对设计、制造、施工的技术水平及管理水平有更高的要求。

3.2　装配式钢结构建筑的历史

3.2.1　钢铁材料的发展

建筑的发展往往基于新材料的应用。

现代建筑的问世，大跨度建筑和高层建筑的出现，框架结构、筒体结构、网架结构等新结构形式的出现，都是由于有了（或者说应用了）钢铁。建筑材料是建筑革命的先行官。

钢铁是铁碳合金，钢铁的演进过程是生铁（铸铁）——熟铁（锻铁）——钢。

生铁是含碳量高于2.11%的铁碳合金；熟铁是含碳量低于0.218%的铁碳合金；钢材是含碳量在0.218%到2.11%之间的铁碳合金。铁碳合金按照含碳量由高往低排序是：生铁、钢材、熟铁；按照出现的先后排序是生铁、熟铁、钢材。

生铁抗压强度高，质地坚硬，耐磨性好，但抗拉强度低，没有塑性，属于脆性材料，只能铸造，不能锻造，所以也叫作铸铁。

熟铁抗拉强度提高，但抗压强度低，质地软，塑性好，可以锻造和拉制成铁丝。所以也叫作锻铁。

钢材是各向同性材料，即抗拉强度与抗压强度一样，既坚硬又有塑性，是特别适合用于建筑的材料。

生铁的历史已经有四千多年。大约在公元前2000年，西亚的亚述人最先掌握了炼铁术，并垄断这一技术长达二百多年。铁是那个时代的“核武器”。在其他民族还使用石器或铜器时，垄断了炼铁术的亚述人得以统治中东地区数百年。

几千年来，铁主要用于武器、农具、交通工具等，极少用于建筑。因为用木材炼铁代价较大，舍不得将它作为建筑材料，在建筑中的应用仅限于城门、城堡吊桥铁索、囚室窗户栏杆和建筑上的装饰性配件。偶尔也有用铁建造建筑的，中国现存世界上最早的生铁结构建筑，已有1千多年的历史；还有3百年前的铁索桥，见3.2.2小节。

生铁问世约4000年后，18世纪70年代，由于煤炭炼铁大大降低了成本，英国开始将生铁用于构筑物和建筑，包括桥梁、屋顶结构、承重柱、花房等。19世纪中叶出现了完全用生铁建造的大面积大空间建筑。

生铁的脆性，也就是抗拉强度低的特性，不能满足建筑结构对抗拉性的要求，特别是大跨度建筑和高层建筑的要求，由此，通过精炼，出现了含碳量低的熟铁。熟铁是19世纪中叶问世的，19世纪下半叶开始较多地用于建筑。但熟铁抗压强度低，用于建筑也不适应。

1855年英国发明了贝氏转炉炼钢法和1865年法国发明平炉炼钢法，以及1870年成功轧制出工字钢后，钢材问世。形成了工业化大批量生产钢材的能力，强度高且韧性好的钢材在建筑领域开始逐渐取代生铁熟铁，自1890以后更成为金属结构的主要材料。1927年钢材焊接技术的出现和1934年高强度螺栓的出现，极大地促进了钢结构建筑的发展。人类建筑进入了钢时代，钢结构建筑和以钢筋承担重要的抗拉抗弯角色的钢筋混凝土建筑成为现代建筑的主角。

3.2.2 装配式钢结构建筑的历史沿革

钢结构建筑的源头是生铁（铸铁）结构建筑。中国是应用生铁建造建筑物和构筑物的先行者。

世界上现存最早的铁结构建筑是建于1061年的中国湖北当阳玉泉寺八角形铁塔，高17.9m，重53.5t（图3.2-1）。

中国古代还用铁索造桥。云南澜沧江兰津铁索桥初建于15世纪末，现存铁索桥建于1681年。四川泸定大渡河铁索桥（图3.2-2）建于1705年，宽2.8m，桥长100m。这两座铁索桥是世界上现存最早的铁索结构桥梁。

图3.2-1 湖北当阳玉泉寺铁塔

图3.2-2 四川泸定铁索桥

欧洲从 18 世纪下半叶开始用铸铁建造桥梁和建筑，英国是先行者。最早的铁结构桥梁是跨度 30m 的英国的塞文河桥，1779 年建成。最早用于建筑的生铁结构是建于 1786 年的巴黎法兰西剧院的屋顶。之后，生铁结构较多地用于桥梁、建筑物部分构件和花房。

生铁结构构件都是在铸造厂铸造制成的，所以，铁结构构筑物和建筑物从诞生那天起就是装配式。

装配式铁结构建筑的第一座里程碑，也是装配式建筑和现代建筑的第一座里程碑是建于 1851 年的英国水晶宫，第 1 章已经做了简单介绍（图 1.2-12）。水晶宫长 564m，宽 124m，所有铁柱和铁架都在工厂预先制作好，到现场进行组装。整个建筑所用玻璃都是一个尺寸，124cm×25cm（当时所能生产的最大玻璃尺寸），铸铁构件以 124cm 为模数制作，达到高度的标准化和模数化，装配起来非常方便，只用了 4 个月时间就完成了展馆建设，堪称奇迹，具有划时代的意义。

铁结构建筑所能获得的大空间和非常短的建造工期满足了工业建筑和公共建筑的需要，19 世纪，欧洲许多工业厂房和火车站采用铁结构。

装配式铁结构另一座里程碑也是高层建筑的里程碑是埃菲尔铁塔。

为纪念法国大革命 100 周年和 1889 年巴黎世博会召开，法国人希望建造一座能够反映法兰西精神和时代特征的纪念性建筑。项目委员会从 700 件投标作品中选中了埃菲尔设计的 300m 高的铁塔方案。埃菲尔铁塔建造在一片反对声中进行，历时 2 年 2 个月，于 1889 年 3 月 31 日竣工。正如埃菲尔为铁塔方案辩护时称的"为现代科学和法国工业争光"，埃菲尔铁塔（图 3.2-3）获得了巨大成功，是人类建筑进入新时代的象征，是超高层建筑的第一个样板。

埃菲尔是桥梁工程师出身，在设计埃菲尔铁塔之前设计过多座装配式铁结构桥梁。许多时候，道桥领域是建筑结构的试验田。

埃菲尔铁塔建成前 3 年，1886 年，法国赠送美国的纽约自由女神像建成（见第 1 章图 1.2-13）。自由女神像高 46m，铁结构骨架由埃菲尔设计。自由女神像的装配式铁结构所达到的高度给美国高层建筑树立了样板。4 年后，1890 年，由芝加哥建筑学派先行者詹尼设计的芝加哥曼哈顿大厦（图 3.2-4）建成。这座 16 层的住宅是世界上第一栋高层装配式钢铁结构建筑，保留至今，是高层建筑的里程碑。曼哈顿大厦不仅是当时最高的建筑，建筑风格也焕然一新，立面不像之前的砖石建筑那么厚重烦琐，窗户大，简洁明快。

图 3.2-3 铁结构构筑物——巴黎埃菲尔铁塔

图 3.2-4 芝加哥曼哈顿大厦——铁结构

19世纪后半叶，钢铁结构建筑的材质从生铁到熟铁到钢材，进入快节奏发展期。进入20世纪后，钢铁结构建筑更是进入高速发展时代。

现代装配式钢铁结构技术发源与应用起始于欧洲，而在美国得以发扬光大。1913年建成的纽约伍尔沃斯大厦高241m，铆接钢结构，石材外墙。这么高的建筑在当时是惊天之举。那时纽约绝大多数建筑只有五六层楼，有几栋高层建筑也不超过100m，伍尔沃斯大厦拔地而起高耸入云，非常震撼（图3.2-5）。兴奋的记者创造了新单词描述它——“Skyscraper”，翻译过来就是“摩天大厦”。

自伍尔沃斯大厦建成之后，摩天大厦越来越多，高度不断被刷新，现在世界上最高的建筑是迪拜的哈利法塔，高度已经达到828m（图3.2-6）。摩天大厦大都是装配式钢结构建筑。钢结构建筑物的高度比混凝土结构可高出1倍半以上。

下面从装配式角度介绍几个有特点的钢结构建筑。

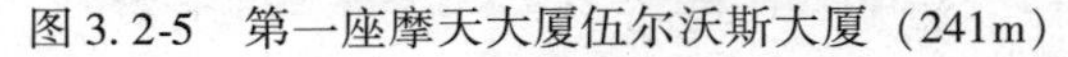

图3.2-5　第一座摩天大厦伍尔沃斯大厦（241m）

图3.2-6　世界最高建筑迪拜哈利法塔（828m）

1967年加拿大蒙特利尔世界博览会美国馆，是个被称作生物圈的球形构造物（图3.2-7），设计者是美国著名建筑师、工程师布克敏斯特·富勒。富勒1949年发明了网架结构，蒙特利尔生物圈是网架结构的扩展。这座“几何球”直径76m，高41.5m，没有任何支撑柱，完全靠金属球形网架自身的结构张力维持稳定。

网架结构现在广泛用于机场、体育馆、展览馆等大空间公共建筑，图3.2-8是德国莱比锡展览馆网架结构屋面。网架结构也是现在流行的非线性建筑的结构依托之一。顺便提一句，富勒还是房车和整体浴室的发明人，他是一个集成思维非常灵活的建筑师。

1977年建成的巴黎蓬皮杜艺术中心（图3.2-9）是世界另一著名建筑，也是装配式理念贯彻得非常坚决的钢结构建筑。著名意大利建筑师佐伦·皮亚诺和英国建筑师理查德·罗杰斯把自己的建筑说成高科技建筑，所谓的高科技，核心就是装配式。从装配式的角度看，蓬皮杜艺术中心的主要特点是：

图 3. 2-7 蒙特利尔生物圈—装配式网架结构

图 3. 2-8 德国莱比锡展览馆网架结构屋顶

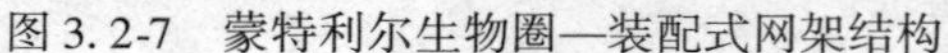

第一、它的结构构件装配连接非常简单，既不是焊接，也不是栓接，更不是铆接，而是插入加上销接。连接节点是一个筒，结构构件插入筒里，筒与构件有销孔，插入销子即可。

第二、它的设备管线系统也是集成化装配式的。

第三、它把结构、设备与管线系统视为建筑美学元素，将他们彻底裸露，甚至于电动扶梯运行时缆索的移动都是可见的（图 3. 2-10）。

图 3. 2-9 蓬皮杜艺术中心

图 3. 2-10 电动扶梯管道

美国科罗拉多州空军学院小教堂（图 3. 2-11、图 3. 2-12）被誉为“建筑艺术的极品”，由 SOM 设计，1962 年建成。教堂高 46m，用 17 个尖塔构成。每个尖塔是“人”字形结构，由 100 个不规则四面体组成。四面体由表面铝板加上钢管装配而成。四面体之间是彩色玻璃面板，反射出耀眼的光芒。科罗拉多州小教堂给装配式建筑的重要启示是：装配式是实现建筑师艺术理想的重要帮手。

东京国际会议中心是一座非常精彩的装配式钢结构建筑，建筑师巧妙地将结构逻辑与美学结合，将装配式的精致与建筑艺术的精湛融为一体，给人以结构就是艺术，装配式就是艺术的深刻印象（图 3. 2-13）。

美国德克萨斯州阿灵顿的牛仔体育场是非常著名的装配式钢结构建筑，2009 年建成。这座可容纳 10 万人的体育场面积为 28 万 m^2，长约 400m。这么大的空间，屋顶不仅没有柱梁支撑，还可以自由开启。两道钢结构桁架拱是活动屋顶的支撑，也是这座建筑的亮点。（图3.2-14）。

图3.2-11　科罗拉多州空军学院小教堂

图3.2-12　科罗拉多州空军学院小教堂内部

图3.2-13　东京会议中心

图3.2-14　阿灵顿牛仔体育场

3.2.3　中国装配式钢结构的发展历史

中国虽然早在1千多年前就建造了铁塔，但现代钢结构建筑的应用却远远落后于欧美。中国1907年才建成了第一家钢铁厂，年产量只有0.85万t，连造枪炮的钢材需求都满足不了，根本不可能用于建筑。

中国最早的钢结构高层建筑是建于1934年的上海国际饭店（图3.2-15），由匈牙利建筑师拉斯洛·邬达克设计，地上24层，高83.8m，当时是远东最高建筑，在上海保持最高建筑达半个世纪之久。

20世纪50年代，一些苏联援建的工业厂房采用了钢结构。但那时候没有钢结构构件工厂，钢结构建筑在现场用气焊切割钢材，再进行焊接组装，与现代装配式钢结构的概念有很大的差距。改革开放前，钢材一直是非常稀缺的物资，由国家（中央政府）统一调配，不是特殊的项目不舍得也不可能批准采用钢结构。

20世纪80年代改革开放后，由于钢产量增加、大规模建筑的需求和对国外钢结构技术与设备的引进，中国钢结构建筑才真正发展起来。

进入90年代，中国装配式钢结构建筑获得了突飞猛进的发展，1990年建成的深圳发展中心大厦（图 3.2-16）是我国第一栋超高层钢结构的建筑，主体结构高 146m；1991—1995 年建成的上海东方明珠电视塔（图 3.2-17），塔高 468m，是当时中国最高的构筑物，为后来更高的钢结构建筑积累了经验。

图 3.2-15　上海国际饭店

图 3.2-16　深圳发展中心大厦

90 年代后，各种钢结构建筑，如网架结构、网壳结构，空间结构，拱、钢架组成的混合结构体系，钢和混凝土混合结构，悬索结构以及以门式刚架、拱形波纹屋顶为代表的轻钢结构等登台亮相，中国钢结构建筑技术逐步走向成熟。

进入 21 世纪，随着经济持续快速发展，我国钢结构建筑进入了快速发展阶段，钢产量居世界首位，目前钢产量约占全世界总产量的一半。改革开放前是无钢材可用，现在是钢材产量过剩，亟须建筑业消化。

21 世纪，中国建造了许多世界著名的钢结构建筑，包括国家大剧院、首都机场 T3 航站楼、上海中心（文前彩插页 C07）、北京中国尊（图 3.2-18）和北京奥运会主会场（图 3.2-19）等。上海中心大厦建筑面积 43.39 万 m^2，118 层，总高 632m。2008 年北京奥运会主体育场主体建筑呈空间马鞍椭圆形，是目前世界上跨度最大的单体钢结构工程。其他新结构形式和技术如钢板剪力墙结构、张悬梁、张悬桁架预应力钢结构、钢结构住宅等也不断出现、并得到快速发展。

图 3.2-17　上海东方明珠电视塔

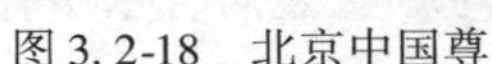

图3.2-18　北京中国尊

图3.2-19　鸟巢

目前，中国钢结构企业的规模、工艺和设备先进化程度已经进入了国际先进行列，技术与管理水平也在大幅度提高。

3.3　装配式钢结构建筑的类型与适用范围

3.3.1　装配式钢结构建筑的类型

1. 按建筑高度分类

装配式钢结构建筑按高度分类，有单层装配式钢结构工业厂房、低层、多层、高层、超高层装配式钢结构建筑。

2. 按结构体系分类

装配式钢结构建筑按结构体系分类，有框架结构、框架-支撑结构、框架-延性墙板结构、框架-筒体结构、筒体结构、巨型框架结构、门式刚架轻钢结构、大跨空间结构以及交错桁架结构等。

3. 按结构材料分类

装配式钢结构建筑按结构材料分类，有钢结构、钢—混凝土组合结构等。

3.3.2　装配式钢结构建筑结构体系及适用范围

本小节简单介绍各种钢结构体系及适用范围，各种体系的适用高度与高宽比见3.5节。

1. 钢框架结构

钢框架结构是钢梁和钢柱，或钢管混凝土柱刚性连接，具有抗剪和抗弯能力的结构。钢管混凝土柱是指在钢管柱中填充混凝土，钢管与混凝土共同承受荷载作用的构件。刚性连接是指结构受力变形后梁柱夹角不变的节点。装配式钢框架结构采用螺栓连接时，应特别注意连接刚性的实现。

钢框架结构适用的建筑功能：住宅、医院、商业、办公、酒店等民用建筑。27层的北京长富宫饭店为钢框架结构（图3.3-1），总高94m。图3.3-2为钢框架结构吊装现场。

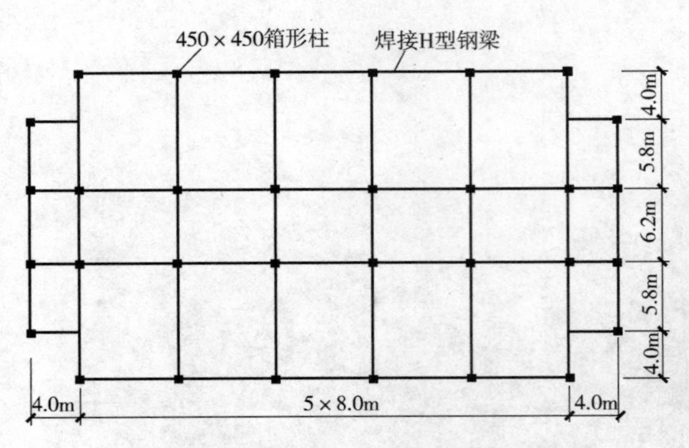

图 3.3-1　北京长富宫饭店结构平面

图 3.3-2　钢框架结构吊装现场

2. 钢框架—支撑结构

钢框架—支撑结构是指由钢框架和钢支撑构件组成，能共同承受竖向、水平作用的结构，钢支撑分中心支撑、偏心支撑和屈曲约束支撑等。

钢框架—支撑结构是在钢框架结构的基础上，通过在部分框架柱之间布置支撑来提高结构承载力及侧向刚度，建筑适用高度比框架结构更高。钢框架—支撑结构适用于高层及超高层办公、酒店、商务楼、综合楼等建筑。

（1）钢框架—中心支撑结构

在部分框架柱之间布置的支撑构件两端均位于梁柱节点处，或一端位于梁柱节点处，一端与其他支撑杆件相交，中心支撑的特点是支撑杆件的轴线与梁柱节点的轴线相汇交于一点，形成钢框架—中心支撑结构体系。中心支撑形式包括：单斜杆支撑、交叉支撑、人字形支撑、V 字形支撑、跨层交叉支撑和带拉链杆支撑等，柱间中心支撑方式见图 3.3-3，高层民用建筑钢结构的中心支撑不得采用 K 形斜杆支撑（图 3.3-3e）。钢框架—中心支撑结构适用高度比其他钢框架支撑结构低 20～30m。

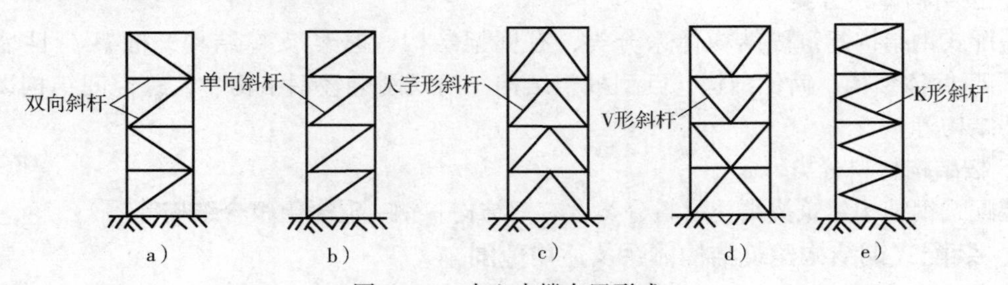

图 3.3-3　中心支撑布置形式

（2）钢框架—偏心支撑结构

支撑杆件的轴线与梁柱的轴线不是相交于一点，而是偏离了一段距离，形成一个先于支撑构件屈服的“耗能梁段”。偏心支撑包括人字形偏心支撑、V 字形偏心支撑、八字形偏心支撑和单斜杆偏心支撑等，见图 3.3-4。

（3）钢框架—屈曲约束支撑结构

将支撑杆件设计成约束屈曲消能杆件（见图 3.3-5），以吸收和耗散地震能量，减小地震反应。在部分框架柱之间布置的约束屈曲支撑就形成了钢框架—屈曲约束支撑结构。

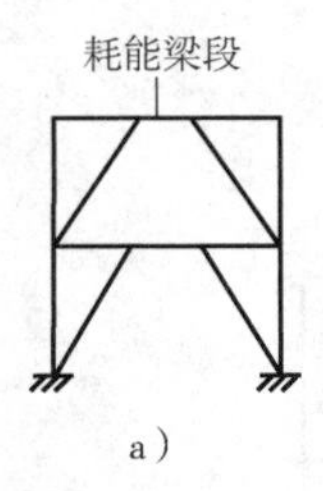

a）

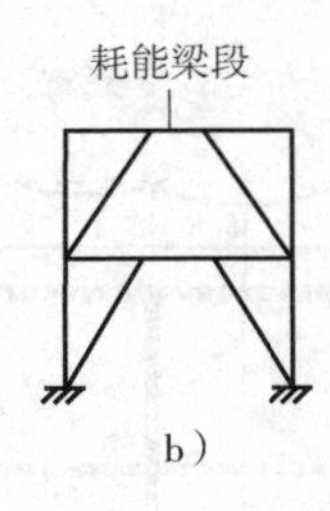

b）

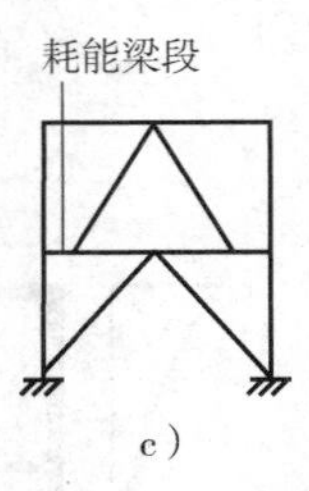

c）

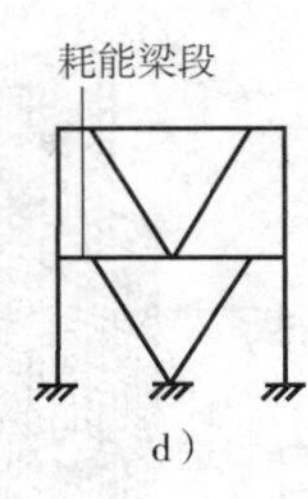

d）

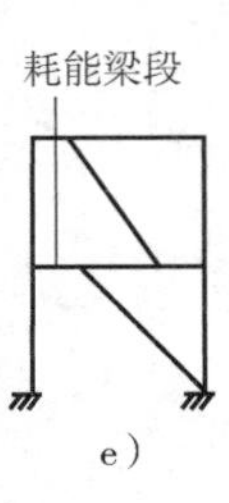

e）

图 3. 3-4 偏心支撑布置形式

3. 钢框架—延性墙板结构

钢框架—延性墙板结构是由钢框架和延性墙板（图 3. 3-6）组成，能共同承受竖向、水平作用的结构，延性墙板有带加劲肋的钢板剪力墙、带竖缝混凝土剪力墙等。

图 3. 3-5 柱间屈曲约束支撑

图 3. 3-6 钢框架—延性钢板剪力墙

钢框架—延性墙板结构适用范围与钢框架—支撑结构一样。

4. 交错桁架结构

交错桁架结构是在建筑物横向的每一个轴线上，平面桁架隔层设置，而在相邻轴线上交错布置的结构（图 3. 3-7）。

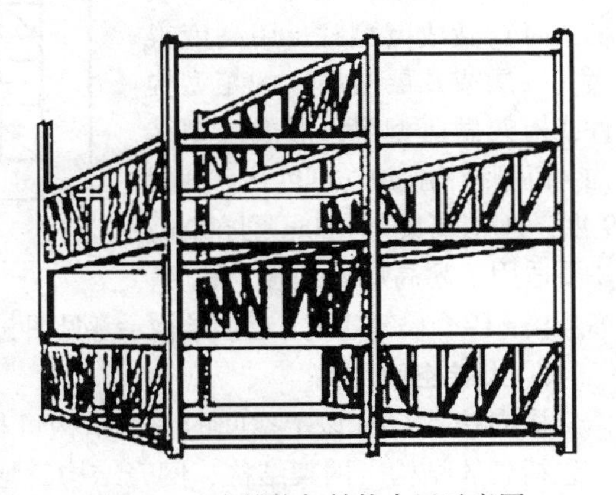

图 3. 3-7 交错桁架结构布置示意图

交错桁架结构体系是麻省理工学院 20 世纪 60 年代中期开发的一种新型结构体系，主要适用于中、高层住宅、旅馆、办公楼等平面为矩形或由矩形组成的钢结构建筑。交错桁架结构由框架柱、平面桁架和楼面板组成，框架柱布置在房屋外围，中间无柱，桁架在两个垂直方向上相邻上下层交错布置。交错桁架结构可获得两倍柱距的大开间，在建筑上便于自由布置，在结构上便于采用小柱距和短跨楼板，减小楼板板厚，由于没有梁，可节约层高。

5. 筒体结构

筒体结构是指由竖向筒体为主组成的承受竖向和水平作用的建筑结构。筒体结构包括框筒、筒中筒、桁架筒、束筒结构，主要适用于超高层办公楼、酒店、商务楼、综合楼等建筑。美国帝国大厦（见第 1 章图 1. 2-15）采用的即是钢结构的筒中筒结构。美国西尔斯大厦（图 3. 3-8）采用的是钢框架束筒结构体系，110 层，高 443m。

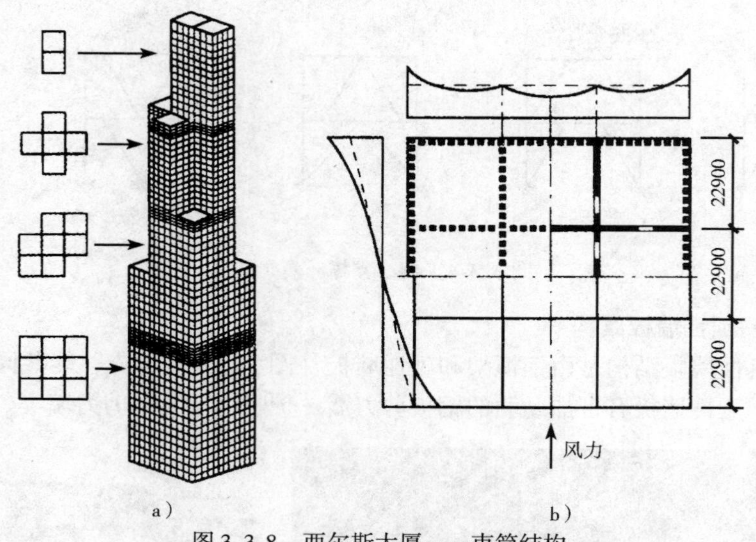

图 3. 3-8　西尔斯大厦——束筒结构

a）立面和平面　b）标准层平面

6. 巨型结构

巨型结构是指用巨柱、巨梁和巨型支撑等巨型杆件组成空间桁架，相邻立面的支撑交汇在角柱，形成巨型空间桁架的结构。

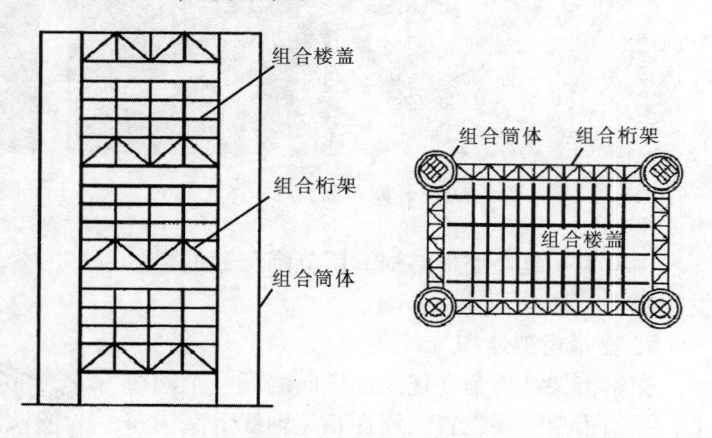

图 3. 3-9　巨型结构示意图

巨型框架用筒体（实腹筒或桁架筒）做成巨型柱，用高度很大（一层或几层楼高）的箱型构件或桁架做巨型梁，形成巨型结构。巨型结构按设防烈度从 6 度到 9 度，适用高度从 180m 到 300m，主要适用于超高层办公楼、酒店、商务楼、综合楼等建筑。巨型结构示意见图 3. 3-9，上海金茂大厦（图 3. 3-10）即为巨型结构。

7. 大跨空间结构

横向跨越 60m 以上空间的各类结构可称为大跨度空间结构。常用的大跨度空间结构形式包括壳体结构、网架结构、网壳结构、悬索结构、张弦梁结构等。大跨空间结构建筑适应于机场、博览会、展览中心、体育场馆等大空间民用建筑，如我国国家体育场（图 3. 2-13）等。

8. 门式刚架结构

门式刚架结构是指承重采用变截面或等截面实腹刚架的单层房屋结构。

门式刚架结构是采用按构件受力大小而变截面的工字形梁、柱组成框架在平面内受力，而平面外采用支撑、檩条和墙梁等连接的结构体系，门式钢架结构适用于各种类型的厂房、仓库，超市、批发市场，小型体育馆、训练馆，小型展览馆等建筑。门式刚架轻钢结构示意见图 3. 3-11。

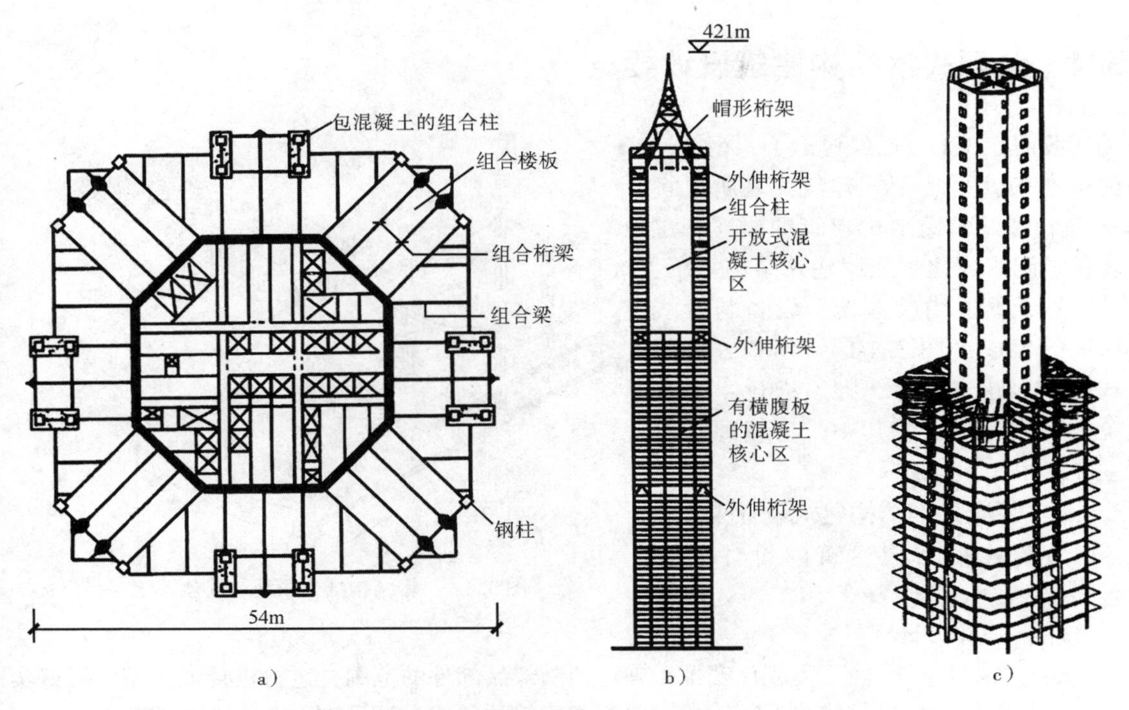

图 3.3-10　金茂大厦——巨型结构

9. 低层冷弯薄壁型钢结构

低层冷弯薄壁型钢结构是指以冷弯薄壁型钢为主要支撑构件，不高于3层，檐口高度不大于12m的低层房屋结构。

冷弯薄壁型钢结构采用板件厚度小、板件宽厚比很大的小截面冷弯型钢构件作为受力构件，利用型钢构件屈曲后的有效截面受压。冷弯薄壁型钢杆件在低多层建筑中通常作为钢龙骨使用，按照一定的模数紧密布置，钢龙骨之间设置连接和支撑体系，钢龙骨两侧按照结构板材、保温层、隔热层、装饰层等功能层形成墙体和楼板。适用于低层住宅、别墅、普通公用建筑等。采用冷弯薄壁型钢结构的别墅，可参见图 3.3-12。

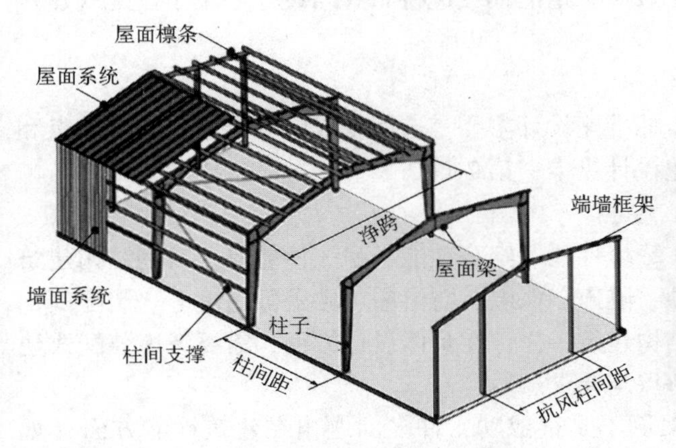

图 3.3-11　门式刚架轻钢结构

图 3.3-12　采用冷弯薄壁型钢骨架的别墅

3.4 装配式钢结构建筑设计要点

我们在3.1节已经讨论了，钢结构建筑本来就是装配式建筑，之所以特别提出装配式钢结构建筑的概念，主要是强调集成化，强调建筑结构系统、外围护系统、内装系统、设备与管线系统的集成（图3.4-1）。所以，装配式钢结构建筑设计，必须进行4个系统的集成化设计，其中，建筑师起着主导作用。

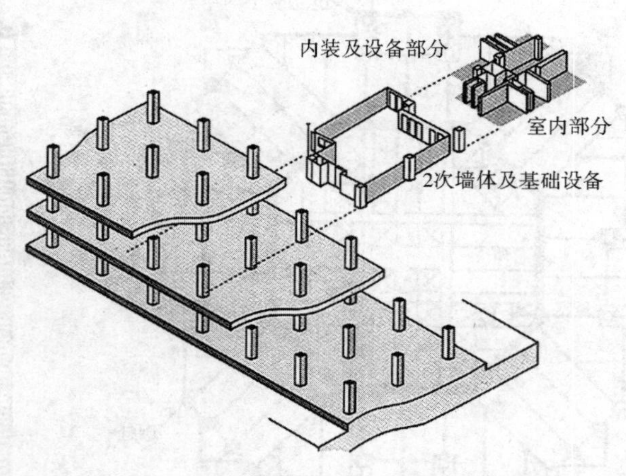

图3.4-1　钢结构结构系统与其他系统

3.4.1 装配式钢结构建筑设计要点

装配式钢结构建筑的设计要点包括：

1. 集成化设计

通过方案比较，做出集成化安排，确定预制部品部件的范围，进行设计或选型。做好集成式部品部件的接口或连接设计。关于装配式建筑的集成设计见本书第7章7.1节。

2. 协同设计

由设计负责人（主要是建筑师）组织设计团队进行统筹设计，将建筑、结构、装修、给水排水、暖通空调、电气、智能化、燃气等专业之间进行协同设计。按照国家标准的规定，装配式建筑应进行全装修，装修设计应当与其他专业同期设计并做好协同。设计过程需要与钢结构构件制作厂家、其他部品部件制作厂家、工程施工企业进行互动和协同。关于装配式建筑的协同设计见本书第7章7.4节。

3. 模数协调

装配式钢结构设计的模数协调包括：确定建筑开间、进深、层高、洞口等的优先尺寸，确定水平和竖向模数与扩大，确定公差，按照确定的模数进行布置与设计。关于装配式建筑的模数协调见本书第7章7.2节。

4. 标准化设计

对进行具体工程设计的设计师而言，标准化设计主要是选用现成的标准图、标准节点和标准部品部件。关于装配式建筑的标准化设计见本书第7章7.3节。

5. 建筑性能设计

建筑性能包括适用性能、安全性能、环境性能、经济性能、耐久性能等。对钢结构建筑而言，最重要的性能包括：防火、防锈蚀、隔声、保温、防渗漏、楼盖舒适度等。装配式钢结构建筑的建筑性能设计依据与普通钢结构建筑一样，在具体设计方面，需要考虑装配式建筑集成部品部件及其连接节点与接口的特点与要求。

国内近年来个别高层钢结构住宅的案例不是很成功，许多问题出在建筑性能方面（如室内隔声等），装配式钢结构建筑从结构上比较容易解决完善，而与之相配套的墙体材料选择及构造还需因地制宜，开发轻质、坚固、节能、耐久且装配工艺简单、经济合理的围护墙体，并形成高度产业化的生产制造与现场安装体系。从国内外应用实践看，围护结构的重点是外墙的配套开发，这是推广应用钢结构建筑特别是钢结构住宅的关键问题。因此，装配式钢结构建筑特别是住宅的建筑性能设计与内装设计，需要格外用心。

6. 外围护系统设计

外围护系统设计是装配式钢结构建筑设计的重点环节。早期一些钢结构住宅外围护系统采用砌块或其他湿作业方式，不满足装配式建筑要求，有些还因构造处理不当存在较多问题。确定外围护系统需要在方案比较和设计上格外下功夫。关于装配式建筑的外围护系统，见本书第6章。

图3.4-2是建筑外围护系统与遮阳系统集成的实例。

图3.4-2　建筑外围护系统与遮阳系统集成实例

7. 其他建筑构造设计

装配式钢结构建筑特别是住宅的建筑与装修构造设计对使用功能、舒适度、美观度、施工效率和成本影响较大，一些住户对个别钢结构住宅的不满也往往是由于一些细部构造不当造成的。比如钢结构隔声问题：柱、梁构件的空腔需通过填充、包裹与装修等措施阻断声桥；隔墙开裂问题：隔墙与主体结构宜采用脱开（柔性）的连接方法等。因此，在装配式钢结构建筑特别是住宅的建筑设计与内装设计，需要认真考虑上述问题。

8. 选用绿色建材

装配式建筑应选用绿色建材和绿色建材制作的部品部件。

3.4.2　建筑平面与空间

装配式钢结构建筑的建筑平面与空间设计应符合以下要求：

（1）应满足结构构件布置、立面基本元素组合及可实施性的要求。

（2）应采用大开间大进深、空间灵活可变的结构布置方式。

（3）平面设计应符合下列规定

1）结构柱网布置、抗侧力构件布置、次梁布置应与功能空间布局及门窗洞口协调。

2）平面几何形状宜规则平整，并宜以连续柱跨为基础布置，柱距尺寸应按模数统一。

3）设备管井宜与楼电梯结合，集中设置。

（4）立面设计应符合下列要求：

1）外墙、阳台板、空调板、外窗、遮阳设施及装饰等部品部件宜进行标准化设计。图3.4-3为装配式金属阳台实例。

2）宜通过建筑体量、材质机理、色彩等变化，形成丰富的立面效果。

（5）应根据建筑功能、主体结构、设备管线及装修要求，确定合理的层高及净高尺寸。

3.4.3　建筑形体与建筑风格

在人们的印象中，相对简洁的造型＋玻璃幕墙表皮是钢结构建筑的“标配”。大多数有影响的钢结构建筑都是这个样子。图 3.4-4 是美国 911 事件后重建的纽约世贸中心——曼哈顿自由塔，就是这种建筑风格的典型代表。

图 3.4-3　日本的集成式金属阳台连晾衣架都一体化考虑了

其实，通过本章 3.2 节的介绍，我们已经初步领略了装配式钢结构建筑在造型和建筑风格方面的多样性，如科罗拉多州空军小教堂（见 3.2 节图 3.2-11）、东京会议中心（见 3.2 节图 3.2-13）等。

图 3.4-5 是日本大阪火车站大型商业综合体，钢结构建筑，预制混凝土石材反打外挂墙板，则显现了另一种沉稳的风格。

图 3.4-4　纽约曼哈顿自由塔

图 3.4-5　大阪商业综合体——钢结构＋石材反打预制混凝土墙板

装配式钢结构虽然最适于形体规则的建筑，但应对不规则建筑也没有问题。钢结构在实现复杂建筑形体方面有着非常大的优势。对于非线性建筑，像弗兰克·盖里、扎哈·哈迪德和马岩松那样的建筑师设计的毫无规律可言的作品，钢结构可以应对自如。对复杂造型，可在主体结构扩展出二次结构作为建筑表皮的支座，三维数字化技术的应用使得设计、制作与安装过程不那么困难。

图 3.4-6 是马岩松设计的哈尔滨大剧院，钢结构非线性建筑，表皮为金属板，局部是清水混凝土预制墙板和 GRC 板。

图3.4-6 哈尔滨大剧院（非线性建筑，金属板表皮）

3.5 装配式钢结构建筑结构设计要点

装配式钢结构建筑的结构设计与普通钢结构结构设计，所依据的国家标准与行业标准、基本设计原则、计算方法、结构体系选用、构造设计、结构材料选用等都一样。装配式钢结构建筑的国家标准《装配式钢结构建筑技术标准》GB/T 51232关于结构设计主要是强调集成和连接节点等要求。与钢结构建筑结构设计有关的国家标准和行业标准目录见本书附录。

3.5.1 结构设计要点

1. 钢材选用

装配式钢结构建筑钢材选用与普通钢结构建筑一样，《钢结构设计规范》《高层民用建筑钢结构技术规程》等钢结构的规范都有详细规定，这里只提示以下几点：

（1）多层和高层建筑梁、柱、支撑宜选用能高效利用截面刚度、代替焊接截面的各类高效率结构型钢（冷弯或热轧各类型钢），如：冷弯矩型钢管（图3.5-1）、热轧H型钢（图3.5-2）等。

图3.5-1 冷弯矩型钢管

图3.5-2 热轧H型钢梁

（2）装配式低层型钢建筑可借鉴美国、日本等国经验采用冷弯薄壁型钢或冷弯型钢（见图3.1-10）等。

2. 结构体系

装配式钢结构建筑可根据建筑功能、建筑高度、抗震设防烈度等选择钢框架结构、钢框架—支撑结构、钢框架—延性墙板结构、筒体结构、巨型结构、交错桁架结构、门式刚架结构、低层冷弯薄壁型钢结构等结构体系，且应符合下列规定：

（1）应具有明确的计算简图和合理的传力路径。

（2）应具有适宜的承载能力、刚度及耗能能力。

（3）应避免因部分结构或构件的破坏而导致整体结构丧失承受重力荷载、风荷载及地震作用的能力。

（4）对薄弱部位应采取有效的加强措施。

3. 结构布置

装配式钢结构建筑的结构布置应符合下列规定：

（1）结构平面布置宜规则、对称。

（2）结构竖向布置宜保持刚度、质量变化均匀。

（3）结构布置应考虑温度作用、地震作用或不均匀沉降等效应的不利影响，当设置伸缩缝、防震缝或沉降缝时，应满足相应的功能要求。

4. 适用的最大高度

《装配式钢结构建筑技术标准》GB/T 51232—2016 给出的装配式钢结构建筑适用的最大高度见表 3.5-1。此表与《建筑抗震设计规范》和《高层民用建筑钢结构技术规程》的规定比较，多出了交错桁架结构适用的最大高度，其他结构体系适用的最大高度都一样。

表 3.5-1　多高层装配式钢结构适用的最大高度　（单位：m）

结构体系	6度 (0.05g)	7度		8度		9度 (0.40g)
		(0.10g)	(0.15g)	(0.20g)	(0.30g)	
钢框架结构	110	110	90	90	70	50
钢框架—中心支撑结构	220	220	200	180	150	120
钢框架—偏心支撑结构 钢框架—屈曲约束支撑结构 钢框架—延性墙板结构	240	240	220	200	180	160
筒体（框筒、筒中筒、桁架筒、束筒）结构、巨型结构	300	300	280	260	240	180
交错桁架结构	90	60	60	40	40	—

（摘自《装配式钢结构建筑技术标准》GB/T 51232—2016 表 5.2.6）

注：1. 房屋高度指室外地面到主要屋面板板顶的高度（不包括局部凸出屋顶部分）。

2. 超过表内高度的房屋，应进行专门研究和论证，采取有效的加强措施。

3. 交错桁架结构不得用于 9 度抗震设防烈度区。

4. 柱子可采用钢柱或钢管混凝土柱。

5. 特殊设防类，6、7、8 度时宜按本地区抗震设防烈度提高一度后符合本表要求，9 度时应做专门研究。

5. 高宽比

装配式钢结构建筑的高宽比与普通钢结构建筑完全一样，见表 3.5-2。

表 3.5-2　多高层装配式钢结构适用的最大高宽比

6度	7度	8度	9度
6.5	6.5	6.0	5.5

（摘自《装配式钢结构建筑技术标准》GB/T 51232—2016 表 5.2.7）

6. 层间位移角

《装配式钢结构建筑技术标准》GB/T 51232—2016 规定：在风荷载或多遇地震标准值作用下，弹性层间位移角不宜大于 1/250，这一点与《高层民用建筑钢结构技术规程》的规定一样。采用钢管混凝土柱时不宜大于 1/300。

装配式钢结构住宅在风荷载标准值作用下的弹性层间位移角尚不应大于 1/300，屋顶水平位移与建筑高度之比不宜大于 1/450。

7. 风振舒适度验算

关于风振舒适度验算，《装配式钢结构建筑技术标准》GB/T 51232—2016 规定：高度不小于 80m 的装配式钢结构住宅以及高度不小于 150m 的其他装配式钢结构建筑应进行风振舒适度验算。而《高层民用建筑钢结构技术规程》只规定对高度不小于 150m 的钢结构建筑应进行风振舒适度验算。具体计算方法和风振加速度取值两个规范的规定一样。《装配式钢结构建筑技术标准》关于计算舒适度时的结构阻尼比取值的规定：

对房屋高度为 80 ~ 100m 的钢结构阻尼比取 0. 015；对房屋高度大于 100m 的钢结构阻尼比取 0. 01。

3. 5. 2　钢框架结构设计

《装配式钢结构建筑技术标准》关于装配式钢框架结构设计规定，除了要求符合国家现行有关标准和《高层民用建筑钢结构技术规程》外，强调了连接节点：

1. 梁柱连接

（1）梁柱连接可采用带悬臂梁段、翼缘焊接腹板栓接或全焊接连接形式（图 3. 5-3a ~ d）。

（2）抗震等级为一、二级时，梁与柱的刚接宜采用加强型连接（图 3. 5-3c ~ d）。

（3）当有可靠依据时，也可采用端板螺栓连接的形式（图 3. 5-3e）。

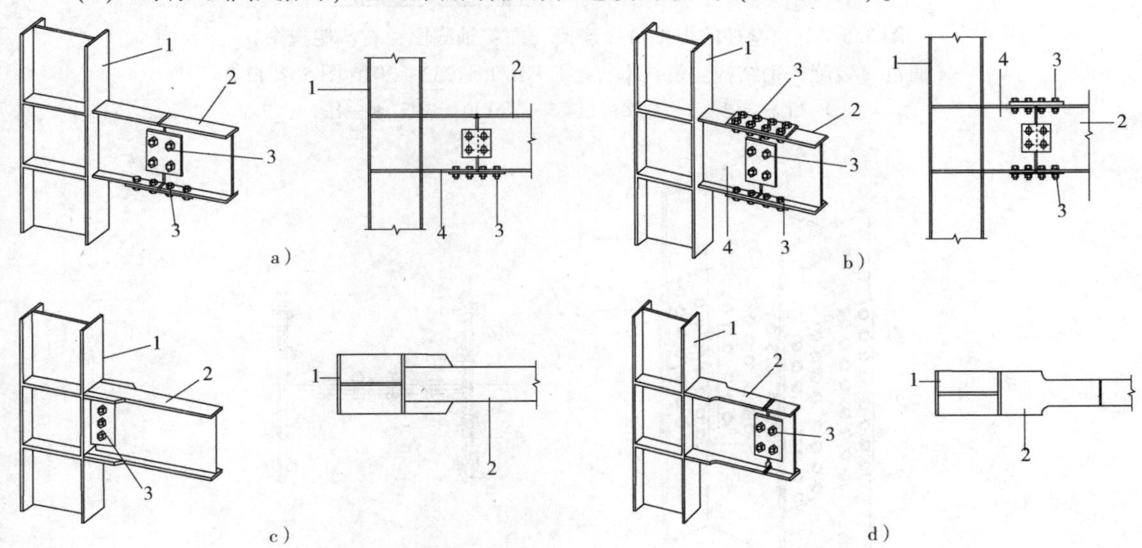

图 3. 5-3　梁柱连接节点

（摘自《装配式钢结构建筑技术标准》GB/T 51232—2016 图 5. 2. 13-1）

a）带悬臂梁段的栓焊连接　b）带悬臂梁段的螺栓连接　c）梁翼缘局部加宽式连接　d）梁翼缘扩翼式连接

1—柱　2—梁　3—高强度螺栓　4—悬臂段

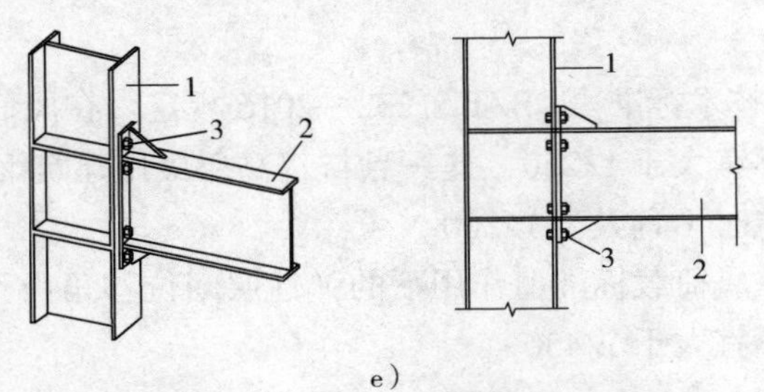

e）

图 3. 5-3　梁柱连接节点（续）

（摘自《装配式钢结构建筑技术标准》GB/T 51232—2016 图 5. 2. 13-1）

e）外伸式端板螺栓连接

1—柱　2—梁　3—高强度螺栓

2. 钢柱拼接

钢柱拼接可以采用焊接方式（图 3. 5-4）；也可以采用螺栓连接方式（图 3. 5-5）。

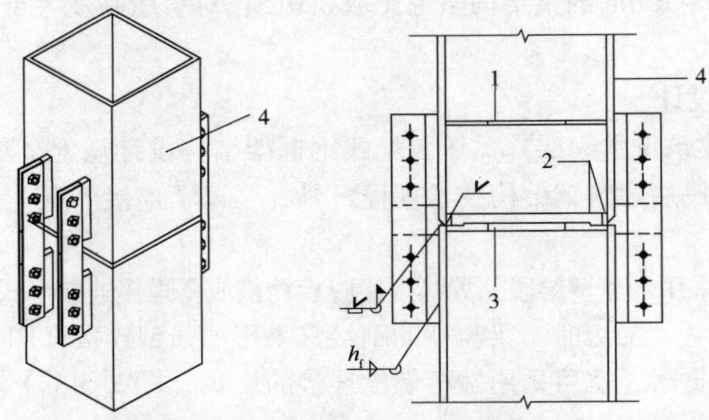

图 3. 5-4　箱型柱的焊接拼接连接（左：轴测图；右：俯视图）

（摘自《装配式钢结构建筑技术标准》GB/T 51232—2016 图 5. 2. 13-2）

1—上柱隔板　2—焊接衬板　3—下柱顶端隔板　4—柱

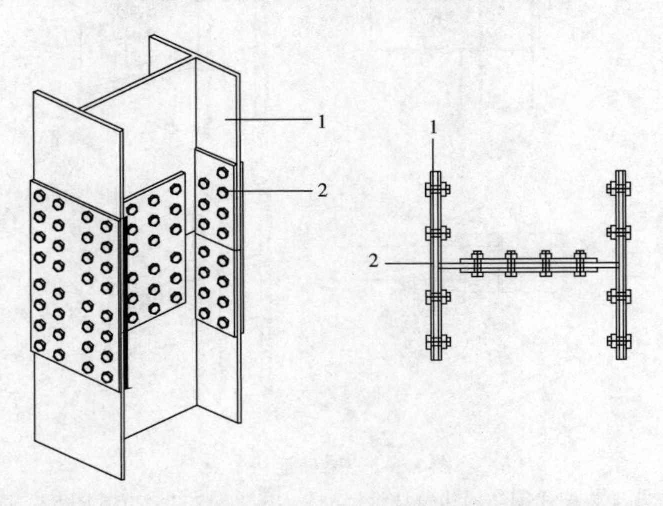

图 3. 5-5　H 形柱的螺栓拼接连接（左：轴测图；右：俯视图）

（摘自《装配式钢结构建筑技术标准》GB/T 51232—2016 图 5. 2. 13-3）

1—柱　2—高强度螺栓

3. 梁翼缘侧向支撑

在有可能出现塑性铰处，梁的上下翼缘均应设置侧向支撑（图3.5-6），当钢梁上铺设装配整体式或整体式楼板且进行可靠连接时，上翼缘可不设侧向支撑。

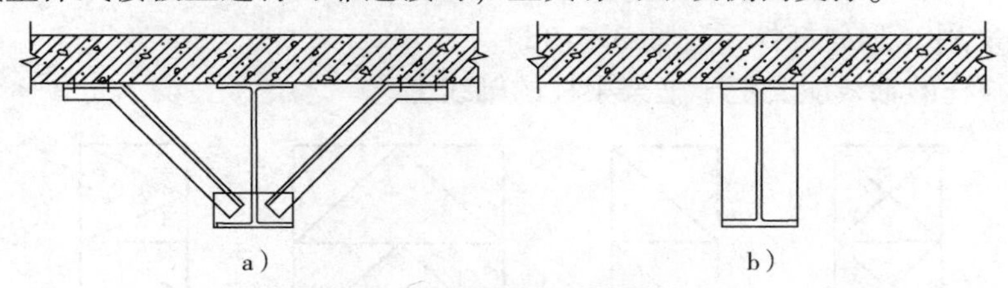

图3.5-6　梁下翼缘侧向支撑

（摘自《装配式钢结构建筑技术标准》GB/T 51232—2016图5.2.13-4）

a）侧向支撑为隅杆　b）侧向支撑为加劲肋

4. 异形组合截面

框架柱截面可采用异形组合截面，常见的组合截面见图3.5-7。

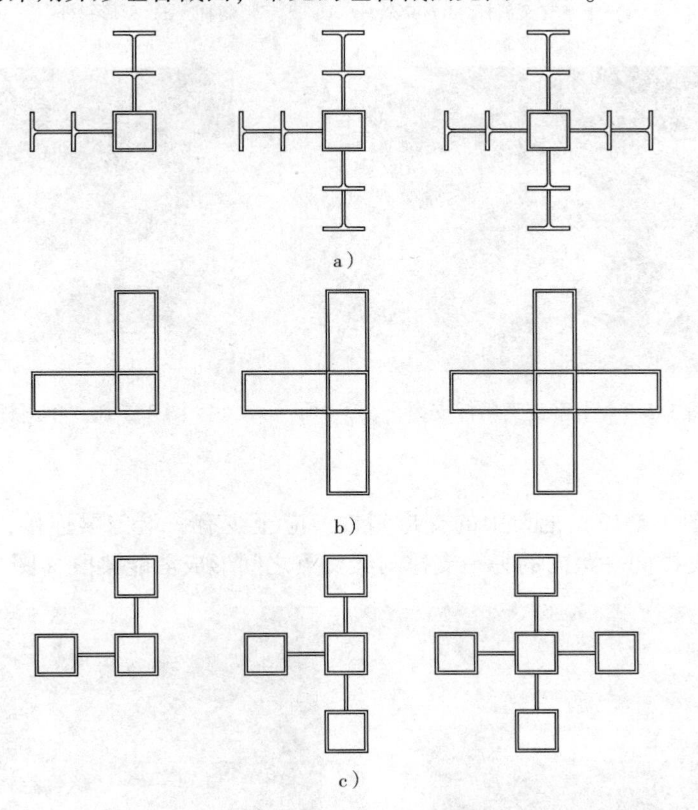

图3.5-7　常用异形组合截面

（摘自《装配式钢结构建筑技术标准》GB/T 51232—2016条文说明5.2.13图2）

a）H形-矩形组合截面　b）矩形异型柱（墙）组合截面　c）矩形组合截面

3.5.3　钢框架—支撑结构设计

1. 中心支撑

高层民用钢结构的中心支撑宜采用：

（1）十字交叉斜杆支撑（图 3. 5-8a、图 3. 5-9）。
（2）单斜杆支撑（图 3. 5-8b、图 3. 5-10）。
（3）人字形斜杆支撑（图 3. 5-8c。图 3. 5-11）或 V 形斜杆支撑。
（4）不得采用 K 形斜杆体系（图 3. 5-8d）。
中心支撑斜杆的轴线应交汇于框架梁柱的轴线上。

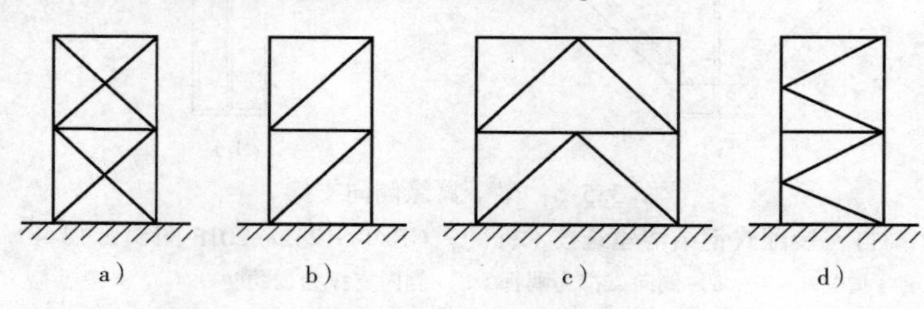

图 3. 5-8　中心支撑类型
（摘自《装配式钢结构建筑技术标准》GB/T 51232—2016 图 5. 2. 14-1）
a）十字交叉斜杆　b）单斜杆　c）人字形斜杆　d）K 形斜杆

图 3. 5-9　十字交叉斜杆支撑

图 3. 5-10　单斜杆支撑

2. 偏心支撑

偏心支撑（图 3. 5-12）框架中的支撑斜杆，应至少有一端与梁连接，并在支撑与梁交点和柱之间，或支撑同一跨内的另一支撑与梁交点之间形成消能梁段（图 3. 5-13）。

图 3. 5-11　人字形斜杆支撑

图 3. 5-12　偏心支撑

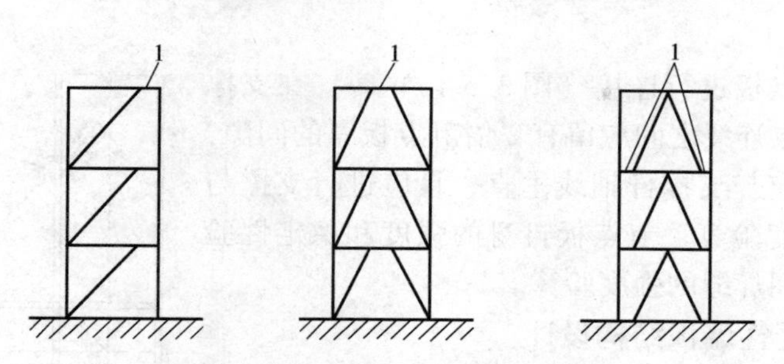

图3.5-13　偏心支撑框架立面图
（摘自《装配式钢结构建筑技术标准》GB/T 51232—2016图5.2.14-2）
1—消能梁段

3. 拉杆设计

抗震等级为四级时，支撑可采用拉杆设计，其长细比不应大于180；拉杆设计的支撑同时设不同倾斜方向的两组单斜杆，且每层不同倾斜方向单斜杆的截面面积在水平方向的投影面积之差不得大于10%。

4. 支撑与框架的连接

当支撑翼缘朝向框架平面外，且采取支托式连接时（图3.5-14a、b），其平面外计算长度可取轴线长度的0.7倍；当支撑腹杆位于框架平面内时（图3.5-14c、d），其平面外计算长度可取轴线长度的0.9倍。

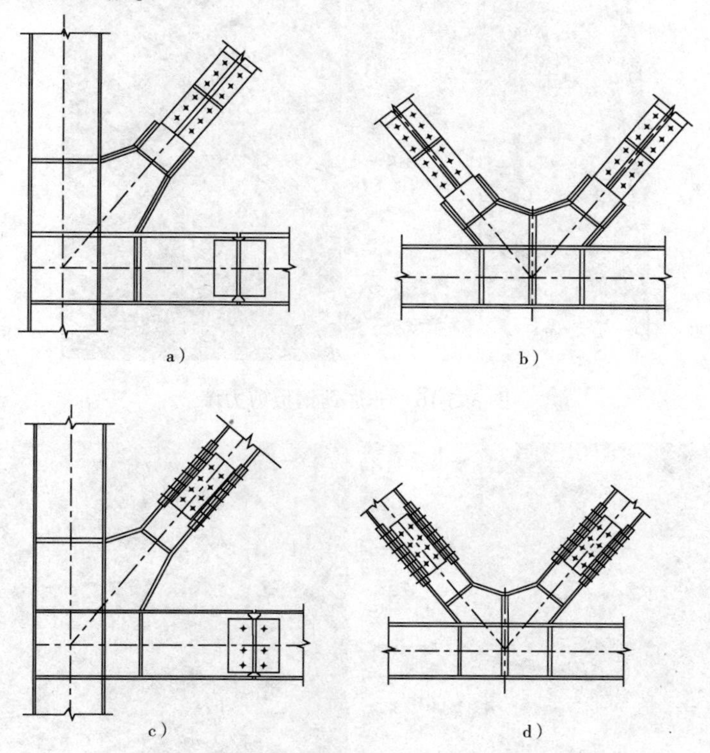

图3.5-14　支撑与框架的连接
（摘自《装配式钢结构建筑技术标准》GB/T 51232—2016图5.2.14-3）

5. 节点板连接

当支撑采用节点板进行连接（图 3. 5-15）时，在支撑端部与节点板约束点连线之间应留有 2 倍节点板厚的间隙，节点板约束点连线应与支撑杆轴线垂直，且应进行支撑与节点板间的连接强度验算、节点板自身的强度和稳定性验算、连接板与梁柱间焊缝的强度验算。

图 3. 5-15　组合支撑杆件端部与单壁节点板的连接
（摘自《装配式钢结构建筑技术标准》GB/T 51232—2016 图 5. 2. 14-4）
1—约束点连接　2—单壁节点板
3—支撑杆　t—节点板的厚度

3. 5. 4　钢框架—延性墙板结构设计

钢板剪力墙的种类包含非加劲钢板剪力墙（图 3. 5-16）、加劲钢板剪力墙（图 3. 5-17）、防屈曲钢板剪力墙、钢板组合剪力墙（图 3. 5-18）及开缝钢板剪力墙等类型。

当采用钢板剪力墙时，应计入竖向荷载对钢板剪力墙性能的不利影响；当采用竖缝钢板剪力墙且房屋层数不超过 18 层时，可不计入竖向荷载对竖缝钢板剪力墙性能的不利影响。

3. 5. 5　交错桁架结构设计

交错桁架钢结构设计应符合下列规定：

（1）当横向框架为奇数榀时，应控制层间刚度比；当横向框架设置为偶数榀时，应控制水平荷载作用下的偏心影响。

图 3. 5-16　非加劲钢板剪力墙

图 3. 5-17　加劲钢板剪力墙

图 3.5-18　钢板组合剪力墙

（2）交错桁架可采用混合桁架（图 3.5-19a）和空腹桁架（图 3.5-19b）两种形式，设置走廊处可不设斜杆。

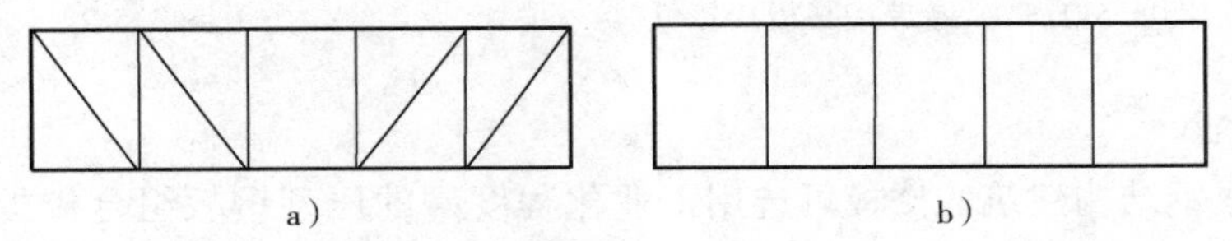

图 3.5-19　桁架形式

（摘自《装配式钢结构建筑技术标准》GB/T 51232—2016 图 5.2.16-1）

a）混合桁架　b）空腹桁架

（3）当底层局部无落地桁架时，应在底层对应轴线及相邻两侧设置横向支撑（图 3.5-20），横向支撑不宜承受竖向荷载。

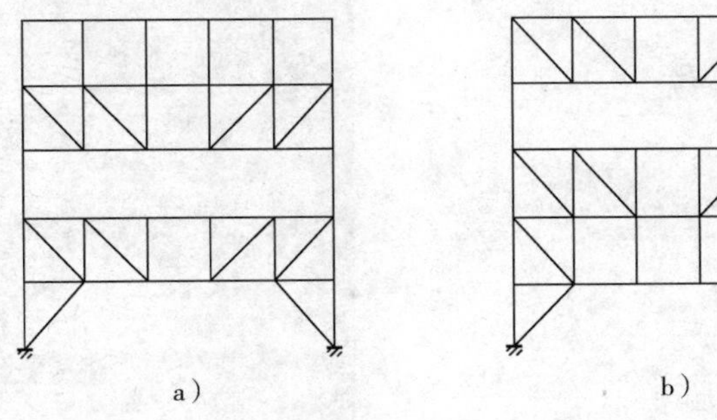

图 3.5-20　支撑、吊杆、立柱

（摘自《装配式钢结构建筑技术标准》GB/T 51232—2016 图 5.2.16-2）

a）第二层设桁架时支撑做法　b）第三层设桁架时支撑做法

（4）交错桁架的纵向可采用钢框架结构、钢框架—支撑结构、钢框架—延性墙板结构或其他可靠的结构形式。

3.5.6　构件连接设计

装配式钢结构建筑构件之间连接应符合下列规定：

（1）抗震设计时，连接设计应符合构造要求，并应按弹塑性设计，连接的极限承载力应大于构件的全塑性承载力。

（2）装配式钢结构建筑构件的连接宜采用螺栓连接，也可采用焊接（图 3. 5-21）。

（3）有可靠依据时，梁柱可采用全螺栓的半刚性连接（图 3. 5-22），此时结构计算应计入节点转动对刚度的影响。

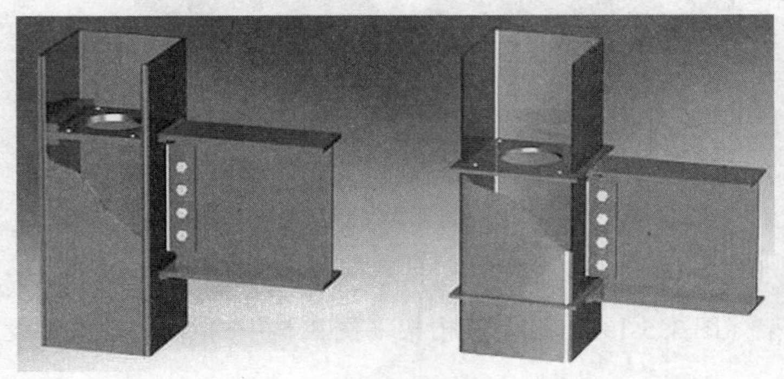

图 3. 5-21　翼缘焊接腹板栓接

图 3. 5-22　全螺栓连接

3. 5. 7　楼板设计

（1）装配式钢结构建筑的楼板可选用工业化程度高的压型钢板组合楼板（图 3. 5-23）、钢筋桁架组合楼板（图 3. 5-24）、预制钢筋混凝土叠合楼板（图 3. 5-25）、预制预应力空心楼板（图 3. 5-26）等。

图 3. 5-23　压型钢板组合楼板

图 3. 5-24　钢筋桁架组合楼板

（2）楼板应与主体结构可靠连接，保证楼盖的整体牢固性。图 3. 5-27 是欧洲混凝土预应力空心楼板与钢梁连接节点图。

（3）抗震设防烈度为 6 度、7 度且房屋高度不超过 50m 时，可采用装配式楼板（全预制楼板）或其他轻型楼盖，但应采取下列措施之一保证楼板的整体性：

图3.5-25　预制钢筋混凝土叠合楼板

图3.5-26　预制预应力空心楼板

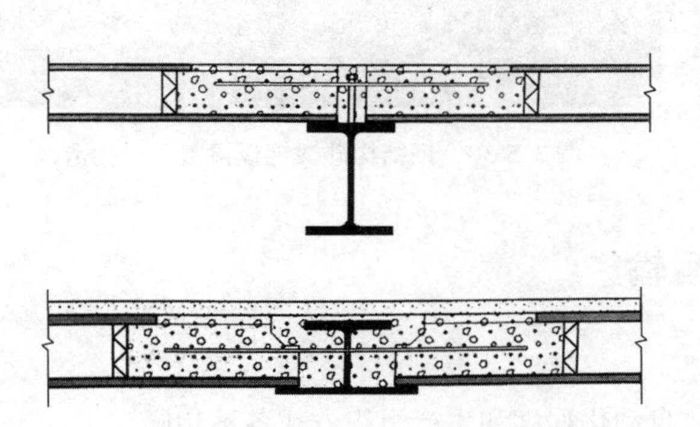

图3.5-27　预制预应力空心楼板与钢梁连接节点

图3.5-28　装配式预制钢筋混凝土楼梯

1）设置水平支撑。

2）采取有效措施保证预制板之间的可靠连接。

（4）装配式钢结构建筑可采用装配整体式楼板（叠合楼板），但应适当降低建筑的最大适用高度。

3.5.8　楼梯设计

装配式钢结构建筑的楼梯宜采用装配式预制钢筋混凝土楼梯（图3.5-28）或钢楼梯。楼梯与主体结构宜采用不传递水平作用的连接形式。一端采用可滑移连接。

3.5.9　地下室与基础设计

装配式钢结构建筑地下室和基础设计应符合如下规定：

（1）当建筑高度超过50m时，宜设置地下室；当采用天然地基时，其基础埋置深度不宜小于房屋总高度的1/15；当采用桩基时，桩承台埋深不宜小于房屋总高度的1/20。

（2）设置地下室时，竖向连续布置的支撑、延性墙板等抗侧力构件应延伸至基础。

（3）当地下室不少于两层，且嵌固端在地下室顶板时，延伸至地下室底板的钢柱脚可采用铰接或刚接。

3.5.10　结构防火设计

钢结构构件防火主要有两种方式：涂刷防火涂料和用防火材料干法被覆。目前国内钢结构建筑应用最多的是涂刷防火涂料（图 3. 5-29）。装配式钢结构建筑提倡干法施工，干法被覆方式或是发展方向。日本目前钢结构建筑约有 30% 采用干法被覆防火，其中硅酸钙板约占 40%。硅酸钙板防火被覆可以做成装饰一体化板（图 3. 5-30）。钢结构防火也可从钢材本身解决，即研发并应用耐火钢。

图 3. 5-29　钢结构防火涂料

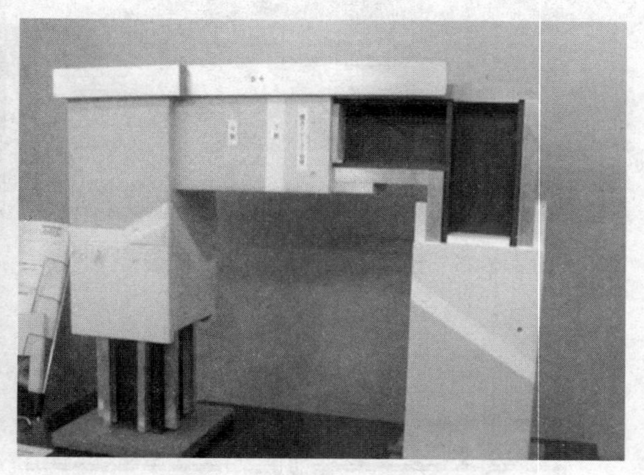

图 3. 5-30　钢结构硅酸钙板被覆防火构造

3. 6　装配式钢结构建筑生产与运输

3. 6. 1　生产工艺分类

不同的装配式钢结构建筑，生产工艺、自动化程度和生产组织方式各不相同。

大体上可以把装配式钢结构建筑的构件制作工艺分为以下几个类型：

（1）普通钢结构构件制作。即生产钢柱、钢梁、支撑、剪力墙板、桁架、钢结构配件等。

（2）压型钢板及其复合板制作。即生产压型钢板、钢筋桁架楼承板、压型钢板-保温复合墙板与屋面板等。

（3）网架结构构件制作。即生产平面或曲面网架结构的杆件和连接件。

（4）集成式低层钢结构建筑制作。即生产和集约钢结构在内的各个系统（建筑结构、外围护、内装、设备管线系统的部品部件与零配件）。

（5）低层冷弯薄壁型钢建筑制作。即生产低层冷弯薄壁型钢建筑的结构系统与外围护系统部品部件。

3. 6. 2　普通钢结构构件制作工艺

1. 普通钢结构构件制作内容

普通钢结构构件制作包括如下内容：

（1）将型钢剪裁至设计长度，或将钢板剪裁成设计的形状、尺寸。

（2）将不够长的型钢焊接接长，或拼接钢板（如剪力墙板）。

（3）用钢板焊接成需要的构件（如 H 形柱、带肋的剪力墙板等）。

（4）用型钢焊接桁架或其他格构式构件。

（5）在钢构件上钻孔，包括构件连接用的螺栓孔，管线通过的预留孔。

（6）清理剪裁、钻孔毛边以及表面等不光滑处。

（7）除锈。

（8）进行防腐蚀处理。

2. 普通钢结构构件制作工艺

普通钢结构构件制作工艺包括：钢材除锈、型钢校直、画线、剪裁、矫正、钻孔、清边、组装、焊接及防腐蚀处理等，见图3.6-1。

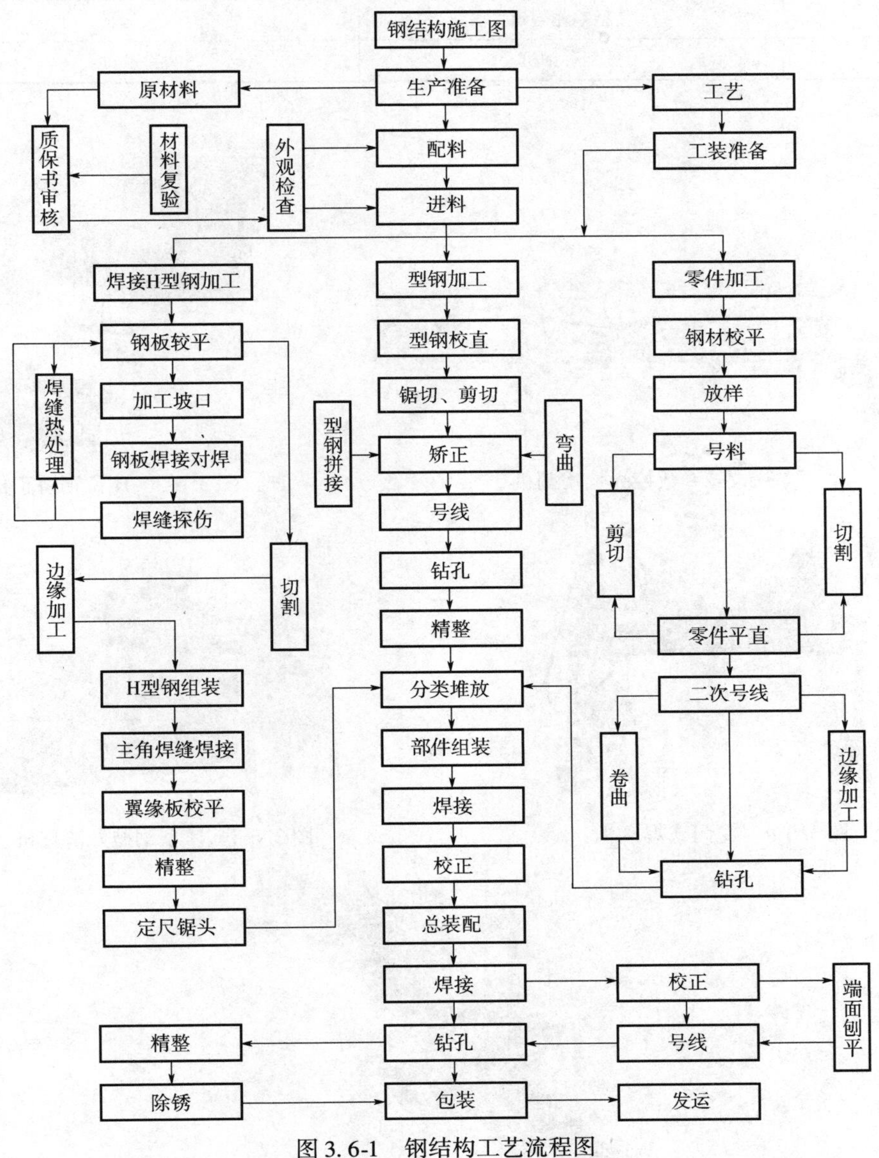

图3.6-1　钢结构工艺流程图

3. 普通钢结构构件制作主要设备

普通钢结构构件制作主要设备见表3.6-1、图3.6-2～图3.6-5，H型钢重钢生产线如图3.6-6所示。

表 3.6-1 普通钢结构构件制作主要设备

序号	设备名称	用途
1	数控火焰切割机	钢板切割
2	H 型钢矫正机	矫正
3	龙门式（双臂式）焊接机	焊接
4	H 型钢抛丸清理机	除锈
5	液压翻转支架	翻转
6	重型输送辊道	运输
7	重型移钢机	移动

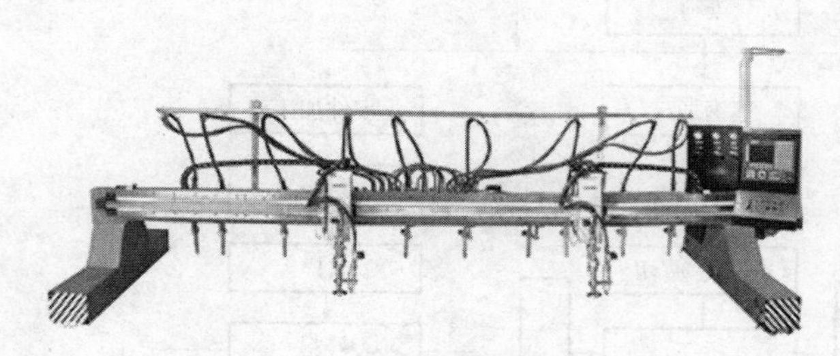

图 3.6-2 数控火焰切割机

图 3.6-3 H 型钢矫正机

图 3.6-4 龙门式焊接机

图 3.6-5 H 型钢抛丸清理机

图 3.6-6 H 型钢重钢生产线

3.6.3　其他制作工艺简述

1. 压型钢板及其复合板制作工艺

压型钢板（图3.6-7）、复合板（图3.6-8）和钢筋桁架楼承板（图3.6-9）均采用自动化加工设备生产。

图3.6-7　压型钢板

图3.6-8　复合板

2. 网架结构构件制作工艺

网架结构构件主要包括钢管、钢球、高强螺栓等，工艺原理与普通构件制作一样，尺寸要求精度更高一些。钢球的制作工艺如下：圆钢下料—钢球初压—球体锻造—工艺孔加工—螺栓孔加工—标记—除锈—油漆涂装。网架螺栓球节点制作工艺如图3.6-10所示。

图3.6-9　钢筋桁架楼承板

3. 集成式低层钢结构别墅制作工艺

集成式低层钢结构别墅制作工艺自动化程度非常高，从型钢剪裁到焊接连接到镀层全部在自动化生产线上进行，如图3.6-11所示。

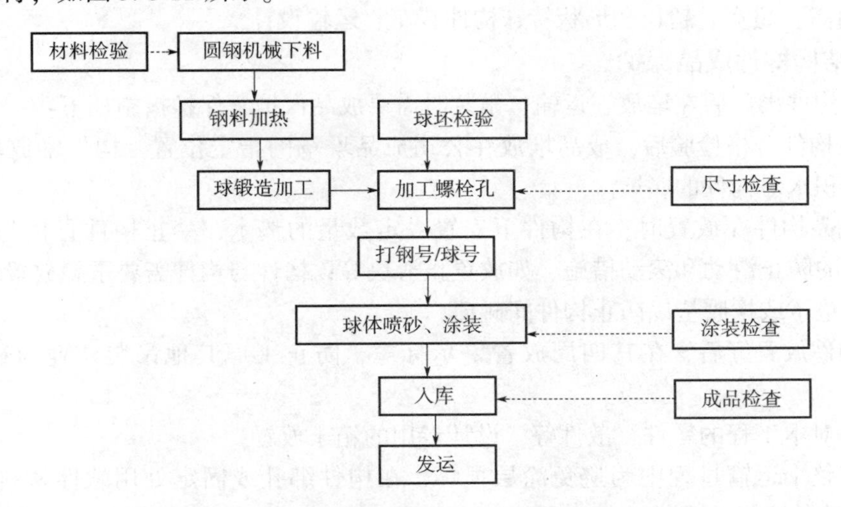

图3.6-10　网架螺栓球节点制作工艺流程

4. 低层冷弯薄壁型钢房屋制作工艺

轻钢龙骨是以优质的连续热镀锌板带为原材料，经冷弯工艺轧制而成的建筑用金属骨架，在自动化生产线上完成，如图 3. 6-12 所示。

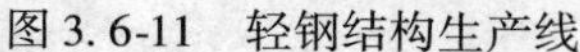

图 3. 6-11 轻钢结构生产线

图 3. 6-12 冷弯薄壁型钢生产线

3. 6. 4 技术管理

钢结构构件制作技术管理工作包括深化设计、工艺设计及技术方案制定等。

1. 深化设计

（1）集成部件设计及拼接图

（2）构件加工详图

（3）吊点和吊装方式设计

2. 工艺设计及技术方案制定

（1）放样模板或模尺设计

（2）构件调直或矫正方法

（3）成品保护设计

（4）吊索吊具设计

（5）堆放方式、层数、支垫位置和材料设计

（6）超高、超宽、超长和形状特殊构件装车、运输设计

3. 6. 5 钢结构构件成品保护

钢结构构件出厂后在堆放、运输、吊装时需要成品保护，保护措施如下：

（1）在构件合格检验后，成品堆放在公司成品堆场的指定位置。构件堆放场地应做好排水，防止积水对构件的腐蚀。

（2）成品构件在放置时，在构件下安置一定数量的垫木，禁止构件直接与地面接触，并采取一定的防止滑动和滚动措施，如放置止滑块等；构件与构件需要重叠放置的时候，在构件间放置垫木或橡胶垫以防止构件间碰撞。

（3）构件放置好后，在其四周放置警示标志，防止工厂其他吊装作业时碰伤本工程构件。

（4）针对本工程的零件、散件等，设计专用的箱子放置。

（5）在整个运输过程中为避免涂层损坏，在构件绑扎或固定处用软性材料衬垫保护，避免尖锐的物体碰撞、摩擦。

（6）在拼装、安装作业时，应避免碰撞、重击，减少现场辅助措施的焊接量，尽量采用捆绑、抱箍的临时措施。

3.6.6　钢结构构件搬运、存放

1. 部品部件堆放应符合的规定

（1）堆放场地应平整、坚实，并按部品部件的保管技术要求采用相应的防雨、防潮、防暴晒、防污染和排水等措施。

（2）构件支垫应坚实，垫块在构件下的位置宜与脱模、吊装时的起吊位置一致。

（3）重叠堆放构件时，每层构件间的垫块应上下对齐，堆垛层数应根据构件、垫块的承载力确定，并应根据需要采取防止堆垛倾覆的措施。

2. 墙板运输与堆放尚应符合的规定

（1）当采用靠放架堆放或运输时，靠放架应具有足够的承载力和刚度，与地面倾斜角度宜大于80°；墙板宜对称放置且外饰面朝外，墙板上部宜采用木垫块隔开；运输时应固定牢固。

（2）当采用插放架直立堆放或运输时，宜采取直立方式运输；插放架应有足够的承载力和刚度，并应支垫稳固。

（3）采用叠层平放的方式堆放或运输时，应采取防止产生损坏的措施。

3.6.7　钢结构构件运输

部品部件出厂前应进行包装，保障部品部件在运输及堆放过程中不破损、不变形。对超高、超宽、形状特殊的大型构件的运输和堆放应制定专门的方案。

选用的运输车辆应满足部品部件的尺寸、重量等要求，装卸与运输时应符合下列规定：

（1）装卸时应采取保证车体平衡的措施。

（2）应采取防止构件移动、倾倒、变形等的固定措施。

（3）运输时应采取防止部品部件损坏的措施，对构件边角部或链索接触处宜设置保护衬垫。

图3.6-13为超长构件运输作业示例。

图3.6-13　超长钢结构部件运输

3.6.8　钢结构构件制作质量控制要点

钢结构构件制作质量控制的要点包括：

（1）对钢材、焊接材料等进行检查验收。

（2）控制剪裁、加工精度，构件尺寸误差在允许范围内。

（3）控制孔眼位置与尺寸误差在允许范围内。

（4）对构件变形进行矫正。

（5）焊接质量控制。

（6）第一个构件检查验收合格后，生产线才能开始批量生产。

（7）除锈质量。

(8) 保证防腐涂层的厚度与均匀度。

(9) 搬运、堆放和运输环节防止磕碰等。

3.7　装配式钢结构建筑施工安装

3.7.1　装配式钢结构建筑施工安装概述

装配式钢结构建筑施工安装内容包括基础施工、钢结构主体结构安装、外围护结构安装、设备管线系统安装、集成式部品安装和内装修等。不同的钢结构建筑安装工艺也有所不同。下面举几个例子。

1. 钢结构轻型门式刚架工业厂房施工安装工艺

钢结构轻型门式刚架工业厂房施工安装工艺流程见图 3.7-1。

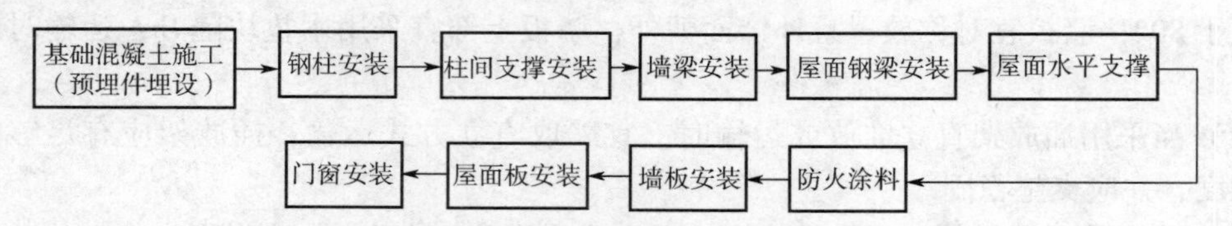

图 3.7-1　钢结构轻型门式刚架工业厂房施工安装工艺流程

2. 高层钢框架—支撑（或延性墙板）结构住宅安装工艺流程

高层钢框架—支撑（或延性墙板）结构住宅安装工艺流程见图 3.7-2。

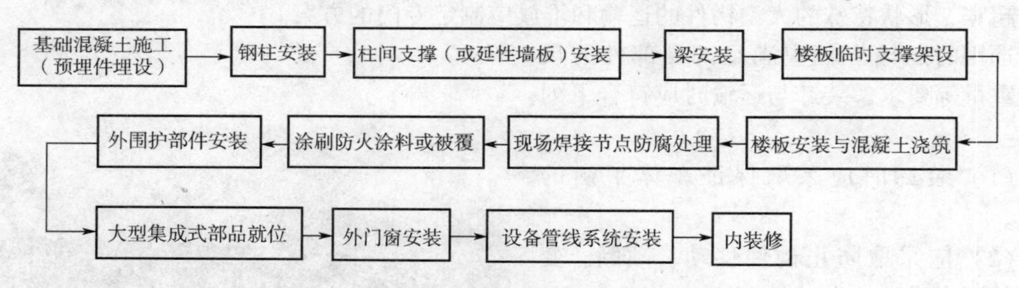

图 3.7-2　高层钢框架—支撑结构住宅安装工艺流程

3. 集成式低层钢结构别墅安装工艺流程

集成式低层钢结构住宅安装工艺流程见图 3.7-3。

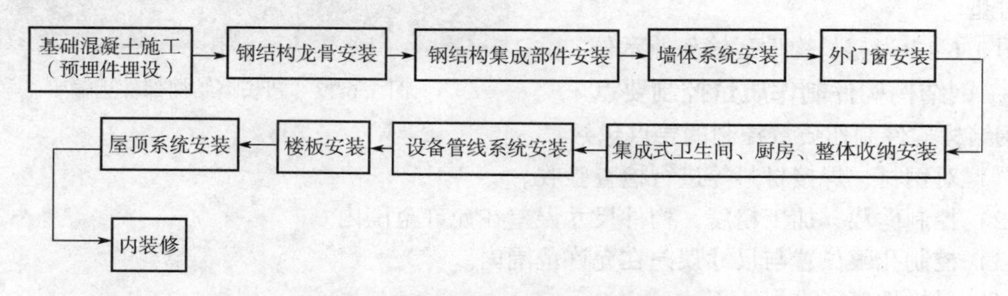

图 3.7-3　集成式低层结构住宅安装工艺流程

3.7.2　施工组织设计技术要点

装配式钢结构建筑施工组织设计技术要点包括：

1. 起重设备设置

多层建筑、高层建筑一般设置塔式起重机；多层建筑也可用轮式起重机安装；单层工业厂房和低层建筑一般用轮式起重机安装。

工地塔式起重机选用除了考虑钢结构构件重量、高度（有的跨层柱子较高）外，还应考虑其他部品部件的重量、尺寸与形状，如外围护预制混凝土墙板可能会比钢结构构件更重。

钢结构建筑构件较多，配置起重设备的数量一般比混凝土结构工程要多。图3.7-4为钢结构工地塔式起重机配置实例。

2. 吊点与吊具设计

对钢结构部件和其他系统部品部件进行吊点设计或设计复核，进行吊具设计。

钢柱吊点设置在柱顶耳板处，吊点处使用板带绑扎出吊环，然后与吊机的钢丝绳吊索连接。重量大的柱子一般设置4个吊点，断面小的柱子可设置2个吊点。钢柱吊装如图3.7-5所示。

图3.7-4　钢结构建筑工地塔式起重机配置

图3.7-5　钢柱吊装

钢梁边缘吊点距梁端距离不宜大于梁长的1/4，吊点处使用板带绑扎出吊环，然后与吊机的钢丝绳吊索连接。长度较大的钢梁一般设置4个吊点（图3.7-6），长度较小的钢梁可设置2个吊点（图3.7-7）。

图3.7-6　钢梁吊装（4个吊点）

图3.7-7　钢梁吊装（2个吊点）

3. 部品部件进场验收

确定部品部件进场验收的方法与内容。

对于大型构件，现场检查比较困难，应当把检查环节前置到出厂前进行，现场主要检查构件运输过程中是否有损坏等。

4. 工地临时存放支撑设计

构件工地临时存放的支撑方式、支撑点位置设计，避免因存放不当导致构件变形。

5. 基础施工要点

基础混凝土施工安装预埋件的准确定位是控制要点，应采用定位模板确保预埋件的位置在允许误差以内。图 3.7-8 是基础预埋螺栓图例。

图 3.7-8 钢结构建筑混凝土基础预埋螺栓

6. 安装顺序确定

钢结构应根据结构特点选择合理顺序进行安装，并应形成稳固的空间单元。

7. 临时支撑与临时固定措施

有的竖向构件安装后需要设置临时支撑（图 3.7-9），组合楼板安装需要设置临时支撑，因此须进行临时支撑设计。有的构件安装过程中需要采取临时固定措施，如屋面梁安装后需要等水平支撑安装固定后再最终固定，所以需要临时固定（图 3.7-10）。

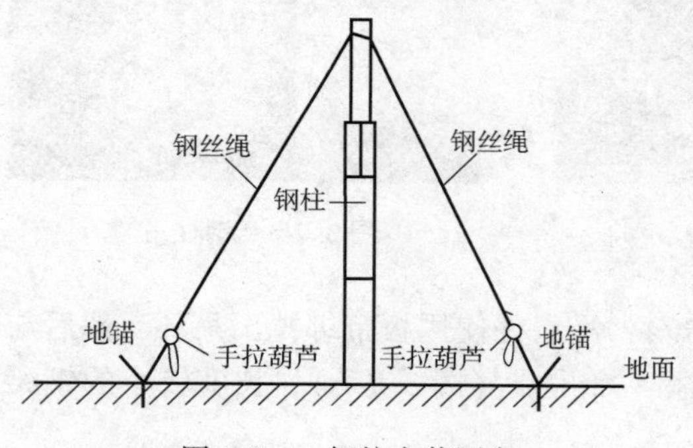

图 3.7-9 钢柱安装固定

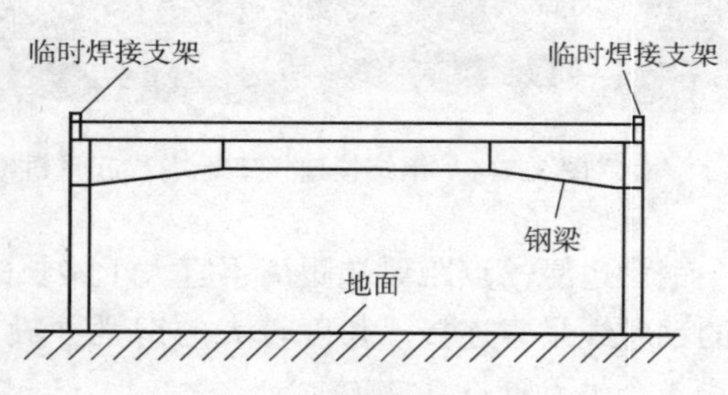

图 3.7-10 钢梁安装固定

3.7.3 施工安装质量控制要点

施工安装过程质量控制要点包括：

（1）基础混凝土预埋安装螺栓锚固可靠，位置准确，安装时基础混凝土强度达到了允许安装的设计强度。

（2）保证构件安装标高精度、竖直构件（柱、板）的垂直度和水平构件的平整度符合设计和规范要求。

（3）锚栓连接紧固牢固，焊接连接按照设计要求施工。

（4）运输、安装过程的涂层损坏采用可靠的方式补漆，到达设计要求。

（5）焊接节点防腐涂层补漆，达到设计要求。

（6）防火涂料或喷涂符合设计要求。

（7）设备管线系统和内装系统施工应避免破坏防腐防火涂层等。

3.8 装配式钢结构建筑质量验收

装配式钢结构验收包括结构系统验收，外围护系统验收，设备与管线系统验收，内装系统验收和竣工验收。本节主要介绍部品部件进场验收、结构系统验收和竣工验收。

3.8.1 部品部件进场验收

同一厂家生产的同批材料、部品，用于同期施工且属于同一工程项目的多个单位工程，可合并进行进场验收。

许多钢结构部件和建筑部品尺寸较大，验收项目较多，进场后在工地现场没有条件从容地进行验收，可以考虑主要项目在工厂出厂前验收，进场验收主要进行外观验收和交付资料验收。

部品部件应符合国家现行有关标准的规定，并应提供以下文件：

（1）产品标准。

（2）出厂检验合格证。

（3）质量保证书。

（4）产品使用说明文件书。

3.8.2 结构系统验收

钢结构系统的验收项目主要包括：

（1）钢结构工程施工质量验收。

（2）焊接工程验收。

（3）钢结构主体工程紧固件连接工程的验收。

（4）钢结构防腐蚀涂装工程的验收。

（5）钢结构防火涂料的粘结强度、抗压强度的验收。

（6）装配式钢结构建筑的楼板及屋面板验收。

（7）钢楼梯验收等。

安装工程可按楼层或施工段等划分为一个或若干个检验批。地下钢结构可按不同地下层划分检验批。钢结构安装检验批应在进场验收和焊接连接、紧固件连接、制作等分项工程验收合格的基础上进行验收。

图3.8-1 用检测设备检查钢结构防腐涂层厚度

3.8.3 竣工验收

（1）单位（子单位）工程质量验收应符合下列规定：

1）所含分部（子分部）工程的质量均应验收合格。

2）质量控制资料应完整。

3）所含分部工程中有关安全、节能、环境保护和主要使用功能的检验资料应完整。

4）主要使用功能的抽查结果应符合相关专业验收规范的规定。

5）观感质量应符合要求。

（2）竣工验收的步骤可按验前准备、竣工预验收和正式验收三个环节进行。

（3）施工单位应在交付使用前与建设单位签署质量保修书，并提供使用、保养、维护说明书。

（4）建设单位应当在竣工验收合格后，按《建设工程质量管理条例》的规定向备案机关备案，并提供相应的文件。

3.9　装配式钢结构建筑使用维护

装配式钢结构建筑的设计文件应注明其设计条件、使用性质及使用环境。在交付物业时，应按国家有关规定的要求，提供《建筑质量保证书》和《建筑使用说明书》。

3.9.1　结构系统的使用维护

（1）《建筑使用说明书》应包含主体结构设计使用年限、结构体系、承重结构位置、使用荷载、装修荷载、使用要求、检查与维护等。

（2）物业服务企业应根据《建筑使用说明书》，在《检查与维护更新计划》中建立对主体结构的检查与维护制度，明确检查时间与部位。检查与维护的重点应包括主体结构损伤、建筑渗水、钢结构锈蚀、钢结构防火保护损坏等可能影响主体结构安全性和耐久性的内容。

（3）业主或使用者不应改变原设计文件规定的建筑使用条件、使用性质及使用环境。

（4）装配式钢结构建筑的室内二次装修、改造和使用中，不应损伤主体结构。

（5）建筑的二次装修、改造和使用中发生下述行为之一者，应经原设计单位或具有相应资质的设计单位提出设计方案，并按设计规定的技术要求进行施工及竣工验收。

1）超过设计文件规定的楼面装修或使用荷载。

2）改变或损坏钢结构防火、防腐蚀的相关保护及构造措施。

3）改变或损坏建筑节能保温、外墙及屋面防水相关的构造措施。

3.9.2　外围护系统的使用维护

（1）《建筑使用说明书》中有关外围护系统的部分，宜包含下列内容：

1）外围护系统基层墙体和连接件的使用年限及维护周期。

2）外围护系统外饰面、防水层、保温以及密封材料的使用年限及维护周期。

3）外墙可进行吊挂的部位、方法及吊挂力。

4）日常与定期的检查与维护要求。

（2）物业服务企业应依据《建筑使用说明书》，在《检查与维护更新计划》中规定对外围护系统的检查与维护制度，检查与维护的重点应包括外围护部品外观、连接件锈蚀、墙屋面裂缝及渗水、保温层破坏、密封材料的完好性等，并形成检查记录。

（3）当遇地震、火灾后，应对外围护系统进行检查，并视破损程度进行维修。

（4）业主与物业服务企业应根据《建筑质量保证书》和《建筑使用说明书》中建筑外围护部品及配件的设计使用年限资料，对接近或超出使用年限的，进行安全性评估。

3.9.3　其他

设备与管线系统和内装系统的使用说明书这里不赘述，需要强调的是，在进行装修改造时：

（1）不应破坏主体结构和连接节点。

（2）不应破坏钢结构表面防火层和防腐层。

（3）不应破坏外围护系统。

3.10　装配式钢结构建筑的技术课题

本节列出目前装配式钢结构建筑需要进一步解决的技术课题，以供从事科研的师生参考。

1. 多层高层钢结构住宅适宜性

针对一些高层装配式钢结构住宅存在的问题和影响钢结构住宅市场推广的原因进行分析，通过设计和工艺改进提高钢结构住宅的适宜性。

2. 简化构件连接节点

在保障结构构件连接安全可靠的前提下简化结构连接节点，提高安装效率，缩短工期，降低成本。

3. 结构构件集成化研究

在满足制作、运输、安装条件的基础上，提高结构构件集成化程度，减少连接节点，提高装配式效率和效益。

4. 隔震、消能减震构造研究

借鉴日本在高层和低层钢结构建筑中采取的免震制震措施，进行隔震和消能减震构造的研究，提高钢结构建筑的安全性和市场认知度。

5. 外围护集成化部品研究

目前，钢结构建筑无论是公共建筑还是住宅，都存在外围护集成化部品成熟度不够、匹配不适宜的问题，在住宅上问题更突出。由于部品设计、选用不当，或墙体构造设计得不合理，或墙体变形适应能力与主体结构不适应，存在裂缝、渗漏，隔声不好、保温不好、防火构造不合理等问题，需要综合考虑、研发出解决方案。

6. 防火构造

目前钢结构建筑防火多采用涂料防护方式，建议研发并推广应用防火、防腐合一的无机类涂料，减少涂装工序，降低防护成本。日本有的钢结构建筑采用防火、装饰一体化构造，用带有装饰表皮的优质硅酸钙板包覆钢构件。可以借鉴这个思路，采用耐久性好或无机的防火板材进行粘贴包覆处理。

7. 环境对锈蚀的影响

对钢材锈蚀与环境的关系进行定量研究，特别是对同一环境下室外与室内钢材锈蚀差进行定量研究，作为分级防腐设计的依据，既要避免室外防腐不够导致严重锈蚀，又要避免室内构件防腐过剩造成浪费。

8. 隔声构造

研究钢结构建筑隔声构造，使隔声效果更可靠，不再成为钢结构住宅推广的障碍。

9. 钢结构成本

研究装配式钢结构建筑特别是住宅的成本构成，分析为什么单层工业厂房、集成化制作的低层别墅的成本比混凝土建筑低，而多层和高层建筑却没有成本优势，寻求降低多层、高层钢结构建筑成本的途径。

1. 什么是装配式钢结构建筑？
2. 国家标准定义的装配式钢结构建筑与普通钢结构建筑主要区别在哪里？
3. 装配式钢结构建筑有哪些优点？
4. 装配式钢结构建筑有哪些缺点？
5. 装配式钢结构建筑有哪些局限性？
6. 装配式钢结构建筑有哪些结构体系？
7. 装配式钢结构水平位移限值有何要求？
8. 支撑、钢板剪力墙的种类有哪些？
9. 装配式钢结构建筑构件制作工艺可以分为几类？
10. 装配式钢结构建筑施工组织设计技术要点有哪些？
11. 装配式钢结构质量验收包括哪些内容？
12. 简述装配式钢结构建筑需要进一步解决的技术课题。

第 4 章　装配式木结构建筑

本章介绍装配式木结构建筑基本知识，包括：什么是装配式木结构建筑（4.1），古代木结构建筑简介（4.2），装配式木结构建筑类型（4.3），装配式木结构材料（4.4），建筑设计（4.5），结构设计（4.6），连接设计（4.7），构件制作（4.8），安装施工与验收（4.9），装配式木结构建筑案例（4.10），使用与维护要求（4.11）。

4.1　什么是装配式木结构建筑

4.1.1　基本概念

1. 装配式木结构建筑

从古至今，凡木结构建筑，都是制作好了结构构件，如柱、梁、檩子等，再装配起来。从这个意义上讲，也就是从结构装配的角度讲，凡木结构建筑都属于装配式建筑。

本章所述装配式木结构建筑是指结构系统由木结构承重构件组成的，结构系统、外围护系统、设备管线系统和内装系统的主要部分也采用预制部品部件集成的建筑。

这个定义强调了两点：

（1）采用工厂预制的木结构组件和部品装配而成。

（2）4 个系统的主要部分采用预制部品部件集成。

2. 什么是组件

预制木结构组件是指由工厂制作、现场安装，并具有单一或复合功能的，用于组合成装配式木结构的基本单元，简称木组件。木组件包括柱、梁、预制墙体、预制楼盖、预制屋盖、木桁架、空间组件等（图 4.1-1 ~ 图 4.1-4）。

3. 什么是部品

部品是指由工厂生产，构成外围护系统、设备与管线系统、内装系统的建筑单一产品或复合产品组装而成的功能单元的统称，例如模块式单元（图 4.1-5）、集成式卫生间等。

图 4.1-1　木组件 1——预制胶合木长梁

图 4.1-2　木组件 2——预制墙体

图 4. 1-3　木组件 3——预制楼板

图 4. 1-4　木组件 4——预制桁架

4. 1. 2　装配式木结构建筑的优点

（1）有利于生态环境保护。

（2）减少能耗和污染。

（3）质量好，精度高。

（4）重量轻，抗震性能好。

（5）舒适度高。

（6）提高了材料使用效率。

（7）提高了现场施工效率。

（8）降低人工成本。

图 4. 1-5　木结构建筑模块化部品

4. 1. 3　装配式木结构建筑的缺点与局限

（1）成本方面没有优势。

（2）防火设防要求高。

（3）适用范围窄，高度受限，主要限于低层建筑中。

（4）需要有木结构组件和部品制作工厂。

（5）对于服务半径有一定要求。

（6）受到运输条件的限制。

（7）需要设计、生产、建造企业紧密合作，协同工作量大。

4. 2　古代木结构建筑简介

我们在第 1 章已经介绍了，早在人类还是游动的采集狩猎者时，就用树干和其他材料搭建居所。木结构是人类最早采用的建筑方式。

4. 2. 1　西方古代木结构建筑

西方古代大型建筑，宫殿、教堂等，以源于古希腊古罗马的石头柱式为主。石头柱式的源头是木柱。关于柱式建筑的起源，西方建筑史著作有一副著名插图：柱式源于树干的利用（图4.2-1）。

西方教堂无论罗马式还是哥特式，基本形式都是“巴西利卡”，即中间高两旁低得多跨结构。最初的“巴西利卡”是木结构建筑（图4.2-2），在古罗马时期用于公共建筑。基督教兴起后成为教堂的主要形式。

图4.2-1　柱式建筑源于树干

图4.2-2　巴西利卡建筑

古代欧洲民居主要是木结构建筑。农村的房子一般是木结构长屋，一些乡间教堂也是木结构建筑（图4.2-3）。欧洲中世纪城镇的大多数建筑是木结构建筑（图4.2-4）。

图4.2-3　挪威奥尔内斯木结构教堂

图4.2-4　中世纪木结构民居

4.2.2　东方古代木结构建筑

在东方，木结构是古代建筑的主角，技术与艺术最为成熟，以中国古代建筑为代表。

中国古代的宫殿、寺庙、园林等建筑均以木结构为主，民居建筑也有许多木结构建筑。

第1章图1.2-11所示五台山南禅寺大殿重建于公元782年，距今已有1200多年的历史，是国内现存最早的唐代木结构建筑。图4.2-5所示应县木塔，建于1056年，高67.31m，9

层，是现存的世界上最早的高层木结构塔式建筑。日本最大的古代木结构建筑是奈良东大寺（图4.2-6），建于公元728年，采用中国唐朝的建筑风格。北京故宫建筑群则代表了东方古代木建筑的最高成就（图4.2-7）。

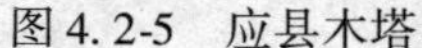

图4.2-5　应县木塔

图4.2-6　奈良东大寺——世界上现存最大的古典木结构建筑

中国古代许多民居是木结构建筑，至今一些地方还有几百年甚至上千年历史的木结构老房子（图4.2-8、图4.2-9）。中国古代木结构建筑以原木、方木为主要结构材料，以柱、斗拱、枋、梁、檩、椽等构件组成木结构骨架。其中斗拱是非常有特色的集成式构件，既是结构柱子的“柱头”，减少了梁的跨度和悬挑长度，又是建筑艺术的重要元素（图4.2-10）。卯榫则是非常有特色的木结构装配式连接节点（图4.2-11）。

图4.2-7　北京故宫太和殿

图4.2-8　广西侗族吊脚楼

图4.2-9　浙江乌镇木结构建筑

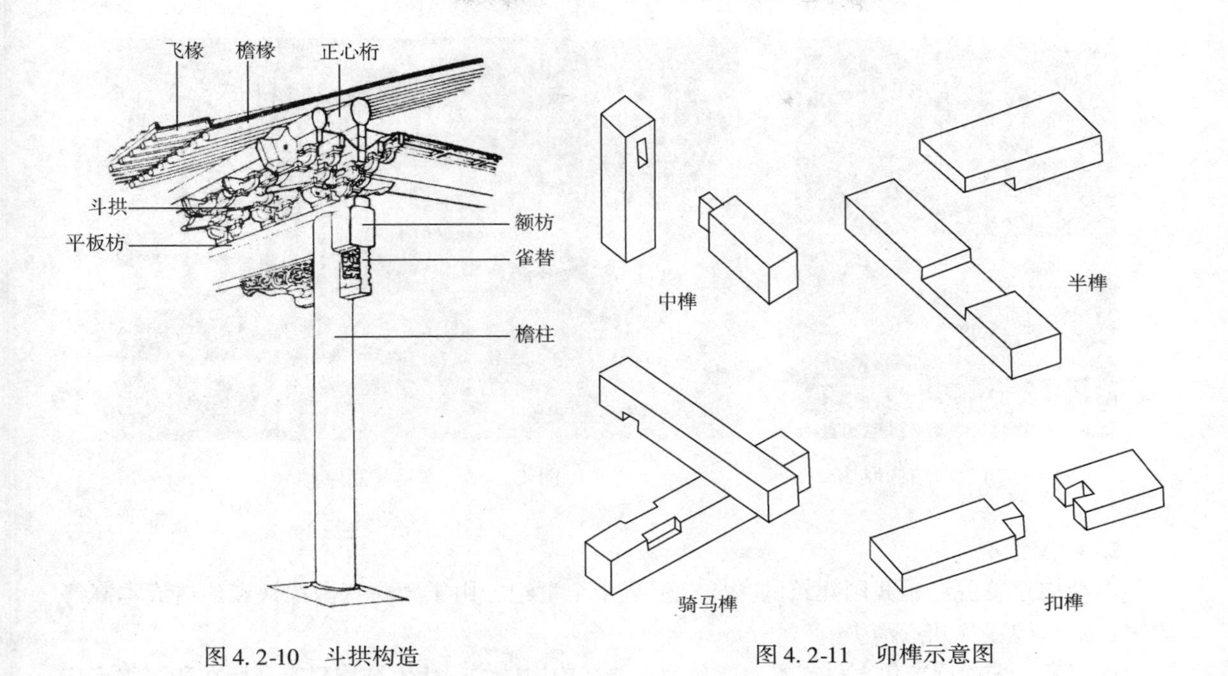

图 4.2-10 斗拱构造

图 4.2-11 卯榫示意图

4.2.3 现代木结构装配式建筑

1. 国外情况

19 世纪后，木结构建筑的主导地位被钢结构和钢筋混凝土结构取代，多层建筑和高层建筑以钢结构和钢混凝土结构为主。但木结构建筑并没有出局，特别是在发达国家，木结构建筑向着工业化、集成化发展，并随着非线性技术与数控机床的应用，开始进入自动化智能化领域。

在木材资源丰富的地区，如北美、澳洲等地，低层木结构住宅比例非常大，制品、组件、部品的工业化程度也非常高。欧洲和日本也有较多别墅采用木结构。

北美许多多层建筑也采用木结构，包括商场、写字楼、旅店等。

装配式木结构建筑还用于曲面建筑、大跨度建筑和高层建筑，本书将在 4.10 节介绍相关案例。图 4.2-12 ~ 图 4.2-15，为国外装配式木结构建筑实例。

图 4.2-12 木结构独立别墅

图 4.2-13 木结构现代风格别墅

图 4. 2-14　木结构商场

图 4. 2-15　木结构写字楼

2. 中国情况

木结构建筑曾经是我国建筑的主角，但近半个世纪，由于木材资源稀缺和建造成本高等原因，木结构建筑几近消失。

近年来，采用标准化木材或木制产品为主要结构构件的现代木结构建筑开始在我国得到应用。尽管与我国总体建筑规模相比，木结构建设量微乎其微，但近年来建成的一些木结构建筑，丰富了建筑谱系，展现了木结构建筑的优势和发展前景。图 4. 2-16 ~ 图 4. 2-20，为国内近年来装配式木结构建筑的实例，包括了学校、别墅、公共建筑、旅游建筑和文化建筑等。

图 4. 2-16　四川省都江堰市向峨小学

图 4. 2-17　海南红树湾 · 三十三棵墅

图 4. 2-18　贵州百里杜鹃风景区多功能馆

图 4. 2-19　句容市宝华镇慈悲喜舍

图 4. 2-20　杭州美丽洲教堂

4. 3　装配式木结构建筑类型

现代木结构建筑按结构材料分类有以下 4 种类型：轻型木结构、胶合木结构、方木原木结构和木结构组合建筑。

1. 轻型木结构

轻型木结构系指主要采用规格材及木基结构板材制作的木框架墙、木楼盖和木屋盖系统构成的单层或多层建筑。轻型木结构由小尺寸木构件（通常称为规格材）按不大于 600mm 的中心间距密置而成（图 4. 3-1）。所用基本材料包括规格材、木基结构板材、工字型搁栅、结构复合材和金属连接件（见 4. 4 节）。轻型结构的承载力、刚度和整体性是通过主要结构构件（骨架构件）和次要结构构件（墙面板、楼面板和屋面板）共同作用获得的。

图 4. 3-1　轻型木结构建筑

轻型木结构亦被称作“平台式骨架结构”，这样叫是因为这种结构形式在施工时以每层楼面为平台组装上一层结构构件。

轻型木结构构件之间的连接主要采用钉连接，部分构件之间也采用金属齿板连接和专用金属连接件连接。轻型木结构具有施工简便、材料成本低、抗震性能好的优点。

轻型木结构建筑可以根据施工现场的运输条件，将木结构的墙体、楼面和屋面承重体系（如楼面梁、屋面桁架）等构件采取在工厂制作成基本单元，然后在现场进行装配。

2. 胶合木结构

胶合木结构系指承重构件主要采用层板胶合木制作的单层或多层建筑。也被称作层板胶合木结构。胶合木结构包括正交胶合木（CLT）、旋切板胶合木（LVL）、层叠木片胶合木（LSL）和平行木片胶合木（PSL）。（见 4. 4 节）

胶合木结构主要包括梁柱式（图 4. 3-2）、空间桁架式（图 4. 3-3）、拱式（图 4. 3-4）、门架式（图 4. 3-5）和空间网壳式（图 4. 3-6）等结构形式，还包括直线梁、变截面梁和曲线梁等构件类型。胶合木结构的各种连接节点均采用钢板、螺栓或销钉连接，应进行节点计算。胶合木结构是目前应用较广的木结构形式，具有以下特点：

图 4. 3-2　胶合木结构——梁柱式

图 4. 3-3　胶合木结构——空间桁架式

图 4. 3-4　胶合木结构——拱式

图 4. 3-5　胶合木结构——门架式

（1）具有天然木材的外观魅力。

（2）不受天然木材尺寸限制，能够制作成满足建筑和结构要求的各种形状和尺寸的构件，造型随意。

（3）避免和减少天然木材无法控制的缺陷影响，提高了强度，并能合理级配、量材使用。

（4）具有较高的强重比（强度/重量），能以较小截面满足强度要求。可大幅度减小结构体自重，提高抗震性能；有较高的韧性和弹性，在短期荷载作用下能够迅速恢复原状。

图 4. 3-6　胶合木结构——空间网格式

（5）具有良好的保温性，热导率低，热胀冷缩变形小。

（6）构件尺寸和形状稳定，无干裂、扭曲之虞，能减少裂缝和变形对使用功能的影响。

（7）具有良好的调温、调湿性。在相对稳定的环境中，耐腐性能高。

（8）经防火设计和防火处理的胶合木构件具有可靠的耐火性能。

（9）可以采用工业化生产方式，提高生产效率、加工精度和产品质量。

（10）构件自重轻，有利于运输、装卸和安装。

（11）制作加工容易、耗能低，节约能源；能以小材制作出大构件，充分利用木材资源；并可循环利用，是绿色环保材料。

3. 方木原木结构

方木原木结构是指承重构件主要采用方木或原木制作的单层或多层建筑结构。

方木原木结构在《木结构设计规范》GB 50005 中被称为普通木结构。考虑以木结构承重构件采用的主要木材材料来划分木结构建筑，因而，在装配式木结构建筑的国家标准中，将普通木结构改称为方木原木结构。

方木原木结构的结构形式主要包括穿斗式结构（图4.3-7）、抬梁式结构（图4.3-8）、井干式结构（图4.3-9）、梁柱式结构（图4.3-10）、木框架剪力墙结构（图4.3-11）、以及作为楼盖或屋盖在其他材料结构中（混凝土结构、砌体结构、钢结构）组合使用的混合结构。这些结构都是在梁柱连接节点、梁与梁连接节点处采用钢板、螺栓或销钉，以及专用连接件等钢连接件进行连接。方木原木结构的构件及其钻孔等构造通常在工厂加工制作。

图4.3-7　穿斗式结构

图4.3-8　抬梁式结构

图4.3-9　井干式结构

图4.3-10　梁柱式结构

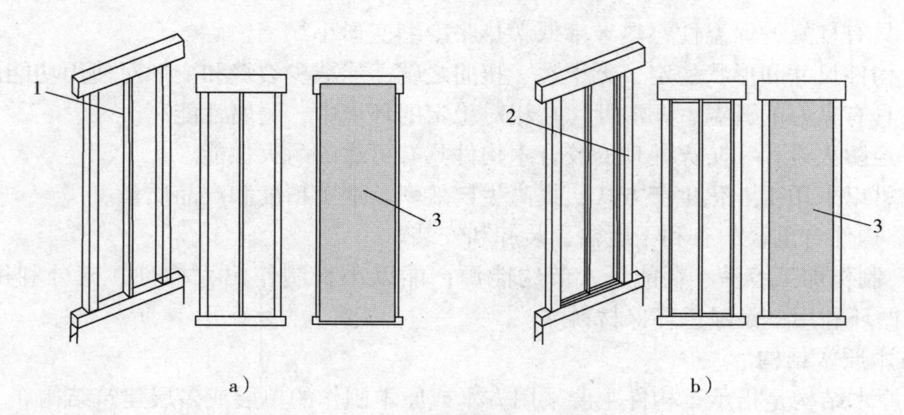

图 4.3-11　木框架剪力墙结构

a）隐柱墙体骨架构造　b）明柱墙体骨架构造

1—与框架柱截面高度相同的间柱　2—截面高度小于框架柱的间柱　3—墙面板

4. 组合建筑

木结构组合建筑是指木结构与其他材料组成结构的建筑，主要是与钢结构、钢筋混凝土结构或砌体结构进行组合。组合方式有上下组合与水平组合之分，也包括现有建筑平改坡的屋面系统和钢筋混凝土结构中采用木骨架组合墙体系统。上下组合时，下部结构通常采用钢筋混凝土结构。

4.4　装配式木结构材料

本节介绍装配式木结构建筑主要材料：木材、金属连接件和结构用胶。

装配式木结构建筑所用的保温材料、防火材料、隔声材料、防水密封材料和装饰材料与其他结构建筑一样，这里不一一赘述。

4.4.1　木材

装配式木结构建筑的结构木材包括方木原木、规格材、胶合木层板、结构复合材和木基结构板材。关于木材的选用标准、防火要求、木材阻燃剂要求、防腐要求等，须执行相关的国家标准，见本书附录。

1. 方木原木

方木和原木应从规范所列树种中选用。主要承重构件应采用针叶材；重要的木制连接构件应采用细密、直纹、无痂节和无其他缺陷的耐腐的硬质阔叶材。

方木原木结构构件设计时，应根据构件的主要用途选用相应的材质等级。使用进口木材时，应选择天然缺陷和干燥缺陷少、耐腐性较好的树种；首次采用的树种，应严格遵守先试验后使用的原则。

2. 规格材

规格材是指宽度和高度按规定尺寸加工的木材。

3. 木基结构板、结构复合材和工字形木搁栅

（1）木基结构板包括结构胶合板和定向刨花板。多用于屋面板、楼面板和墙面板。

（2）结构复合材是以承受力的作用为主要用途的复合材料。多用于梁或柱。

（3）工字形木搁栅用结构复合木材作翼缘，定向刨花板或结构胶合板作腹板，用耐用水胶粘结，多用于楼盖和屋盖。

4. 胶合木层板

胶合木层板的原料是针叶松，包括：

（1）正交胶合木（CLT）。至少三层软木规格材胶合或螺栓连接而成，相邻层的顺纹方向互相正交垂直。

（2）旋切板胶合木（LVL）。由云杉或松树旋切成单板，常用作板或梁。

（3）层叠木片胶合木（LSL）。是由防水胶粘合0.8mm厚、25mm宽、300mm长木片单板而形成的木基复合构件。有两种单板：一种是所有木片排列都与长轴方向一致的单板，另一种是部分木片排列与短轴方向一致的单板。前者适用于作梁、椽、檩、柱等，后者适用于墙、地板、屋顶。

（4）平行木片胶合木（PSL）。由厚约3mm、宽约15mm的单板条制成，板条由酚醛树脂粘合。单板条可以达到2.6m长。平行木片胶合木常用作大跨度结构。

（5）胶合木（Glulam）。通常采用花旗松等针叶材的规格材，叠合在一起而形成大尺寸工程木材。

5. 木材含水率要求

（1）现场制作方木或原木构件的木材含水率不应大于25%。

（2）板材、规格材和工厂加工的方木不应大于20%。

（3）方木原木受拉构件的连接板不应大于18%。

（4）作为连接件时不应大于15%。

（5）胶合木层板和正交胶合木层板应为8%～15%，且同一构件各层木板间的含水率差别不应大于5%。

（6）井干式木结构构件采用原木制作时不应大于25%；采用方木制作时不应大于20%；采用胶合木材制作时不应大于18%。

4.4.2　钢材与金属连接件

1. 钢材

装配式木结构建筑承重构件、组件和部品连接使用的钢材宜采用Q235钢、Q345钢、Q390钢和Q420钢，应分别符合现行国家标准《碳素结构钢》GB/T 700和《低合金高强度结构钢》GB/T 1591的有关规定。

2. 螺栓

装配式木结构建筑承重构件、组件和部品连接使用的螺栓：

普通螺栓应符合现行国家标准《六角头螺栓—A和B级》GB/T 5782和《六角头螺栓—C级》GB/T 5780的规定。

高强度螺栓应符合现行国家标准《钢结构用高强度大六角头螺栓》GB/T 1228、《钢结构用高强度大六角螺母》GB/T 1229、《钢结构用高强度垫圈》GB/T 1230、《钢结构用高强度大六角头螺栓、大六角螺母、垫圈技术条件》GB/T 1231、《钢结构用扭剪型高强度螺栓连接副》GB/T 3632或《钢结构用扭剪型高强度螺栓连接副技术条件》GB/T 3633的有关规定。

锚栓可采用现行国家标准《碳素结构钢》GB/T 700中规定的Q235钢或《低合金高强度结构钢》GB/T 1591中规定的Q345钢制成。

3. 钉

钉的材料性能应符合现行国家标准《紧固件机械性能》GB/T 3098 及其他相关现行国家标准的规定和要求。

4. 防腐

金属连接件及螺钉等应进行防腐蚀处理或采用不锈钢产品。与防腐木材直接接触的金属连接件及螺钉等应避免防腐剂引起的腐蚀。

5. 防火

对于外露的金属连接件可采取涂刷防火涂料等防火措施，防火涂料的涂刷工艺应满足设计要求或相关规范。

4.4.3　结构用胶

承重结构用胶必须满足结合部位的强度和耐久性要求，应保证其胶合强度不低于木材顺纹抗剪和横纹抗拉的强度。胶连接的耐水性和耐久性，应与结构的用途和使用年限相适应，并应符合环境保护的要求。

承重结构可采用酚类胶和氨基塑料缩聚胶黏剂或单组分聚氨酯胶黏剂。应符合现行国家标准《胶合木结构技术规范》GB/T 50708 的规定。

4.5　木结构建筑设计

1. 适用建筑范围

装配式木结构建筑适用于传统民居、特色文化建筑（如特色小镇）、低层住宅建筑、综合建筑、旅游休闲建筑、文体建筑以及宗教建筑等。

目前，我国装配式木结构建筑主要用于三层及三层以下建筑；国外装配式木结构建筑也主要为低层建筑，但也有多层建筑，还有高层建筑。目前世界上最高的装配式木结构建筑18层，57m高，其介绍详见第4.10节。

2. 适用建筑风格

装配式木结构建筑可以方便自如地实现各种建筑风格：自然风格、古典风格（图4.5-1）、现代风格（图4.5-2）、既现代又自然的风格（图4.5-3、图4.5-4）和具有雕塑感的风格（图4.5-5）。

图4.5-1　美国亚特兰大古典风格装配式木结构别墅

图4.5-2　德国HUF公司现代风格装配式木结构建筑

图4.5-3　自然又时尚的木建筑

图4.5-4　既现代又自然的木结构装配式建筑（新西兰）

图4.5-5　2000年汉诺威世博会的木结构展架

3. 建筑设计基本要求

装配式木结构建筑设计基本要求：

（1）满足使用功能、空间、防水、防火、防潮、隔声、热工、采光、节能、通风等要求。

（2）模数协调，采用模块化、标准化设计；进行4个系统——结构系统、外围护系统、设备与管线系统、内装系统——的集成。

（3）满足工厂化生产、装配化施工、一体化装修、信息化管理的要求。

4. 平面设计

平面布置和尺寸应满足：

（1）结构受力的要求。

（2）预制构件的要求。

（3）各个系统集成化的要求。

5. 立面设计

（1）应符合建筑类型和使用功能要求，建筑高度、层高和室内净高符合标准化模数。

（2）应遵循“少规格、多组合”原则，根据木结构建造方式的特点实现立面的个性化和多样化。

（3）尽量采用坡屋面。屋面坡度宜为1∶3～1∶4。屋檐四周出挑宽度不宜小于600mm。

（4）外墙面凸出物如窗台、阳台等应做好泛水。

（5）立面设计宜规则、均匀，不宜有较大的外挑和内收。

（6）烟囱、风道等高出屋面的构筑物应做好与屋面的连接，保证安全。

（7）木构件底部与室外地坪高差应大于等于300mm；易遭虫害地区，大于等于450mm。

6. 外围护结构设计

（1）装配式木结构建筑外围护结构包括预制木墙板、原木墙、轻型木质组合墙体、正交胶合木墙体、木结构与玻璃结合等类型，应根据建筑使用功能和艺术风格选用。

（2）外墙围护结构应满足轻质、高强、防火和耐久性的要求，具有一定强度和刚度，满足在地震和风荷载作用下的受力及变形要求，并应根据装配式木结构建筑的特点选用标准化、工业化的墙体材料。

（3）外围护系统应采用支撑构件、保温材料、饰面材料、防水隔气层等集成构件，符合结构、防火、保温、防水、防潮以及装饰的功能要求。

（4）采用原木墙体作为外围护墙体时，构件间应加设防水材料。原木墙体最下层构件与砌体或混凝土接触处应设置防水构造。

（5）组合墙体单元的接缝及门窗洞口等防水薄弱部位宜采用材料防水和构造防水相结合的做法。

1）墙板水平接缝宜采用高低缝或企口缝构造。

2）墙板竖缝可采用平口或槽口构造。

3）板缝空腔需设置导水管排水时，板缝内侧应增设气密条密封构造。

（6）当外围护结构采用预制墙板时，应满足以下要求：

1）外挂墙板应采用合理的连接节点并与主体结构可靠连接。

2）支承外挂墙板的结构构件应具有足够的承载力和刚度。

3）外挂墙板与主体结构宜采用柔性连接，连接节点应具有足够的承载力和适应主体结构变形的能力，并应采取可靠的防腐、防锈和防火措施。

4）外挂墙板之间的接缝应符合防水、隔声的要求，并应符合变形协调的要求。

（7）外围护系统应有连续的气密层，并应加强气密层接缝处连接点和接触面局部密封的构造措施。外门窗气密性应符合国家标准的要求。

（8）烟囱、风道、排气管等高出屋面的构筑物与屋面结构应有可靠连接，并应采取防水排水、防火隔热和抗风的构造措施。

（9）外围护结构的构造层应包括防潮层、防水层或隔气层、底层架空层、外墙空气层和屋面通风层。

（10）围护结构组件的饰面材料应满足耐久性要求，并易于清洁维护。

7. 集成化设计

（1）进行4个系统的集成化设计，提高集成度、制作与施工精度和安装效率。

（2）装配式木结构建筑部件及部品设计应遵循标准化、系列化原则，在满足建筑功能的前提下，提高建筑部品的通用性。

（3）装配式木结构建筑部品与主体结构之间、建筑部品之间的连接应稳固牢靠、构造简单、安装方便，连接处应做好防水、防火构造措施并保证保温隔热材料的连续性以及气密性等设计要求。

（4）墙体部品水平拆分位置宜设在楼层标高处，竖向拆分位置宜按建筑单元的开间、进深尺寸进行划分。

（5）楼板部品的拆分位置宜按建筑单元的开间、进深尺寸进行划分。楼板部品应满足结构安全、防火以及隔声等要求，卫生间、厨房下楼板部品还应满足防水、防潮的要求。

（6）隔墙部品宜按建筑单元的开间、进深尺寸划分，墙体应与主体结构稳固连接，应满足不同使用功能房间的隔声、防火要求，用作厨房及卫生间等潮湿房间的隔墙应满足防水、防潮要求，设备电器或管道等与隔墙的连接应牢固可靠。隔墙部品之间的接缝应采用构造防水与材料防水相结合的措施。

（7）预制木结构组件预留的设备与管线预埋件、孔洞、套管、沟槽应避开结构受力薄弱位置，并采取防水、防火及隔声措施。

8. 装修设计

（1）室内装修应与建筑结构、机电设备一体化设计，采用管线与结构分离的系统集成技术，并建立建筑与室内装修统一的模数网格系统。

（2）室内装修的主要标准构配件宜采用工业化产品，部分非标准构配件可在现场安装时统一处理，并宜减少施工现场的湿作业。

（3）室内装修内隔墙材料选型，应符合下列规定：

1）宜选用易于安装、拆卸，且隔声性能良好的轻质内隔墙材料，灵活分隔室内空间。

2）内隔墙板的面层材料宜与隔墙板形成整体。

3）用于潮湿房间的内隔墙板面层材料应防水、易清洗。

4）采用满足防火要求的装饰材料，避免采用燃烧时产生大量浓烟或有毒气体的装饰材料。

（4）轻型木结构和胶合木结构房屋建筑室内墙面覆面材料宜采用纸面石膏板，如采用其他材料，其燃烧性能技术指标应符合现行国家标准《建筑材料难燃性实验方法》GB 8625的规定。

（5）厨房间墙面面层应为不燃材料，排油烟机管道一般应做隔热处理，或采用石膏板制作管道通道，避免排烟管道与木材接触。

（6）装修设计应符合下列规定：

1）装修设计应适应工厂预制、现场装配要求，装饰材料应具有一定的强度、刚度、硬度，适应运输、安装等需要。

2）应充分考虑装不同组件间的连接设计、不同装饰材料之间的连接设计。

3）室内装修的标准构配件宜采用工业化产品。

4）应减少施工现场的湿作业。

（7）建筑装修材料、设备在需要与预制构件连接时宜采用预留埋件的安装方式，当采用其他安装固定方式时，不应影响预制构件的完整性与结构安全。

9. 防护设计

（1）装配式木结构建筑防水、防潮和防生物危害设计应符合现行国家标准《木结构设计规范》GB 50005的规定。设计文件中应规定采取的防腐措施和防生物危害措施。

(2) 需防腐处理的预制木结构组件应在机械加工工序完成后进行防腐处理，不宜在现场再次进行切割或钻孔。装配式木结构建筑应在干作业环境下施工，预制木结构组件在制作、运输、施工和使用过程中应采取防水防潮措施。外墙板接缝、门窗洞口等防水薄弱部位除应采用防水材料外，尚应采用与防水构造措施相结合的方法进行保护。施工前应对建筑基础及周边进行除虫处理。

(3) 除严寒和寒冷地区外，需要控制蚁害。原木墙体靠近基础部位的外表面应使用含防白蚁药剂的漆进行处理，处理高度大于等于300mm。露天结构、内排水桁架的支座节点处以及檩条、搁栅、柱等木构件直接与砌体和混凝土接触部位应进行药剂处理。

10. 设备与管线系统设计

(1) 设备管道宜集中布置；设备管线预留标准化接口。

(2) 预制组件应考虑设备与管线系统荷载、管线管道预留位置和敷设用的预埋件等。

(3) 预制组件上应预留必要的检修位置。

(4) 铺设产生高温管道的通道，需采用不燃材料制作，并应设置通风措施。

(5) 铺设产生冷凝的管道的通道，应采用耐水材料制作，并应设置通风措施。

(6) 装配式木结构宜采用阻燃低烟无卤交联聚乙烯绝缘电力电缆、电线或无烟无卤电力电缆、电线。

(7) 预制组件内预留有电气设备时，应采取有效措施满足隔声及防火的要求。

(8) 装配式木结构建筑的防雷设计应符合《民用建筑电气设计规范》JGJ16、《建筑物防雷设计规范》GB 50057 等现行国家、行业设计标准；预制构件中需预留等电位连接位置。

(9) 装配式木结构建筑设计应合理考虑智能化要求，并在产品预制中综合考虑预留管线；消防控制线路应预留金属套管。

4.6 木结构结构设计

4.6.1 结构设计一般规定

1. 结构体系要求

(1) 装配式木结构建筑的结构体系应满足承载能力、刚度和延性的要求。

(2) 应采取加强结构整体性的技术措施。

(3) 结构应规则平整，在两个主轴方向的动力特性的比值不应大于10%。

(4) 应具有合理明确的传力路径。

(5) 结构薄弱部位，应采取加强措施。

(6) 应具有良好的抗震能力和变形能力。

2. 抗震验算

装配式木结构建筑抗震设计时，对于装配式纯木结构，在多遇地震验算时纯木结构的阻尼比可取0.03，在罕遇地震验算时结构的阻尼比可取0.05。对于装配式木混合结构，可按位能等效原则计算结构阻尼比。

3. 结构布置

装配式木结构竖向布置应连续、均匀，应避免抗侧力结构的侧向刚度和承载力沿竖向突变，并应符合现行国家标准《建筑抗震设计规范》GB 50011 的有关规定。

4. 考虑不利影响

装配式木结构在结构设计时应采取有效措施减小木材因干缩、蠕变而产生的不均匀变形、受力偏心、应力集中或其他不利影响；并应考虑不同材料的温度变化、基础差异沉降等非荷载效应的不利影响。

5. 整体性保证

装配式木结构建筑构件的连接应保证结构的整体性，连接节点的强度不应低于被连接构件的强度，节点和连接应受力明确、构造可靠，并应满足承载力、延性和耐久性等要求。当连接节点具有耗能目的时，可做特殊考虑。

6. 施工验算

（1）预制组件应进行翻转、运输、吊运、安装等短暂设计状况下的施工验算。验算时，应将预制组件自重标准值乘以动力放大系数后作为等效静力荷载标准值。运输、吊装时，动力系数宜取1.5，翻转及安装过程中就位、临时固定时，动力系数可取1.2。

（2）预制木构件和预制木结构组件应进行吊环强度验算和吊点位置的设计。

4.6.2 结构分析

（1）结构体系和结构形式的选用应根据项目特点，充分考虑组件单元拆分的便利性、组件制作的可重复性以及运输和吊装的可行性。

（2）结构计算模型应根据结构实际情况确定，所选取的模型应能准确反映结构中各构件的实际受力状态，模型的连接节点的假定应符合结构实际节点的受力状况。分析模型的计算结果应经分析、判断确认其合理和有效后方可用于工程设计。结构分析时，应根据连接节点性能和连接构造方式确定结构的整体计算模型。结构分析可选择空间杆系、空间杆—墙板元及其他组合有限元等计算模型。

（3）体型复杂、结构布置复杂以及特别不规则结构和严重不规则结构的多层装配式木结构建筑，应采用至少两种不同的结构分析软件进行整体计算。

（4）装配式木结构内力计算可采用弹性分析。分析时可根据楼板平面内的整体刚度情况假定楼板平面内的刚性。当有措施保证楼板平面内的整体刚度时，可假定楼板平面内为无限刚性，否则应考虑楼板平面内变形的影响。应根据内力分析结果，结合生产、运输和安装条件确定组件的拆分单元。

（5）当装配式木结构建筑的结构形式采用梁柱-支撑结构或梁柱-剪力墙结构时，不应采用单跨框架体系。

（6）装配式木结构建筑中抗侧力构件承受的剪力：对于柔性楼、屋盖建筑，抗侧力构件承受的剪力宜按抗侧力构件从属面积上重力荷载代表值的比例分配；对于刚性楼、屋盖建筑，抗侧力构件承受的剪力宜按抗侧力构件等效刚度的比例分配。

（7）按弹性方法计算的风荷载或多遇地震标准值作用下的楼层层间位移角应符合下列规定：

1）轻型木结构建筑不得大于1/250。

2）多高层木结构建筑不大于1/350。

3）轻型木结构建筑和多高层木结构建筑的弹塑性层间位移角不得大于1/50。

（8）装配式木结构中抗侧力构件承受的剪力，对于柔性楼盖、屋盖宜按面积分配法进行分配；对于刚性楼盖、屋盖宜按抗侧力构件等效刚度的比例进行分配。

4.6.3　组件设计

装配式木结构建筑的组件主要包括：预制梁、柱、板式组件和空间组件等，组件设计时须确定集成方式。集成方式包括：

（1）散件装配。

（2）散件或分部组件在施工现场装配为整体组件再进行安装。

（3）在工厂完成组件装配，运到现场直接安装。

集成方式须依据组件尺寸是否符合运输和吊装条件确定。组件的基本单元应当规格化，便于自动化制作。组件安装单元可根据现场情况和吊装等条件采用以下组合方式：采用运输单元作为安装单元；现场对运输单元进行组装后作为安装单元；采用上述两种方式的混合安装单元。

当预制构件之间的连接件采用暗藏方式时，连接件部位应预留安装洞口，安装完成后，采用在工厂预先按规格切割的板材进行封闭。

1. 梁柱构件设计

梁柱构件的设计验算应符合现行国家标准《木结构设计规范》GB 50005 和《胶合木结构技术规范》GB/T 50708 的规定；在长期荷载作用下，应进行承载力和变形等验算；在地震作用和火灾状况下，应进行承载力验算。

用于固定结构连接件的预埋件不宜与预埋吊件、临时支撑用的预埋件兼用；当必须兼用时，应同时满足所有设计工况的要求。预制构件中预埋件的验算应符合现行国家标准《木结构设计规范》GB 50005、《钢结构设计规范》GB 50017 和《木结构工程施工规范》GB/T 50772 的规定。

2. 墙体、楼盖、屋盖设计

（1）装配式木结构的楼板、墙体，均应按现行国家标准《木结构设计规范》GB 50005 的规定进行验算。

（2）墙体、楼盖和屋盖按预制程度不同，可分为开放式组件和封闭式组件。

（3）预制木墙体的墙骨柱、顶梁板、底梁板以及墙面板应按现行国家标准《木结构设计规范》GB 50005 和《多高层木结构建筑技术标准》GB/T 51226 的规定进行设计。

1）应验算墙骨柱与顶梁板、底梁板连接处的局部承压承载力。

2）顶梁板与楼盖、屋盖的连接应进行平面内、平面外的承载力验算。

3）外墙中的顶梁板、底梁板与墙骨柱的连接应进行墙体平面外承载力验算。

（4）预制木墙板在竖向及平面外荷载作用时，墙骨柱宜按两端铰接的受压构件设计，构件在平面外的计算长度应为墙骨柱长度；当墙骨柱两侧布置木基结构板或石膏板等覆面板时，可不进行平面内的侧向稳定验算，平面内只需进行强度计算；墙骨柱在竖向荷载作用下，在平面外弯曲的方向应考虑 0.05 倍墙骨柱截面高度的偏心距。

（5）预制木墙板中外墙骨柱应考虑风荷载效应的组合，应按两端铰接的压弯构件设计。当外墙围护材料较重时，应考虑围护材料引起的墙体平面外的地震作用。

（6）墙板、楼面板和屋面板应采用合理的连接形式，并应进行抗震设计。连接节点应具有足够的承载力和变形能力，并应采取可靠的防腐、防锈、防虫、防潮和防火措施。

（7）当非承重的预制木墙板采用木骨架组合墙体时，其设计和构造要求应符合国家标准《木骨架组合墙体技术规范》GB/T 50361 的规定。

(8) 正交胶合木墙体的设计应符合国家标准《多高层木结构建筑技术标准》GB/T 51226 的要求。

1) 剪力墙的高宽比不宜小于1，并不应大于4；当高宽比小于1时，墙体宜分为两段，中间应用耗能金属件连接。

2) 墙应具有足够的抗倾覆能力，当结构自重不能抵抗倾覆力矩时，应设置抗拔连接件。

(9) 装配式木结构中楼盖宜采用正交胶合木楼盖、木搁栅与木基结构板材楼盖。装配式木结构中屋盖系统可采用正交胶合木屋盖、椽条式屋盖、斜撑梁式屋盖和桁架式屋盖。

(10) 椽条式屋盖和斜梁式屋盖的组件单元尺寸应按屋盖板块大小及运输条件确定。

(11) 桁架式屋盖的桁架应在工厂加工制作。桁架式屋盖的组件单元尺寸应按屋盖板块大小及运输条件确定，并应符合结构整体设计的要求。

(12) 楼盖体系应按现行国家标准《木结构设计规范》GB 50005 的规定进行搁栅振动验算。

3. 其他组件设计

(1) 装配式木结构建筑中的木楼梯和木阳台宜在工厂按一定模数预制为组件。

(2) 预制木楼梯与支撑构件之间宜采用简支连接。

1) 预制楼梯宜一端设置固定铰，另一端设置滑动铰，其转动及滑动能力应满足结构层间位移的要求，在支撑构件上的最小搁置长度不宜小于100mm。

2) 预制楼梯设置滑动铰的端部应采取防止滑落的构造措施。

(3) 装配式木结构建筑中的预制木楼梯可采用规格材、胶合木、正交胶合木制成。楼梯的梯板梁应按压弯构件计算。

(4) 装配式木结构建筑中的阳台可采用挑梁式预制阳台或挑板式预制阳台。其结构构件的内力和正常使用阶段变形应按现行国家标准《木结构设计规范》GB 50005 的规定进行验算。

(5) 楼梯、电梯井、机电管井、阳台、走道、空调板等组件宜整体分段制作，设计时应按构件的实际受力情况进行验算。

4.6.4 吊点设计

木结构组件和部品吊点设计包括：

1. 吊装方式的确定

木结构组件和部品吊装方式包括：软带捆绑式、预埋螺母式等。设计时需要根据组件或部品的重量、形状确定吊装方式。

2. 吊点位置的计算

吊点位置根据组件和部品的形状、尺寸，选择受力合理和变形最小的吊点位置；异形构件需要根据重心计算确定吊点位置。

3. 吊装复核的计算

复核计算吊装用软带、吊索和吊点受力。

4. 临时加固措施设计

对刚度差的构件，或吊点附近应力集中处，应根据吊装受力情况对其采用临时加固措施。

4.6.5 各种结构类型设计概要

1. 轻型木结构设计

轻型木结构建筑中，墙体、楼盖和屋盖一般由规格材墙骨柱和结构或非结构覆面板材通过栓钉等连接组合而成，并形成围护结构以安装固定外墙饰面、楼板饰面以及屋面材料。结构覆面板材还是剪力墙和楼盖中重要的结构抗侧力构件。承重墙将竖向荷载传递到基础，同时也可以设计为剪力墙抵抗侧向荷载。屋盖和楼盖可以承受竖向荷载，同时也将侧向荷载传递到剪力墙。这一构造特点使得轻型木结构可以适应并达到不同预制化程度的要求。典型的轻型木结构主要结构构件如图 4.6-1 所示。

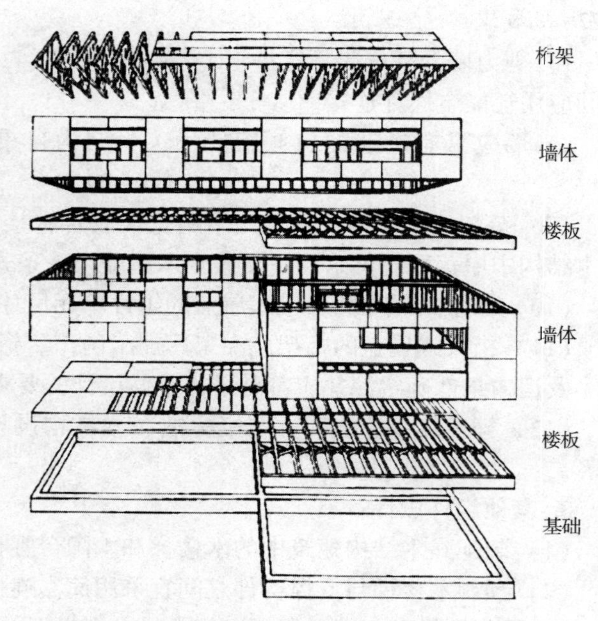

图 4.6-1　典型的轻型木结构示意图
（图中应当加构件文字标注）

轻型木结构的设计方法主要有构造设计法和工程设计法两种。

（1）构造设计法

构造设计法是基于经验的一种设计方法，对于满足一定条件的房屋，可以不做结构内力分析，特别是抗侧力分析，只进行结构构件的竖向承载力分析验算，根据构造要求设计施工。构件的竖向承载力验算，主要是受弯构件，可以从木材供应商或设计手册中查到需要的材料规格，如“跨度表”（不同跨度和荷载情况下应选择的树种、木材等级以及截面尺寸）。这种设计方法可以极大地提高工作效率，避免不必要的重复劳动。构造设计法适用于设计使用年限 50 年以内（含 50 年）的安全等级为二、三级的轻型木结构和上部为轻型木结构的混合木结构的抗侧力设计。

（2）工程设计法

工程设计法是常规的结构工程设计方法，即通过工程计算来确定结构构件的尺寸和布置，以及构件和构件之间的连接设计。一般的设计流程是：首先根据建筑物所在场地以及建筑功能确定荷载类别和性质，其次进行结构布置，再次进行荷载和地震作用计算，从而进行相应的结构内力和变形等分析，验算主要承重构件和连接的承载力和变形，最后提出必要的构造措施等。

2. 胶合木结构

胶合木结构系指承重构件主要采用层板胶合木制作的单层或多层建筑结构，也称层板胶合木结构。胶合木是以厚度不大于 45mm 的木板叠层胶合而成的木制品，正常称为层板胶合木。胶合木不受天然木材尺寸的限制，能够被制成满足建筑和结构要求的各种尺寸的构件。

（1）胶合木结构桁架

胶合木结构桁架一般由若干胶合构件组成。由于胶合构件的截面尺寸和长度不受木材天然尺寸的限制，与一般木桁架比较，胶合桁架的承载能力和应用范围要大得多。胶合桁架可采用较大的节间长度（一般可达 4 ~6m），从而减少节间数目，使桁架的形式和构造更为简单。

图 4.6-2 为三角形胶合桁架的一种构造，与一般方木桁架相比，下弦可以采用较小的截

面，并且下弦可在跨中断开，用木夹板和螺栓连接。

（2）胶合钢木桁架

胶合钢木桁架一般上弦用胶合块件拼成，下弦采用双角钢，腹杆用胶合构件或整根方木。

图4.6-3所示为跨度21m和24m的四节间弧形钢木桁架，其上弦用胶合块件拼成，下弦采用双角钢，腹杆用胶合构件或整根方木。

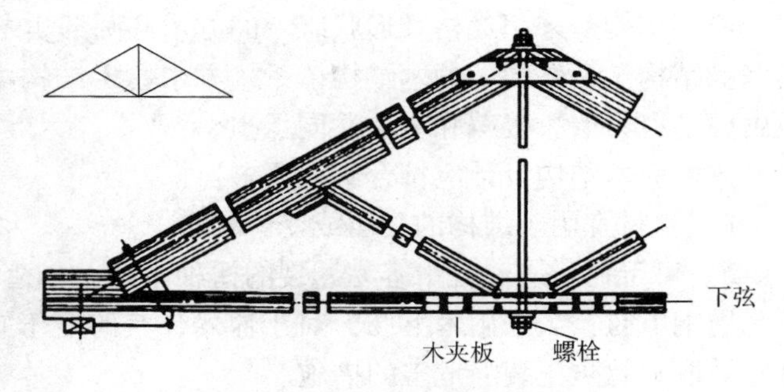

图4.6-2 三角形木板胶合桁架

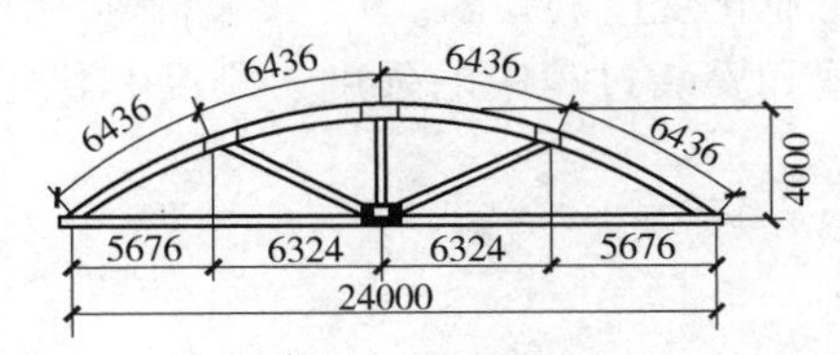

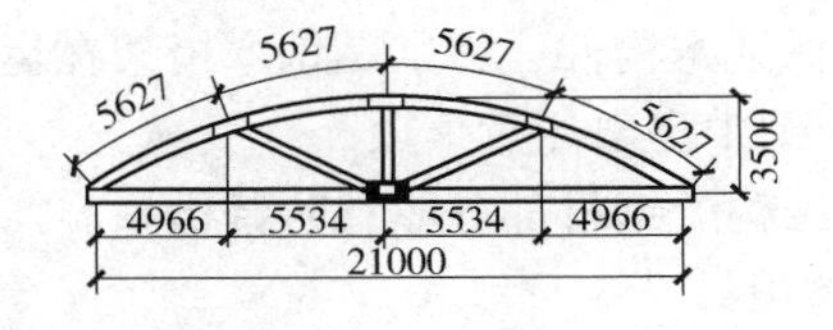

图4.6-3 用胶合木构件组成的四节间弧形钢木桁架

注：斜杆和竖杆可用方木制作

随着胶合工艺和木结构技术的发展，用木板胶合制作的大跨度的框架、拱和网架也得到推广和应用。如木板胶合十字交叉的三铰拱曾用于跨度达93.97m的体育馆；由网架组成的木结构穹顶曾用于直径达153m的体育建筑中。

3. 方木原木结构

原木方木结构的主要形式包括穿斗式木结构、抬梁式木结构、井干式木结构和平顶式木结构，以及现代木结构广泛采用的框架剪力墙结构、梁柱式木结构；也包括作为楼盖或屋盖在其他材料结构中（混凝土结构、砌体结构和钢结构）组合使用的混合结构。

原木结构房屋体系如图4.6-4所示。

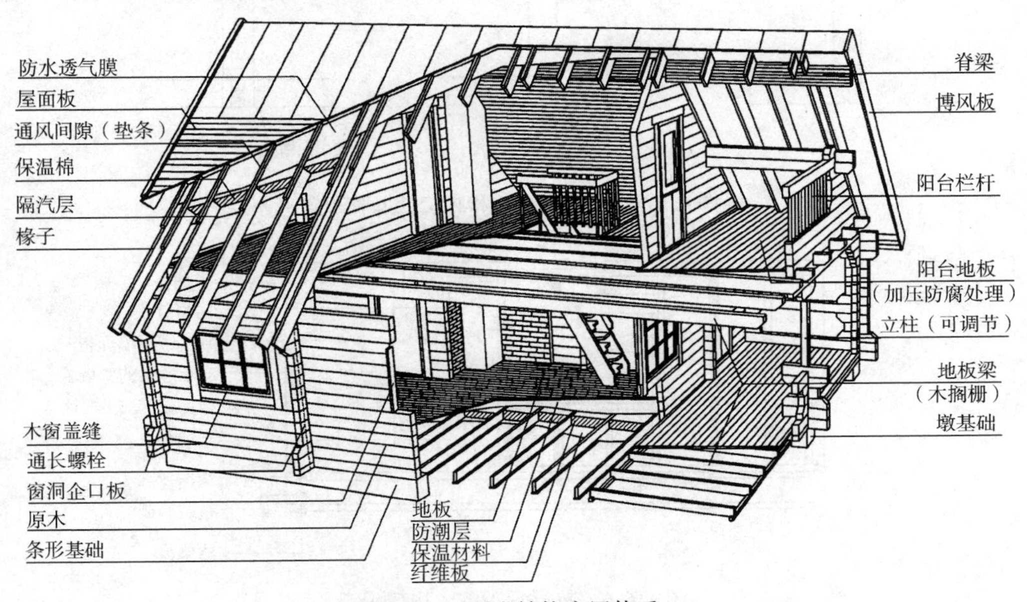

图4.6-4 原木结构房屋体系

原木结构是采用规格及形状统一的方木和圆形实木或承压木构件叠合制作，集承重体系与围护结构于一体的一种木结构体系。方木原木结构中，由地震作用或风荷载引起的剪力，应由柱、剪力墙、楼盖和屋盖共同承担。

方木原木结构设计应符合下列要求：

1）木材宜用于结构的受压或受弯构件。

2）对于在干燥过程中容易翘裂的树种木材（如落叶松、云南松等），用于制作桁架时，宜采用钢下弦；当采用木下弦，对于原木，其跨度不宜大于15m，对于方木不应大于12m，且应采取有效防止裂缝危害的措施。

3）木屋盖宜采用外排水；若必须采用内排水时，不应采用木制天沟。

4）合理地减少构件截面的规格，以符合工业化生产的要求。

5）应保证木构件，特别是钢木桁架在运输和安装过程中的强度、刚度和稳定性，必要时应在施工图中提出注意事项。

6）木结构的钢材部分应有防锈措施。

4. 墙体设计

除设计规定外，墙骨间距不应大于610mm，且其整数倍应与所用墙面板标准规格的长、宽尺寸一致，并应使墙面板的接缝位于墙骨厚度的中线位置。承重墙转角和外墙与内承重墙相交处的墙骨不应少于2根规格材（图4.6-5）；楼盖梁支座处墙骨规格材的数量应符合设计文件的规定；门窗洞口宽度大于墙骨间距时，洞口两边墙骨应至少用2根规格材，靠洞边的1根可用作门、窗过梁的支座（图4.6-6）。

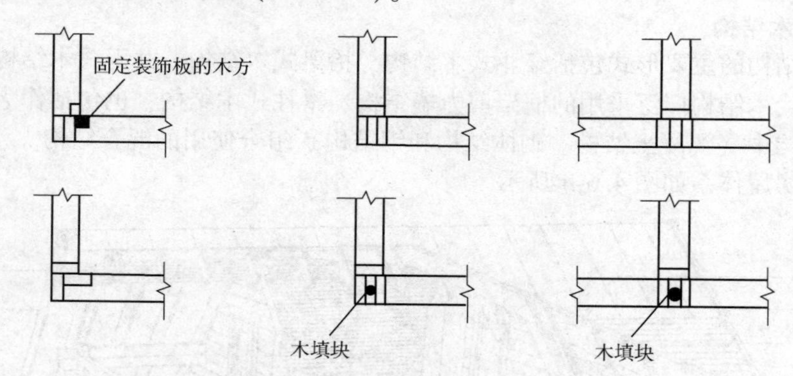

图4.6-5　承重墙转角和相交处墙骨布置

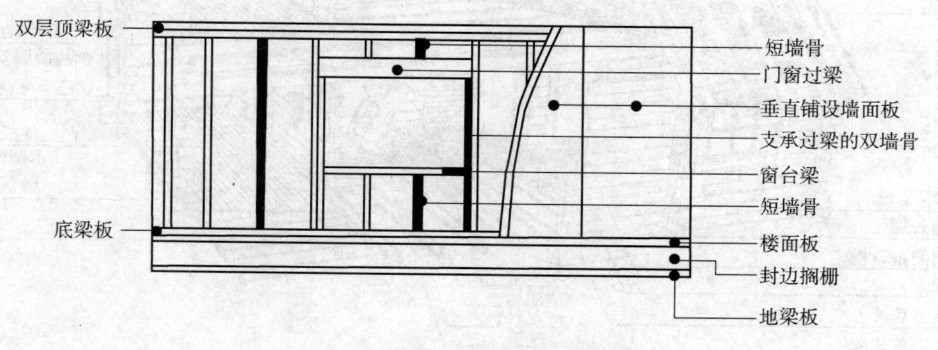

图4.6-6　首层承重墙木构架示意

5. 木栏杆设计

（1）阳台、外廊、室内回廊、内天井、上人屋面、楼梯等临空处应设置防护栏杆，阳台部品宜预先留设栏杆或栏板安装的埋件。

（2）当采用木栏杆时，木栏杆应安全、坚固、耐用；临空高度小于 24m 时，可采用木栏杆和木栏板，高度不应低于 1.05m；临空高度大于等于 24m 时，可采用钢木栏杆或钢木栏板，高度不应低于 1.10m。

（3）住宅、托儿所、幼儿园、中小学及其他少年儿童专用活动场所的木栏杆必须采取防止攀爬的构造，应能承受规定的水平荷载。

4.7　木结构连接设计简述

4.7.1　连接设计的一般规定

（1）工厂预制的组件内部连接应符合强度和刚度的要求，组件间的连接质量应符合加工制作工厂的质量检验要求。

（2）预制组件间的连接可按结构材料、结构体系和受力部位采用不同的连接形式。连接的设计应：

1）满足结构设计和结构整体性要求。

2）受力合理，传力明确，避免被连接的木构件出现横纹受拉破坏。

3）满足延性和耐久性的要求；当连接具有耗能作用时，可进行特殊设计。

4）连接件宜对称布置，宜满足每个连接件能承担按比例分配的内力的要求。

5）同一连接中不得考虑两种或两种以上不同刚度连接的共同作用，不得同时采用直接传力和间接传力两种传力方式。

6）连接节点应便于标准化制作。

（3）应设置合理的安装公差。

（4）预制木结构组件与其他结构之间宜采用锚栓或螺栓进行连接。螺栓或锚栓的直径和数量应按照计算确定，计算式应考虑风荷载和地震作用引起的侧向力，以及风荷载引起的上拔力。上部结构产生的水平力和上拔力应乘 1.2 倍的放大系数。当有上拔力时，尚应采用金属连接件进行连接。

（5）建筑部品之间、建筑部品与主体结构之间以及建筑部品与木结构组件之间的连接应稳固牢靠、构造简单、安装方便，连接处应采取防水、防潮和防火的构造措施，并应符合保温隔热材料的连续性以及气密性的要求。

4.7.2　木组件之间连接节点设计

（1）木组件与木组件的连接方式可采用钉连接、螺栓连接、销钉连接、齿板连接、金属连接件连接或榫卯连接。当预制次梁与主梁、木梁与木柱之间连接时，宜采用钢插板、钢夹板和螺栓进行连接。

（2）钉连接和螺栓连接可采用双剪连接或单剪连接。当钉连接采用的圆钉有效长度小于 4 倍钉直径时，不应考虑圆钉的抗剪承载力。

（3）处于腐蚀环境、潮湿或有冷凝水环境的木桁架不宜采用齿板连接。齿板不得用于传递压力。

（4）预制木结构组件之间应通过连接形成整体，预制单元之间不应相互错动。

（5）在单个楼盖、屋盖计算单元内，可采用能提高结构整体抗侧力的金属拉条进行加固。金属拉条可用作下列构件之间的连接构造措施：

1）楼盖、屋盖边界构件的拉结或边界构件与外墙间的拉结。

2）楼盖、屋盖平面内剪力墙之间或剪力墙与外墙的拉结。

3）剪力墙边界构件的层间拉结。

4）剪力墙边界构件与基础的拉结。

（6）当金属拉条用于楼盖、屋盖平面内拉结时，金属拉条应与受压构件共同受力。当平面内无贯通的受压构件时，应设置填块。填块的长度应按计算确定。

4.7.3 木组件与其他结构连接设计

（1）木组件与其他结构的水平连接应符合组件间内力传递的要求，并应验算水平连接处的强度。

（2）木组件与其他结构的竖向连接，除应符合组件间内力传递的要求外，尚应符合被连接组件在长期作用下的变形协调要求。

（3）木组件与其他结构的连接宜采用销轴类紧固件的连接方式，连接时应在混凝土中设置预埋件。连接锚栓应进行防腐处理。

（4）木组件与混凝土结构的连接锚栓应进行防腐处理。连接锚栓应承担由侧向力引起的全部基底水平剪力。

（5）轻型木结构的螺栓直径不得小于 12mm，间距不应大于 2.0m，埋入深度不应小于 25 倍螺栓直径；地梁板的两端 100～300mm 处，应各设一个螺栓。

（6）当木组件的上拔力大于重力荷载代表值的 0.65 倍时，预制剪力墙两侧边界构件的层间连接或抗拔锚固件连接，连接应按承受全部上拔力进行设计。

（7）当木屋盖和木楼盖作为混凝土或砌体墙体的侧向支承时（图 4.7-1），应采用锚固连接件直接将墙体与木屋盖、楼盖连接。锚固连接件的承载力应按墙体传递的水平荷载计算，且锚固连接沿墙体方向的抗剪承载力不应小于 3.0kN/m。

（8）装配式木结构的墙体应支撑在混凝土基础或砌体基础顶面的混凝土梁上，混凝土基础或梁顶面砂浆应平整，倾斜度不应大于 0.2%。

（9）木组件与钢结构连接宜采用销轴类紧固件的连接方式。当采用剪板连接时，紧固件应采用螺栓或木螺钉（图 4.7-2），剪板采用可锻铸铁制作。剪板构造要求和抗剪承载力计算应符合现行国家标准《胶合木结构技术规范》GB/T 50708 的规定。

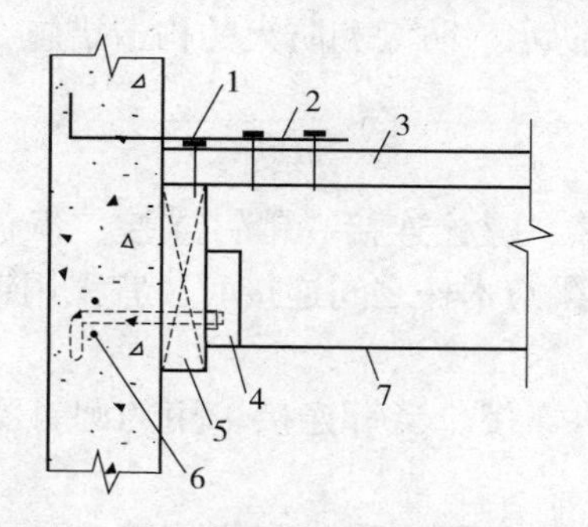

图 4.7-1 木楼盖作为墙体侧向支撑示意图

1—边界钉连接 2—预埋拉条 3—结构胶合板 4—搁栅挂构件 5—封头搁栅 6—预埋钢筋 7—搁栅

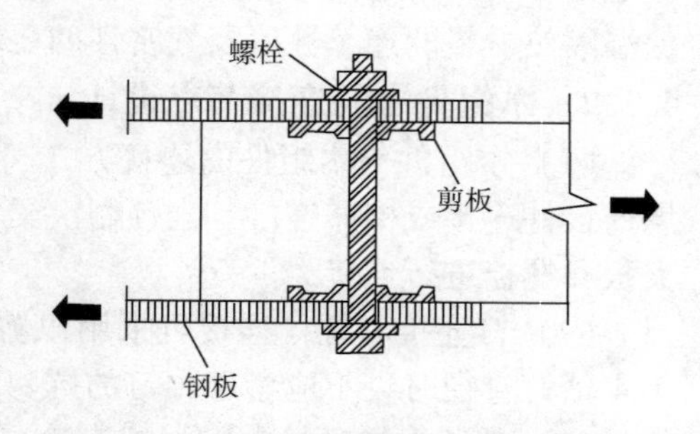

图 4.7-2 胶合木构件与钢构件剪板连接

4.7.4　其他连接

(1) 外围护结构的预制墙板应采用合理的连接节点并与主体结构进行可靠连接；支撑外挂墙板的结构构件应具有足够的承载力和刚度；外挂墙板与主体结构宜采用柔性连接，连接节点应具有足够的承载力和适应主体结构变形的能力，并应采取可靠的防腐、防锈和防火措施。

(2) 轻型木结构地梁板与基础的连接锚栓应进行防腐处理。连接锚栓应承担由侧向力引起的全部基底水平剪力。

地梁板应采用经加压防腐处理的规格材，其截面尺寸应与墙骨相同。地梁板与混凝土基础或圈梁应采用预埋螺栓、化学锚栓或植筋锚固，螺栓直径不应小于12mm，间距不应大于2.0m，埋深不应小于300mm，螺母下应设直径不小于50mm的垫圈。在每根地梁板两端和每片剪力墙端部均应有螺栓锚固，端距不应大于300mm，钻孔孔径可比螺杆直径大1～2mm。地梁板与基础顶的接触面间应设防潮层，防潮层可选用厚度不小于0.2mm的聚乙稀薄膜，存在的缝隙需用密封材料填满。

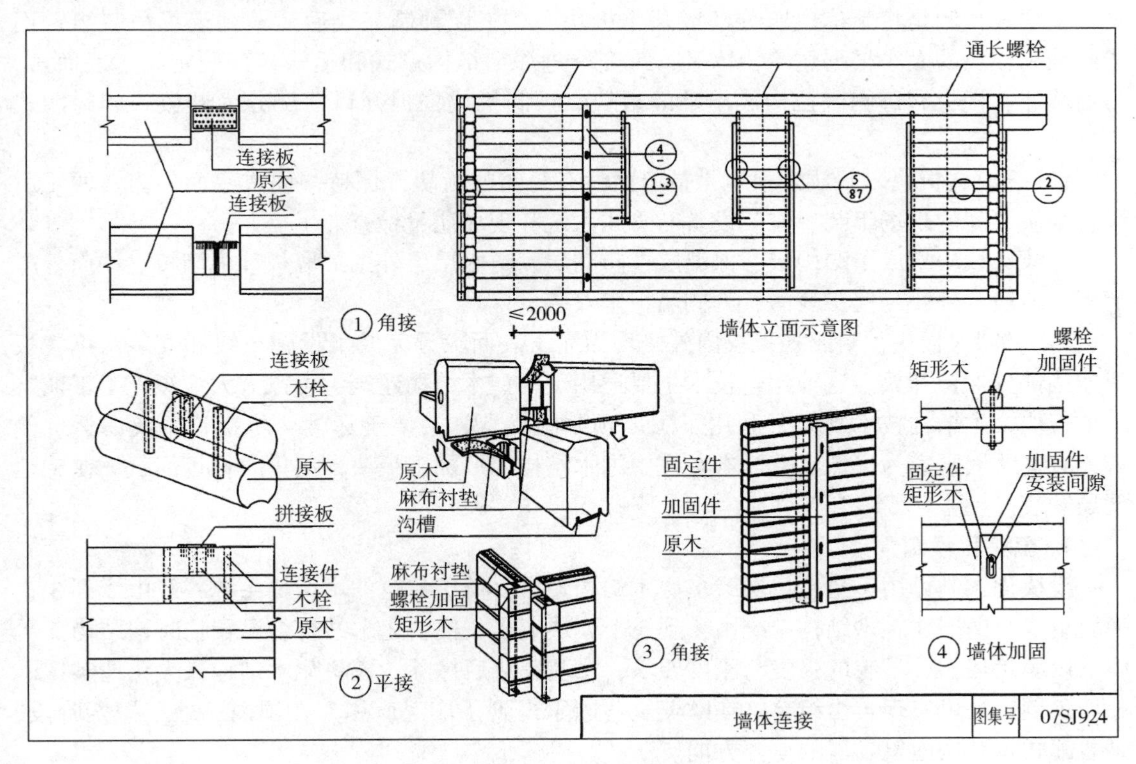

图4.7-3　外墙连接

4.8　木结构构件制作

4.8.1　木结构预制构件制作简述

装配式木结构建筑的构件（组件和部品）大都在工厂生产线上预制，包括构件预制、板块式预制、模块化预制和移动木结构，下面分别介绍。

1. 生产线的优点

木结构预制构件生产线有以下优点：

（1）易于实现产品质量的统一管理，确保加工精度，施工质量及稳定性。

（2）由于构件可以统筹计划下料，从而提高了材料的利用率，减少了废料的产生。

（3）工厂预制完成后，现场直接吊装组合大大减少现场施工时间、现场施工受气候条件的影响和劳动力成本。

2. 构件预制

构件预制是指单个木结构构件工厂化制作，如梁、柱等构件和组成组件的基本单元构件，主要适用于普通木结构和胶合木结构。构件预制属于装配式木结构建筑的最基本方式，构件运输方便，并可根据客户具体要求实现个性化生产，但现场施工组装工作量大。

构件预制的加工设备大都采用先进的数控机床（CNC）。目前，国内大部分木结构企业都引进了国外先进木结构加工设备和成熟技术，具备了一定的构件预制能力。

3. 板块式预制

板块式预制是将整栋建筑分解成几个板块，在工厂预制完成后运输到现场吊装组合而成。预制板块的大小根据建筑物体量、跨度、进深、结构形式和运输条件确定。一般而言，每面墙体、楼板和每侧屋盖构成单独的板块。预制板块根据开口情况分为开放式和封闭式两种。

1）开放式板块。开放式板块是指墙面没有封闭的板块，保持一面或双面外露。便于后续各板块之间的现场组装、安装设备与管线系统和现场质量检查。

开放式板块集成了结构层、保温层、防潮层、防水层、外围护墙板和内墙板。一面外露的板块一般为外侧是完工表面，内侧墙板未安装。

2）封闭式板块。封闭式板块内外侧均为完工表面，且完成了设施布线和安装，仅各板块连接部分保持开放。这种建造技术主要适用于轻型木结构建筑，可以大大缩短施工工期。

板块式木结构技术既充分利用了工厂预制的优点，又便于运输，包括长距离海运。例如，有些欧洲国家为降低建造成本，在中国木结构工厂加工板块，用集装箱运回欧洲在工地现场安装。

4. 模块化预制

模块化预制可用于建造单层或多层木结构建筑。单层建筑的木结构系统一般由 2 到 3 个模块组成，两层建筑木结构系统由 4 到 5 个模块组成。模块化木结构会设置临时钢结构支承体系以满足运输、吊装的强度与刚度要求，吊装完成后撤除。模块化木结构最大化地实现了工厂预制，又可实现自由组合，在欧美发达国家得到了广泛应用。在国内还处于探索阶段，是装配式木结构建筑发展的重要方向。

5. 移动木结构

移动木结构是整座房子完全在工厂预制装配的木结构建筑，不仅完成了所有结构工程；还完成了所有内外装修；管道、电气、机械系统和厨卫家具都安装到位。房屋运输到建筑现场吊装安放在预先建造好的基础上，接驳上水、电和煤气后，马上可以入住。由于道路运输问题，目前移动木结构还仅局限于单层小户型住宅和旅游景区小体量景观房屋。

4.8.2　制作工艺与生产线

木结构构件制作车间见图 4.8-1。下面以轻型木结构墙体预制为例，介绍一下木结构构件制作工艺流程：

首先对规格材进行切割；然后进行小型框架构件组合；墙体整体框架组合；结构覆面板安装；在多功能工作桥进行上钉卯，切割；为门窗的位置开孔；打磨；翻转墙体敷设保温材料、蒸汽阻隔、石膏板等；进行门和窗安装；外墙饰面安装。

生产线流向为：锯木台→小型框架构件工作台→框架工作台→覆面板安装台→多功能桥（上钉，切割，开孔，打磨）→翻转墙体台→直立存放（图4.8-2）

图4.8-1　木结构构件制作工厂

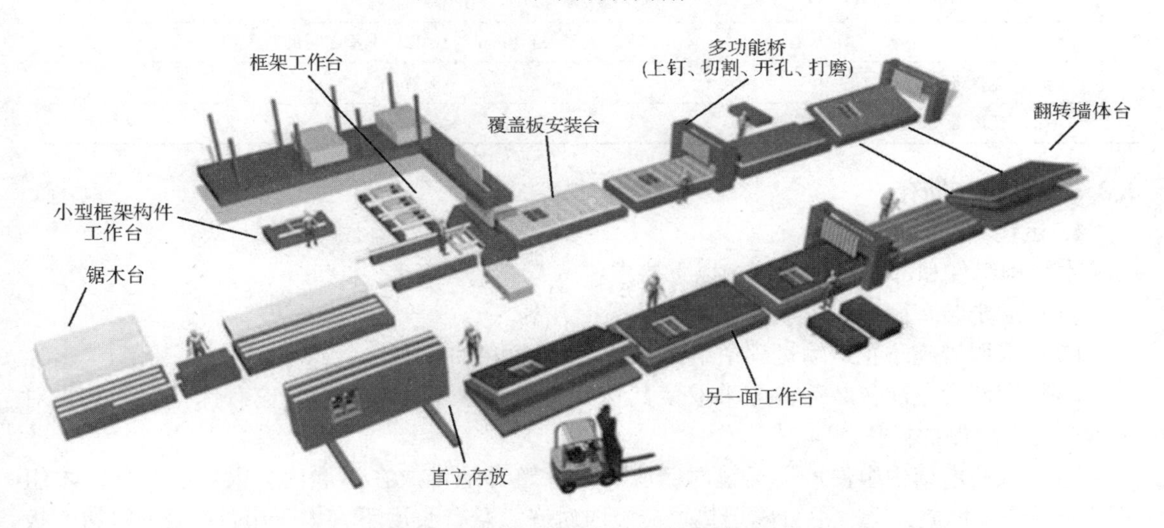

图4.8.2　自动化多工作台墙体预制生产线

4.8.3　制作要点

（1）预制木结构组件应按设计文件制作，制作工厂除了具备相应的生产场地和生产工艺设备外，应有完善的质量管理体系和试验检测手段，且应建立组件制作档案。

（2）制作前应制定制作方案，包括：制作工艺要求、制作计划、技术质量控制措施、成品保护、堆放及运输方案等。对技术要求和质量标准进行技术交底与专项培训。

（3）制作过程中宜控制制作及储存环境的温度、湿度。木材含水率应符合设计文件的规定。

（4）预制木结构组件和部品在制作、运输和储存过程中，应采取防水防潮、防火防虫和防止损坏的保护措施。

（5）每种构件的首件须进行全面检查，符合设计与规范要求后再进行批量生产。

（6）宜采用 BIM 信息化模型校正和组件预拼装。

（7）对有饰面材料的组件，制作前应绘制排版图，制作完成后应在工厂进行预拼装。

4.8.4 构件验收

木结构预制构件验收包括原材料验收、配件验收和构件出厂验收。除了按木结构工程现行国家标准验收和提供文件与记录外，尚应提供下列文件和记录：

（1）工程设计文件，包括深化设计文件。

（2）预制组件制作和安装的技术文件。

（3）预制组件使用的主要材料、配件及其他相关材料的质量证明文件、进场验收记录、抽样复验报告。

（4）预制组件的预拼装记录。预制木结构组件制作误差应符合现行国家标准的规定。

（5）预制正交胶合木构件的厚度宜小于 500mm，且制作误差应符合表 4.8-1 的规定。

（6）预制木结构组件检验合格后应设置标识，标识内容宜包括产品代码或编号、制作日期、合格状态、生产单位等信息。

表 4.8-1 正交胶合木构件尺寸偏差表

类　别	允许偏差
厚度 h	不大于 ±1.6mm 与 0.02h 两者之间的较大值
宽度 b	≤3.2mm
长度 L	≤6.4mm

4.8.5 运输与储存

1. 运输

木结构组件和部品运输须符合以下要求：

（1）制定装车固定、堆放支垫和成品保护方案。

（2）采取措施防止运输过程中组件移动、倾倒和变形。

（3）存储设施和包装运输应采取使其达到要求含水率的措施，并应有保护层包装，对边角部宜设置保护衬垫。

（4）预制木结构组件水平运输时，应将组件整齐地堆放在车厢内。梁、柱等预制木组件可分层隔开堆放，上、下分隔层垫块应竖向对齐，悬臂长度不宜大于组件长度的 1/4。板材和规格材应纵向平行堆垛、顶部压重存放。

（5）预制木桁架整体水平运输时，宜竖向放置，支撑点应设在桁架两端节点支座处，下弦杆的其他位置不得有支撑物；在上弦中央节点处的两侧应设置斜撑，应与车厢牢固连接；应按桁架的跨度大小设置若干对斜撑。数榀衔架并排竖向放置运输时，应在上弦节点处用绳索将各桁架彼此系牢。

（6）预制木结构墙体宜采用直立插放架运输和储存，插放架应有足够的承载力和刚度，并应支垫稳固。

2. 储存

预制木结构组件的储存应符合下列规定：

（1）组件应存放在通风良好的仓库或防雨、通风良好的有顶场所内，堆放场地应平整、坚实，并应具备良好的排水设施。

（2）施工现场堆放的组件，宜按安装顺序分类堆放，堆垛宜布置在起重机工作范围内，且不受其他工序施工作业影响的区域。

（3）采用叠层平放的方式堆放时，应采取防止组件变形的措施。

（4）吊件应朝上，标志宜朝向堆垛间的通道。

（5）支垫应坚实，垫块在组件下的位置宜与起吊位置一致。

（6）重叠堆放组件时，每层组件间的垫块应上下对齐，堆垛层数应按组件、垫块的承载力确定，并应采取防止堆垛倾覆的措施。

（7）采用靠架堆放时，靠架应具有足够的承载力和刚度，与地面倾斜角度宜大于80°。

（8）堆放曲线形组件时，应按组件形状采取相应的保护措施。

（9）对在现场不能及时进行安装的建筑模块，应采取保护措施。

4.9 木结构安装施工与验收

4.9.1 安装准备

装配式木结构构件安装准备工作包括：

（1）装配式木结构施工前应编制施工组织设计方案。

（2）安装人员应培训合格后上岗，特别是起重机司机与起重工的培训。

（3）起重设备、吊索吊具的配置与设计。

（4）吊装验算。构件搬运、装卸时，动力系数取1.2；构件吊运时动力系数可取1.5；当有可靠经验时，动力系数可根据实际受力情况和安全要求适当增减。

（5）临时堆放与组装场地准备，或在楼层平面进行上一层楼的部品组装。

（6）对于安装工序要求复杂的组件，宜选择有代表性的单元进行试安装，并根据试安装结果，对施工方案进行调整。

（7）施工安装前，应检验：

1）混凝土基础部分是否满足木结构施工安装精度要求。

2）安装用材料及配件是否符合设计和国家标准及规范要求。

3）预制构件外观质量、尺寸偏差、材料强度和预留连接位置等。

4）连接件及其他配件的型号、数量和位置。

5）预留管线、线盒等的规格、数量、位置及固定措施等。

以上检验若不合格，不得进行安装。

（8）测量放线等。

4.9.2 安装要点

装配式木结构建筑安装要点：

1. 吊点设计

吊点设计由设计方给出，应符合以下要求：

（1）对于已拼装构件，应根据结构形式和跨度确定吊点。施工方须进行试吊，证明结构具有足够的刚度后方可开始吊装。

（2）杆件吊装宜采用两点吊装，长度较大的构件可采取多点吊装。

（3）长细杆件应复核吊装过程中的变形及平面外稳定；板件类、模块化构件应采用多点吊装，组件上应有明显的吊点标示。

2. 吊装要求

（1）对刚度差的构件，应根据其在提升时的受力情况用附加构件进行加固。

（2）吊装过程应平稳，构件吊装就位时，应使其拼装部位对准预设部位垂直落下。

（3）正交胶合木墙板吊装时，宜采用专用吊绳和固定装置，移动时采用锁扣扣紧。

（4）竖向组件和部件安装应符合下列规定：

1）底层构件安装前，应复核结合面标高，并安装防潮垫或其他防潮措施。

2）其他层构件安装前，应复核已安装构件的轴线位置、标高。

3）柱的安装应先调整标高，再调整水平位移，最后调整垂直偏差，柱的标高、位移、垂直偏差应符合设计要求。调整柱垂直度的缆风绳或支撑夹板，应在柱起吊前在地面绑扎好。

4）校正构件安装轴线位置后初步校正构件垂直度并紧固连接节点，同时采取临时固定措施。

（5）水平组件安装应复核支撑位置连接件的坐标，与金属、砖、石混凝土等的结合部位采取相应的防潮防腐措施。

（6）安装柱与柱之间的主梁构件时，应对柱的垂直度进行检测。除检测梁两端柱子垂直度变化外，还应检测相邻各柱因梁连接影响而产生的垂直度变化。

（7）桁架可逐榀吊装就位，或多榀桁架按间距要求在地面用永久性或临时支撑组合成数榀后一起吊装。

3. 临时支撑

（1）构件安装后应设置防止失稳或倾覆的临时支撑。可通过临时支撑对构件的位置和垂直度进行微调。

（2）水平构件支撑不宜少于 2 道。

（3）预制柱、墙的支撑，其支撑点距底部的距离不宜小于高度的 2/3，且不应小于高度的 1/2。

（4）吊装就位的桁架，应设临时支撑保证其安全和垂直度。当采用逐榀吊装时，第一榀桁架的临时支撑应有足够的能力防止后续桁架的倾覆，位置应与被支撑桁架的上弦杆的水平支撑点一致，支撑的一端应可靠地锚固在地面（图 4. 9-1a）或内侧楼板上（图 4. 9-1b）

4. 连接施工

（1）螺栓应安装在预先钻好的孔中。孔不能太小或太大。太小时，如果对木构件重新钻孔，会导致木构件的开裂，而这种开裂会极大地降低螺栓的抗剪承载力。相反如果孔洞太大，销槽内会产生不均匀压力。一般来说，预钻孔的直径比螺栓直径约大 0. 8 ~ 1. 0mm。同时，螺栓的直径不宜超过 25mm。

（2）螺栓连接中力的传递依赖于孔壁的挤压，因此连接件与被连接件上的螺栓孔必须同心。

（3）预留多个螺栓钻孔时宜将被连接构件临时固定后，一次贯通施钻。安装螺栓时应拧紧，确保各被连接构件紧密接触，但拧紧时不得将金属垫板嵌入胶合木构件中。

（4）螺栓连接中，垫板尺寸仅需满足构造要求，无须验算木材横纹的局压承载力。

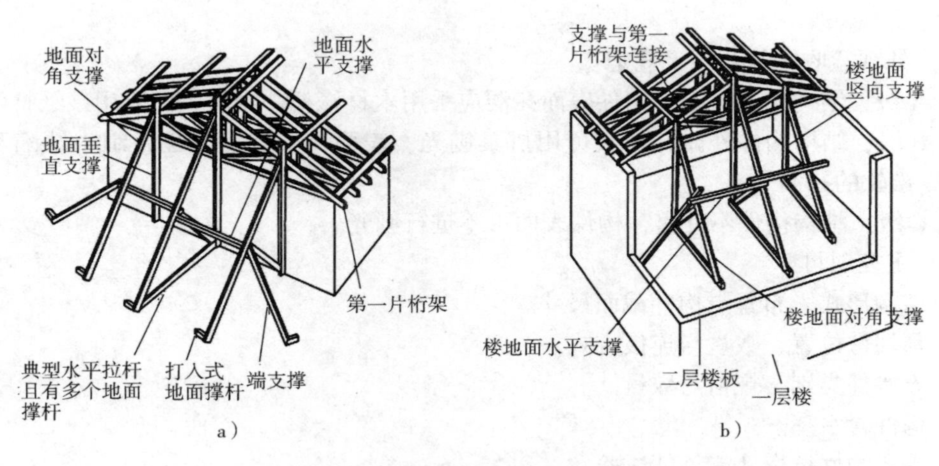

图4.9-1　屋面桁架的临时支撑

a）室外地面支撑　b）室内楼面支撑

5. 其他要求

（1）现场安装时，未经设计允许不得对预制木构件进行切割、开洞等影响预制木构件完整性的行为。

（2）装配式木结构现场安装全过程中，应采取防止预制木构件及建筑附件、吊件等破损、遗失或污染的措施。

4.9.3　防火施工要点

（1）木构件防火涂层施工可在木结构工程安装完成后进行。木材含水率不应大于15%，构件表面应清洁，应无油性物质污染，木构件表面喷涂层应均匀，不应有遗漏，干厚度应符合设计规定。

（2）防火墙设置和构造应按设计规定施工，砖砌防火墙厚度和烟道、烟囱壁厚度不应小于240mm，金属烟囱应外包厚度不小于70mm的矿棉保护层或耐火极限不低于1.00h的防火板覆盖。烟囱与木构件间的净距不应小于120mm，且应有良好的通风条件。烟囱出楼屋面时，其间隙应用不燃材料封闭。砌体砌筑时砂浆应饱满，清水墙应仔细勾缝。

（3）楼盖、楼梯、顶棚以及墙体内最小边长超过25mm的空腔，其贯通的竖向高度超过3m，或贯通的水平长度超过20m时，均应设置防火隔断。天花板、屋顶空间，以及未占用的阁楼空间所形成的隐蔽空间面积超过300m^2，或长边长度超过20m时，均应设置防火隔断，并应分隔成面积不超过300m^{2}且长边长度不超过20m的隐蔽空间。

（4）木结构房屋室内装饰、电器设备的安装等工程，应符合现行国家标准《建筑内部装修设计防火规范》GB 50222的有关规定。木结构房屋火灾的引发，往往由其他工种施工的防火缺失所致，故房屋装修也应满足相应的防火规范要求。

4.9.4　工程验收

装配式木结构建筑与普通木结构建筑工程验收的要求一样，其要点是：

（1）分项工程。装配式木结构子分部工程划分为木结构制作安装和木结构防护（防腐、防火）分项工程。先验收分项工程，再验收子分部工程。

（2）制作用的原材料与配件验收、木结构组件验收在工厂进行，见第4.8.4小节。应具有合格证书。

（3）外观验收应符合以下规定：

1）A级，结构构件外露。构件表面孔洞应采用木材修补，木材表面应用砂纸打磨。

2）B级，结构构件外露，外表可用机具刨光，表面可有轻度漏刨、细小缺陷和空隙，但不应有松软的孔洞。

3）C级，结构构件不外露，构件表面可不进行刨光。

（4）主控项目

1）结构形式、布置与构件截面尺寸。

2）预埋件位置、数量与连接方式。

3）连接件类别、规格与数量。

4）构件含水率。

5）受弯构件抗弯性能见证试验。

6）弧形构件曲率半径及其偏差。

7）装配式轻型木结构和装配式正交胶合木结构的承重墙、剪力墙、柱、楼盖、屋盖布置、抗倾覆措施及屋盖抗掀起应有应对措施。

（5）一般项目

1）木结构尺寸偏差。

2）螺栓预留孔尺寸偏差。

3）混凝土基础平整度。

4）预制墙体、楼盖、屋盖组件内的填充材料。

5）外墙防水防潮层。

6）胶合木构件外观。

7）木骨架组合墙体的墙骨间距；布置；开槽或开孔的尺寸和位置；地梁板防腐、防潮及与基础锚固；顶梁板规格材层数、接头处理及在墙体转角和交接处的两层梁板的布置；墙体覆面板的等级、厚度、与墙体连接钉的间距；墙体与楼盖或基础连接件的规格和布置。

8）楼盖拼合连接节点的形式和位置；楼盖洞口的布置和数量；洞口周围的连接、连接件的规格尺寸及布置。

9）檩条、天棚搁栅或齿板屋架的定位、间距和支撑长度；屋盖周围洞口檩条与顶棚搁栅的布置和数量；洞口周围檩条与顶棚搁栅的连接、连接件规格尺寸与布置。

10）预制梁柱的组件预制与安装偏差。

11）预制轻型木结构墙体、楼盖、屋盖的制作与安装偏差。

12）外墙接缝防水。

4.10　装配式木结构建筑案例

1. 斯阔米什游客探险中心

斯阔米什游客探险中心（图4.10-1）是一座占地522m²的椭圆形建筑，环形玻璃幕墙高8m，长107m。木结构用了1000多块独特形状的胶合木构件，木材是花旗松，取自当地可再生森林。实木锯材相比其他类型建材能耗最低。当地采伐、加工和制作更降低了运输能耗。

斯阔米什游客探险中心顶部设计为弯曲的蝴蝶形屋顶，该蝴蝶形屋顶由35根不同的复合钢和木桁架组成，每一个木桁架都有各自独特的几何形状。建筑物的围护结构透明化，玻璃幕墙直接安装到垂直的木结构柱子上，参观者可以欣赏到木结构复杂且精致的细节。

为了在有限的期限内达到如此复杂的精细结构，每一个组件都通过电脑进行三维建模处理，然后采用电脑数控，通过得到的数字化模型文件对木材进行加工制作。由于事先的周密规划和精密制造，现场装配仅使用了两台轮式起重机和四名工作人员，施工进度很快（图4.10-2）。木结构部分从设计到搭建仅仅用了三个月，整个项目历时仅为8个月。所有构件间组装接合得非常完美。

图4.10-1 斯阔米什游客探险中心——木结构建筑

图4.10-2 木结构施工中

2. 列治文奥林匹克椭圆速滑馆

列治文奥林匹克椭圆速滑馆（图4.10-3）是2010年冬季奥运会标志性建筑，采用了最先进的木结构技术。项目附近菲沙河波浪起伏的流水与栖息于河口野生的雀鸟激发了设计师计的灵感，产生了“流动、飞翔、融合”的设计理念，这种精巧的混合形式——波浪元素与直线元素——就如城市与自然的融汇。

图4.10-3 列治文奥林匹克椭圆速滑馆

列治文奥林匹克椭圆速滑馆的最大特点是其举世无双的木结构屋顶，覆盖面积为2.4公顷，约等于四个半足球场的面积大小。采用复杂的钢木混合拱形结构，跨度约为100m，并带有一个空心三角形截面，从而隐藏了的机械、电气和管道设施。

预制的“木浪”结构板横跨于间距约为12.8m的曲梁之间，该“木浪”结构由普通的2×4（38mm×89mm）SPF规格材构成，通过几何设计使其兼顾了结构牢固和吸声效果，不仅经济合理，而且有非常强的艺术感染力。该工程剖面示意图见图4.10-4。

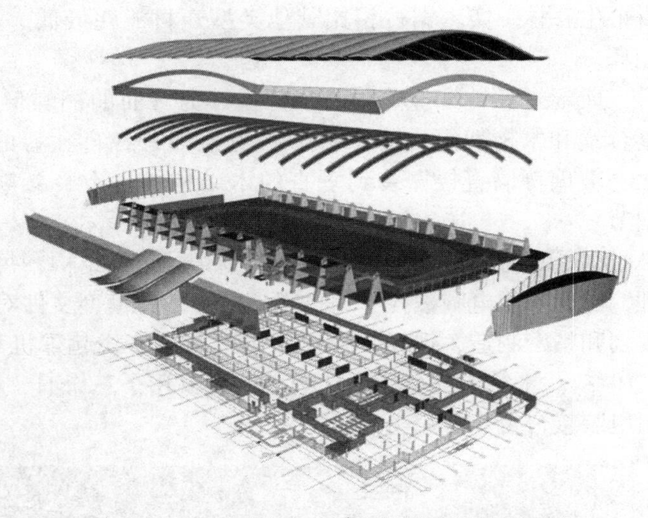

图4.10-4　列治文奥林匹克椭圆速滑馆剖面图

3. UBC大学学生公寓楼

位于温哥华的加拿大UBC大学学生公寓楼是目前世界上最高的木结构建筑，高53m，18层楼（图4.10-5）。一层为钢筋混凝土结构，二层以上为木结构。该项目占地面积840m²，建筑面积15120m²，包括宿舍、教学和休闲娱乐区域。这是一幢木结构混合建筑，采用钢筋混凝土核心筒、胶合木柱和正交胶合木（CLT）楼板。主要结构构件包括464块CLT楼板、1298根胶合木/平行木片胶合木（PSL）柱，木龙骨和轻钢龙骨外围护墙体全部由工厂预制，现场装配（图4.10-6）。该项目充分体现了预制装配式建筑的优势，协同建筑设计、工厂生产、施工装配、调试运行各环节，主体结构施工只用了3个月，现场工人只有9人。直接建筑成本造价与普通钢筋混凝土建筑基本持平。

图4.10-5　UBC大学学生公寓楼

图4.10-6　UBC大学学生公寓楼施工过程图

4.11　木结构使用与维护要求

4.11.1　一般规定

（1）装配式木结构建筑设计时应考虑使用期间检测和维护的便利性。

（2）装配式木结构建筑工程移交时应提供房屋使用说明书，除该项目基本情况和项目建设有关单位基本信息外，需提供：

1）建筑物使用注意事项。

2）装修注意事项。

3）给水、排水、电、燃气、热力、通信、消防等设施配置说明。

4）设备、设施安装预留位置的说明和安装注意事项。

5）承重墙、保温墙、防水层、阳台等部位注意事项。

6）用户发现建筑使用问题反映、投诉的渠道。

7）使用过程中不得随意变更建筑物用途、变更结构布局、拆除受力构件的要求等。

（3）在使用初期，应制定明确的装配式木结构建筑检查和维护制度。

（4）在使用过程中，应详细准确记录检查和维修的情况，并应建立检查和维修的技术档案。

（5）当发现装配式木构件有腐蚀或虫害的迹象时，应按腐蚀的程度、虫害的性质和损坏程度制定处理方案，并应及时进行补强加固或更换。

4.11.2　检查要求

装配式木结构建筑工程竣工使用1年时，应进行全面检查；此后宜按当地气候特点、建筑使用功能等，每隔3～5年进行检查。检查项目包括：防水、受潮、排水、消防、虫害、腐蚀、结构组件损坏、构件连接松动、用户违规改用等情况。

4.11.3　维护要求

对于检查项目中不符合要求的内容，应组织实施一般维修，包括：修复异常连接件；修复受损木结构屋盖板，并清理屋面排水系统；修复受损墙面、天花板；修复外墙围护结构渗水；更换或修复已损坏或已老化的零部件；处理和修复室内卫生间、厨房的渗漏水和受潮部位；更换异常消防设备。

对一般维修无法修复的项目，应组织专业施工单位进行维修、加固和修复。

思考题

1. 什么是装配式木结构建筑？其主要特点有哪些？
2. 发展装配式木结构建筑的意义是什么？
3. 装配式木结构建筑的主要构件和连接方式有哪些？
4. 装配式木结构建筑的主要防火措施是什么？
5. 装配式木结构建筑的主要类型及其设计、生产、施工各有何特点？

第5章　装配式组合结构建筑

本章对装配式组合结构做简单介绍。包括：什么是装配式组合结构建筑（5.1），装配式组合结构的类型（5.2），装配式组合结构的优点与缺点（5.3），装配式混凝土结构+钢结构（5.4），装配式钢结构+木结构（5.5），装配式混凝土结构+木结构（5.6）以及其他装配式组合结构（5.7）。

5.1　什么是装配式组合结构建筑

首先强调，装配式组合结构并不是指“混合结构+装配式”，而是一个广义的概念。

“混合结构”按照行业标准《高层建筑混凝土结构技术规程》JGJ 3—2010（以下简称《高规》）的定义，是“由钢框架（框筒）、型钢混凝土框架（框筒）、钢管混凝土框架（框筒）与钢筋混凝土核心筒所组成的共同承受水平和竖向作用的建筑结构。”简言之，混合结构就是钢结构与钢筋混凝土核心筒混合的结构。

《高规》定义的混合结构是个范围很窄的概念，仅限于有钢筋混凝土核心筒的钢结构建筑。有核心筒的结构体系属于筒体结构，要么是筒中筒结构，要么是稀柱筒体结构。

这里所说的装配式组合结构，未必是筒体结构，更不一定有核心筒，而是指一座建筑是由不同材料预制构件组合而成的。例如，钢结构建筑中采用了混凝土叠合楼板、装配式混凝土厂房采用了钢结构屋架、装配式钢筋混凝土外筒与钢结构柱梁组合等，都属于装配式组合结构。

下面给出一个定义：装配式组合结构建筑是指“建筑的结构系统（包括外围护系统）由不同材料预制构件装配而成的建筑”。

装配式组合结构建筑有以下特点：

（1）由不同材料制作的预制构件装配而成。

（2）预制构件是结构系统（包括外围护系统）构件。

按照这个定义，在钢管柱内现浇混凝土，虽然是两种材料组合，但不能算作装配式组合结构，因为它不是不同材料预制构件的组合。

关于型钢混凝土，如果包裹型钢的是现浇混凝土，也不能算作装配式组合结构，因为它不是不同材料预制构件的组合。如果包裹型钢的混凝土与型钢一起预制，就属于装配式组合结构。

混合结构中的钢筋混凝土核心筒如果采用现浇工艺，这个混合结构的建筑就不能算作装配式组合结构；如果钢筋混凝土核心筒是预制的，就属于装配式组合结构。

5.2 装配式组合结构的类型

装配式组合结构建筑按预制构件材料组合分类有：

1. 混凝土 + 钢结构

结构系统及外围护结构系统由混凝土预制构件和钢结构构件装配而成。

2. 混凝土 + 木结构

结构系统及外围护结构系统由混凝土预制构件和木结构构件装配而成。

3. 钢结构 + 木结构

结构系统及外围护结构系统由钢结构构件和木结构构件装配而成。

4. 其他结构组合

结构系统或外围护结构系统由其他材料预制构件组合而成，例如纸管结构与集装箱组合的建筑（见本章5.7节）。

5.3 装配式组合结构的优点与缺点

1. 装配式组合结构的优点

设计师之所以选用装配式组合结构，是要获得单一材料装配式结构无法实现的某些功能或效果。装配式组合结构给了设计师更灵活的选择性。所以，装配式组合结构具有“先天性”的优点，建筑师和结构工程师在选用时就赋予了它特殊的使命。装配式组合结构具备的优点包括（并不是每个装配式组合结构都具备这些优点）：

（1）可以更好地实现建筑功能

例如，装配式混凝土建筑采用钢结构屋盖，可以获得大跨度无柱空间（见本章5.4.2小节［例2］）。

再如，钢结构建筑采用预制混凝土夹心保温外挂墙板，可以方便地实现外围护系统建筑、围护及保温等功能的一体化。

（2）可以更好地实现艺术表达

例如，木结构与钢结构或混凝土结构组合的装配式建筑，可以集合两者（或三者）优势，获得更好的建筑艺术效果（见第5.5节［例4］、［例5］，第5.6节［例7］）。

（3）可以使结构优化

例如，希望重量轻、抗弯性能好的地方使用钢结构或木结构构件；希望抗压性能好或减少层间位移的地方就使用混凝土预制构件等。

（4）可以使施工更便利

例如，第5.4.2节介绍的［例1］是装配式混凝土筒体结构，其核心区柱子为钢柱，施工时作为塔式起重机的基座，随层升高，非常便利。

再如，第5.5.3节［例5］介绍的荆棘冠教堂建在树林里，无法使用起重设备，设计者采用钢结构和木结构组合的装配式结构，设计的钢结构和木结构构件的重量，两个工人就可以搬运。

2. 装配式组合结构的缺点或局限性

装配式组合结构的缺点或局限性包括：

(1) 结构计算复杂，有的装配式组合结构没有现成的计算模型和计算软件对应。

(2) 不同材料构件的连接设计缺少标准支持。

(3) 制作和施工安装需要更紧密的协同。

(4) 对施工管理要求高。

5.4　装配式混凝土结构+钢结构

5.4.1　装配式混凝土结构+钢结构的类型

“装配式混凝土结构+钢结构”建筑是混凝土预制构件与钢结构构件装配而成的建筑，是比较常见的装配式组合结构。

1. 混凝土结构为主，钢结构为辅

(1) 多层或高层建筑采用预制混凝土柱、梁、楼盖，钢结构屋架与压型复合板屋盖。

(2) 高层筒体结构建筑采用预制钢筋混凝土外筒，钢结构内柱与梁（5.4.2节［例1］）。

(3) 单层工业厂房采用预制混凝土柱、吊车梁，钢结构屋架与压型复合板屋盖。

(4) 多层框架结构工业厂房采用预制混凝土柱、梁、楼盖，钢结构屋架与压型复合板屋盖（5.4.2节［例2］）。

2. 钢结构为主，混凝土结构为辅

(1) 钢结构建筑采用预制混凝土楼盖，包括叠合板、预应力空心板、预应力叠合板、预制楼梯、预制阳台等。

(2) 钢结构建筑采用预制混凝土梁、剪力墙板等（第5.4.2节［例3］）。

(3) 钢结构建筑采用预制混凝土外挂墙板。

5.4.2　装配式混凝土结构+钢结构案例

［例1］　日本东京鹿岛赤坂大厦

鹿岛赤坂大厦是一座地上32层的超高层建筑（图5.4-1），高158m，建筑面积5.37万m^2，其中4.17万m^2写字间，6600m^2住宅，522m^2商铺。

赤坂大厦2011年建成，是装配式建筑史上具有里程碑意义的建筑，也是一座装配式组合结构建筑——混凝土结构与钢结构组合。

赤坂大厦有如下设计特点：

(1) 结构体系为筒体结构，但不是密柱筒体，而是“群柱”筒体，由4个柱子组成一个“群柱”单元，筒体由“群柱”单元构成，相当于双排柱筒体。除了筒体柱外，整座建筑只有核心部位有4根圆形钢柱。建筑平面布置图见图5.4-2。

图5.4-1　东京鹿岛赤坂大厦

（2）筒体群柱的外侧柱隔一层设置一道梁，内侧柱每层都设置梁（图 5.4-3）。筒体群柱与梁都是预制，不仅柱子用灌浆套筒连接，梁也用灌浆套筒连接，没有任何后浇混凝土连接。装配整体式混凝土结构所有柱梁连接都没有后浇混凝土，这是世界首创，设计得非常巧妙，施工效率非常高，在高层建筑装配式发展史上具有里程碑意义。

（3）核心部位 4 根圆形钢柱（图 5.4-4）与筒体混凝土柱之间约为 17m。楼盖梁为钢梁，与外筒混凝土梁的连接节点见图 5.4-5。楼盖为压型钢板现浇混凝土（图 5.4-6、图 5.4-7）。

（4）这座建筑号称是世界上预制率最高的超高层建筑，除了压型钢板现浇混凝土楼盖外，全部结构都是预制构件装配而成。如果采用叠合楼板，预制率会更高。

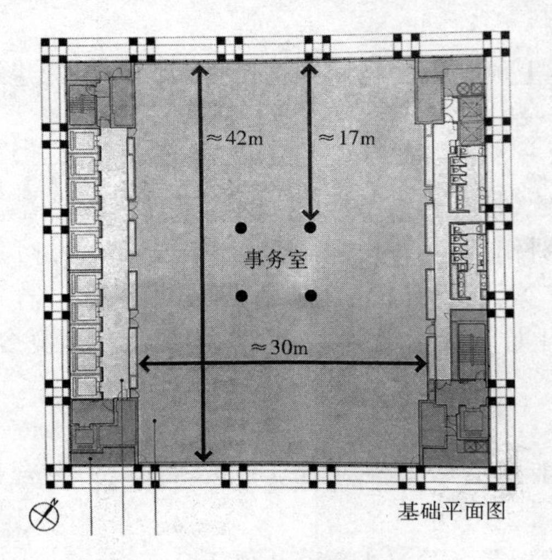

图 5.4-2　赤坂大厦平面图

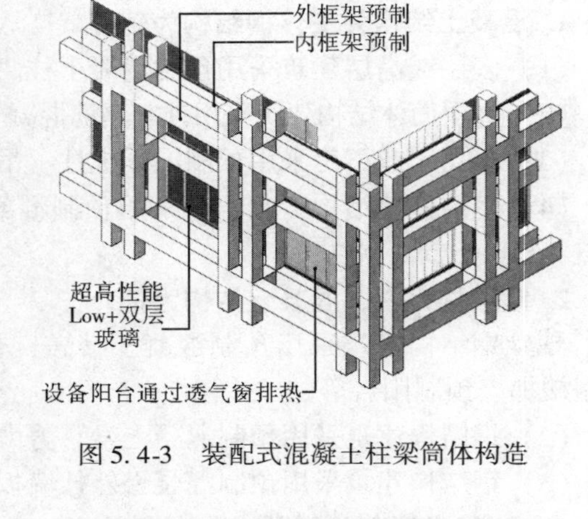

图 5.4-3　装配式混凝土柱梁筒体构造

图 5.4-4　核心部位的圆形钢柱

图 5.4-5　楼盖梁及其与混凝土柱连接

图5.4-6　楼盖梁与压型钢板

图5.4-7　压型钢板现浇混凝土楼盖

（5）核心部位的4根钢柱在施工期是塔式起重机支座，先于筒体混凝土柱梁安装，随层升高。建设项目所在地是建筑密度很大的闹市区，施工作业场地很小，将塔式起重机设置在核心区，核心区采用便于装配的钢结构，是非常巧妙的安排（图5.4-8、图5.4-9）。

图5.4-8　核心区钢结构柱梁作为塔式起重机支撑先于外筒施工

图5.4-9　施工塔式起重机

（6）该建筑在转角处采用了减震系统（图5.4-10、图5.4-11）。

图5.4-10　转角处的减震系统

图5.4-11　减震系统细部构造

（7）这座建筑还采用了超高强度等级的混凝土（最高为 C150），高强度等级钢筋（为常规钢筋强度的 1.4 倍）等。

［**例 2**］　**大连装配式多层厂房**

图 5.4-12 为大连一座 10 万 m^2 装配式厂房，框架结构。由于采用了装配式，如此大体量建筑，结构施工期只用了半年。该建筑 1 层和 2 层是 7.2m 柱网，3 层是 50 多 m 跨度的无柱空间，层高比 1、2 层高。设计采用了装配式组合结构：柱子和 1、2 层梁及楼板是预制混凝土构件，屋架是钢结构、屋盖采用压型钢板复合屋面板，3 层部分外围护墙体骨架是钢结构（图 5.4-13）。

图 5.4-12　大连一座 10 万 m^2 装配式组合结构厂房

图 5.4-13　组合结构厂房立面结构

图 5.4-14　预制混凝土柱、梁与楼板

图 5.4-15　局部钢结构构件

该厂房非常好地利用了装配式的优势和装配式组合结构的优势。采用装配式，主体结构工期只是现浇的30%，节约了70%的工期，更重要的是，由于很少有湿作业，设备安装随即展开，进一步节省了总工期。采用装配式组合结构，还获得了三层厂房的无柱大空间。

[例3]　**新西兰基督城装配式组合结构建筑**

图5.4-16～图5.4-20是新西兰基督城震后重建的一座装配式组合结构建筑工地的细部照片。该建筑是钢结构建筑，局部用了混凝土预制构件，包括剪力墙、边梁、楼板梁（檩条）。

混凝土剪力墙用于楼梯间，显然是基于防护性能更可靠的考虑。剪力墙是跨层剪力墙，十几米高（图5.4-16），墙内侧伸出钢筋，以便与叠合楼板连接（图5.4-17）。这种跨层墙板安装效率很高，减少了墙板的竖向连接，但是要求工厂具备生产超大型墙板的能力，运输要求也比较高。

图5.4-16　基督城钢结构建筑跨层混凝土剪力墙板

剪力墙板水平连接没有采用湿连接，既不用现浇混凝土，也没有用锚环灌浆等横向连接方式，而是采用干法连接，用型钢做成拐角连接件，通过螺栓固定，将90°垂直的墙板连为一体，干法连接比湿法连接便利了很多（图5.4-18）。

图5.4-17　剪力墙板伸出与叠合楼板连接的钢筋

图5.4-18　混凝土墙板用钢拐角干法连接

图5.4-19和图5.4-20所示是混凝土边梁和檩条梁。

图5.4-19　局部采用钢筋混凝土梁

图5.4-20　钢结构梁上敷设钢筋混凝土檩条

5.4.3　混合结构如何成为装配式组合结构

混合结构，即《高规》所定义的钢结构与混凝土核心筒组成的混合结构，若要成为装配式组合结构，有两种方式：

（1）钢筋混凝土核心筒预制

1）如果核心筒是密柱型核心筒，柱子的预制与连接同框架结构或筒体结构的柱子一样，应当没有问题。

2）如果核心筒是剪力墙核心筒，日本对框架结构和筒体结构的剪力墙都采用现浇方式，我国装配式混凝土建筑的国家标准和行业标准没有给出剪力墙核心筒预制的规定。如果对剪力墙核心筒采用预制装配方式，需要经过专家论证。上面第 5.4.2 节［例 3］介绍的预制剪力墙可以借鉴。

（2）型钢混凝土构件预制化

将钢梁或钢柱型钢与外包混凝土一体化预制是可以考虑的方案，如图 5.4-21 所示型钢混凝土柱，在预制混凝土工厂生产也不难。但需要把图 5.4-22 所示连接节点设计成预制型钢混凝土构件连接的节点，需要特别考虑钢筋连接和钢筋伸入支座的可靠性。

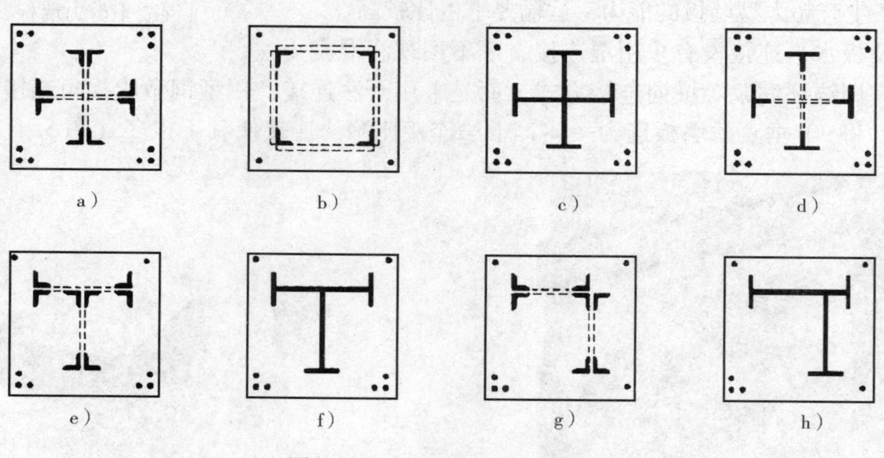

图 5.4-21　型钢混凝土柱断面

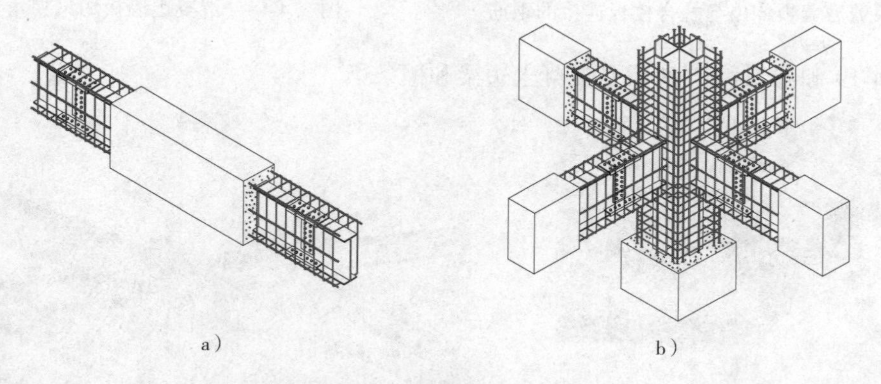

图 5.4-22　型钢混凝土连接节点

a）型钢混凝土预制梁　b）连接节点示意

5.5　装配式钢结构+木结构

5.5.1　装配式钢结构+木结构类型

装配式钢结构+木结构建筑经常被设计师采用，主要类型包括：

（1）以钢结构为主，木结构为辅，木结构兼作围护结构，突出了木结构的艺术特色，见第5.5.2小节［例4］。

（2）钢结构与木结构并行采用，见第5.5.2小节［例5］。

（3）以木结构为主，需要结构加强的部位采用钢结构，见第5.5.2小节［例6］。

5.5.2　装配式钢结构+木结构案例

［例4］　努美阿吉巴乌文化中心

位于南太平洋海岛城市努美阿的吉巴乌文化中心（图5.5-1）建于1998年，是意大利著名建筑大师伦佐·皮亚诺的作品，在世界上享有盛名。这座建筑也是非常成功的装配式组合结构建筑——钢结构与木结构的组合。

图5.5-1　努美阿吉巴乌文化中心

吉巴乌文化中心是一座时尚的现代建筑，也是地域主义建筑，还给人以自然质朴的印象。现代时尚的信号是由精致的钢结构和玻璃透出的；建筑造型的美学元素取自土著人的茅草屋；自然质朴的印象则主要来自表皮的木结构质感（图5.5-2、图5.5-3）。

图5.5-2　吉巴乌文化中心钢结构与木结构组合

图5.5-3　吉巴乌文化中心木结构表皮

这座建筑的主体结构是钢结构，木结构承担一部分结构功能，最主要的作用是形成建筑艺术形象。长短不一高高耸立的弧形方木是这座建筑标志性的符号。弧形方木在水平方向被钢杆连接成一体（图 5.5-4），底部是铰连接（图 5.5-5）。

图 5.5-4　木柱连接节点

图 5.5-5　木柱底部铰接点

［例 5］　美国阿肯色州荆棘冠教堂

位于美国阿肯色州的荆棘冠教堂是一座很小的教堂，座落在树林中。这座建于 1980 年的小教堂被评为当年美国最佳建筑，还被评为 20 世纪美国十大建筑之一。由美国建筑师 E · Fay Jones 设计。

荆棘冠教堂非常现代，但在茂密的树林里又显得很自然。纤细挺立的结构骨架与耸立的树木有着相似性，既融洽，又与众不同。

图 5.5-6　美国阿肯色州荆棘冠教堂

荆棘冠教堂是装配式木结构与钢结构组合的建筑，以当地松木制作构件，辅之以钢结构构件。设计师为了不破坏现场环境，减少伐木，设计用人工搬运构件。因此，将木结构和钢结构构件设计得很轻，靠杆系交叉形成结构整体性。交叉的杆系像转了角度的十字架，也有哥特式教堂尖拱那种向上聚拢的空间感，宗教寓意很浓。在这座建筑中，木结构与钢结构的使用与融合相得益彰。

［例 6］　崇明体育训练中心游泳馆

上海崇明体育训练中心游泳馆采用了钢-木组合筒壳结构（图 5.5-7）。游泳馆纵向长 64m，筒壳矢高 6m，跨度 45m。

游泳馆屋盖的钢结构与木结构是分区域设置的。设计人员考虑到泳池中的氯气会对钢结构产生腐蚀，因此在屋盖设计中将两侧9m宽设计为钢结构，在游泳池上部的中部27m则采用木结构，木梁呈菱形交织（图5.5-8）。

图5.5-7 崇明体育训练中心游泳馆钢木组合筒壳结构屋盖

图5.5-8 菱形木梁网格构成的屋盖结构

5.6 装配式混凝土结构+木结构

5.6.1 装配式混凝土结构+木结构类型

装配式混凝土结构+木结构建筑的主要类型包括：

(1) 在装配式混凝土建筑中，采用整间板式木围护结构。

(2) 在装配式混凝土建筑中，用木结构屋架或坡屋顶。

(3) 装配式混凝土结构与木结构的“混搭”组合。

5.6.2 装配式混凝土结构+木结构案例

[例7] 新西兰奥兰多社区青年艺术中心

图5.6-1是新西兰奥兰多一个社区的青年艺术中心，这是一座非常抢眼的建筑，一方面是由于其不规则的生动形体，另一方面更由于其亲切的木材质感。

这是一座装配式混凝土结构与木结构组合的建筑。混凝土的角色以构成主体结构为主，木材的角色是外围护系统与艺术表现（图5.6-2）。

图5.6-1 奥兰多青年艺术中心

图5.6-2 混凝土柱与木结构外围护系统

5.7　其他装配式组合结构

5.7.1　其他装配式组合结构的类型

其他装配式组合结构包括：

（1）钢筋混凝土结构或钢-悬索结构。

（2）钢结构支撑体系与张拉膜组合结构，比较多见。

（3）装配式纸板结构与木结构组合结构，如坂茂设计的神户纸板木结构教堂。

（4）装配式纸板结构与集装箱组合结构，见 5.7.2［例 8］。

5.7.2　其他装配式组合结构的案例

［例 8］　新西兰基督城纸结构教堂

新西兰基督城纸结构教堂建于 2013 年。

基督城 2011 年发生了大地震，大教堂完全毁坏。教会人士请来日本建筑师坂茂，设计了一座装配式纸结构建筑，作为应急的临时教堂。

坂茂是纸结构建筑的开创者，2014 年普利兹克奖获得者。他设计的装配式纸结构建筑重量轻、抗震性能好，施工便利快捷。而且，建筑物使用寿命可达到 50 年以上。纸结构建筑材料可以回收，是非常好的绿色环保建筑。坂茂为基督城设计的纸结构教堂不仅解决了教徒做礼拜和教会活动的场所，还成了当地的著名的景观（图 5.7-1）。

纸结构教堂采用的基本元件是硬纸板卷成的纸管，表面有防潮和防火涂层，纸管排列起来组成人字形结构（也就是三铰拱结构）墙体，纸管外铺设透明的聚碳酸酯板，遮风挡雨。（见图 5.7-2 ~ 图 5.7-5）。

纸结构教堂除地面外，全都是由预制构件装配而成，而且还属于装配式组合结构，因为有一部分纸管墙体的基础是用淘汰的集装箱改造的，集装箱同时也兼作了教堂的裙房（图 5.7-6）。

坂茂的标准化意识非常强，纸板教堂的结构构件和外围护构件都由纸板管一种构件承担，而且只有一种规格，由此可以简化制作与施工环节，大幅度降低成本。

图 5.7-1　新西兰基督城纸板教堂

图 5.7-2　纸结构教堂的纸板管三铰拱

图5.7-3　纸板管顶连接节点

图5.7-4　纸板管底部铰接点

图5.7-5　卷成纸板管的纸板

图5.7-6　纸板教堂的部分基础兼裙房由集装箱改造而成

思考题

1. 什么是装配式组合结构？
2. 装配式组合结构有几种常见类型？
3. 钢结构建筑常用的预制混凝土构件有哪些？
4. 钢结构与混凝土结构组合有哪些优点？
5. 钢结构与木结构组合有哪些类型？
6. 纸结构装配式建筑有哪些优点？

第6章 外围护系统

本章介绍装配式建筑的外围护系统，包括：装配式建筑外围护系统综述（6.1），外围护系统集成设计内容与要求（6.2），装配式建筑外墙保温（6.3），建筑表皮的艺术表达（6.4），装配式建筑外墙主要类型（6.5）。

6.1 装配式建筑外围护系统综述

6.1.1 什么是外围护系统

人类需要建筑，是需要一个遮风挡雨防晒御寒的空间，这个空间是由外围护系统——屋盖和墙体——“围成”的。建筑基础也好，主体结构也好，无论多么重要，都是为外围护系统提供支撑的，是为了外围护系统而存在的。建筑最基本最重要的功能是由外围护系统实现的；建筑的艺术魅力很大程度上也依靠外围护系统来展现。

装配式建筑的国家标准关于外围护系统的定义是：“外围护系统是指由建筑外墙、屋面、外门窗及其他部品部件等组合而成。用于分隔建筑室内外环境的部品部件的整体”。关于装配式建筑的定义是：“结构系统、外围护系统、设备与管线系统、内装系统的主要部分采用预制部品部件集成的建筑”。如此，装配式建筑的外围护系统的主要部分应当采用集成的预制部品部件。

装配式建筑的外围护系统非常重要，是设计、制作与施工的重点与难点，也是用户关注的问题集中点，以及影响成本的重要环节。

6.1.2 外围护系统类型

凡是可用于现浇混凝土建筑和其他非装配式建筑的外围护系统都可用于装配式建筑。不过，装配式建筑强调外围护系统的集成化和预制化，所以不能简单地照搬现浇混凝土建筑和其他非装配式建筑的外围护系统的常规做法，例如不宜采用砌筑外墙砌块的湿作业方法。装配式建筑应当选择和设计预制化和集成化的外围护系统。

本章主要讨论预制化和集成化为主的外围护系统，故对常规玻璃幕墙、金属幕墙、石材幕墙、砌块填充墙等不作介绍。但集成化的单元式幕墙或装配化程度高的幕墙，则在介绍范围内。

装配式建筑外围护系统可按照部位、结构功能、材料、集成方式、立面关系等进行分类。

1. 按照建筑部位分类

装配式外围护系统按建筑部位分为：屋盖围护系统，墙体围护系统和屋盖、墙体一体化围护系统。

（1）屋盖围护系统

大多数装配整体式混凝土建筑屋盖采用现浇混凝土；即使采用叠合屋盖，叠合层也是现浇的，因此与现浇混凝土建筑屋盖基本没有区别。

全装配式混凝土结构、装配式组合结构、钢结构和悬索结构的屋盖系统会用到装配式构件，包括：预制混凝土屋面板、预应力空心板、预应力双T板、压型保温复合钢板等。

图6.1-1是美国凤凰城图书馆的屋盖围护系统。凤凰城图书馆是著名环保建筑，也是全装配式（用螺栓等干法连接的）建筑（文前彩插图C03），屋盖采用张弦梁+压型钢板复合屋面板。

图6.1-1　凤凰城图书馆屋盖——张弦梁+压型保温复合钢板

（2）墙体围护系统

装配式建筑墙体围护系统或由结构柱梁（剪力墙板）构成；或由非结构构件如外挂墙板、GRC墙板构成，或由单元式幕墙构成。整体飘窗、阳台板等也属于围护系统构件。图6.1-2～图6.1-7是不同墙体的例子。

图6.1-2　柱、墙板、窗户外墙系统（澳大利亚·悉尼）

图6.1-3　柱、墙板、阳台、窗户外墙系统（澳大利亚·悉尼）

图 6. 1-4　钢板外墙（新西兰）

图 6. 1-5　木材外墙（新西兰）

图 6. 1-6　清水混凝土外挂墙板（新西兰）

图 6. 1-7　唐山第三空间墙板、阳台外墙（倍立达提供）

（3）屋盖墙体一体化围护系统

有的装配式建筑的屋盖与墙体是一体的，没有明显界限。如悉尼歌剧院钢筋混凝土空间薄壁结构（文前彩插图 C02）、扎哈·哈迪德设计的一些非线性建筑（图 6. 1-8）、基督城纸结构教堂人字形坡屋顶落地（图 5. 7-6）等。

图 6. 1-8　长沙梅溪湖文化中心（倍立达提供）

2. 按照结构功能分类

装配式建筑围护系统按结构功能分为承重外围护系统和非承重外围护系统。

(1) 承重外围护系统

承重外围护系统主要包括:

1) 预制混凝土剪力墙外墙板。

2) 兼有围护功能的预制混凝土柱梁。

3) 木结构承重组合墙体等。

(2) 非承重外围护系统

非承重外围护系统主要用于混凝土结构、钢结构和木结构建筑柱梁结构体系,包括:

1) 预制混凝土外挂墙板(PC 墙板)。

2) 玻璃纤维增强水泥墙板(GRC 墙板)。

3) 超高性能混凝土墙板(UHPC 墙板)。

4) 蒸压加气轻质混凝土墙板(ALC 板)。

5) 蒸压加气轻质纤维水泥板。

6) 压型保温复合钢板。

7) 木结构墙板。

8) 单元式幕墙等。

3. 按照材料分类

装配式建筑围护系统按照材料可分为水泥基、木结构、金属和玻璃围护系统。

1) 水泥基围护系统(包括混凝土、GRC、UHPC、ALC、蒸压加气轻质纤维水泥板等)。

2) 木结构围护系统。

3) 金属围护结构(包括压型保温复合钢板,钢板、不锈钢板、铝板、铜板等单元式幕墙)。

4) 玻璃单元式幕墙等。

4. 按照集成方式分类

装配式建筑围护系统按照集成方式可分为门窗一体化、保温一体化、装饰一体化和多功能一体化。

(1) 门窗一体化。剪力墙外墙板、混凝土外挂墙板、GRC 墙板、UHPC 墙板、木结构墙板等整间墙板可实现门窗一体化(图 6.1-9、图 6.1-10)。

图 6.1-9 混凝土外挂墙板窗户一体化(美国波士顿)

图 6.1-10 青奥中心 GRC 墙板窗户一体化(倍立达提供)

（2）保温一体化。包括混凝土夹心保温板、混凝土夹心保温柱梁、GRC 墙板内附保温、压型钢板保温复合板、保温一体化木结构墙板等。

（3）装饰一体化

1）剪力墙外墙板、兼做外围护的混凝土柱梁、混凝土外挂墙板等可以采用清水混凝土、装饰混凝土、石材反打、瓷砖反打、表面涂装等方式实现装饰一体化。

2）GRC 墙板、UHPC 墙板靠自身造型、质感、色彩实现装饰一体化。

3）彩色压型钢板装饰一体化。

4）木结构墙板装饰一体化。

5）单元式幕墙装饰一体化。

（4）多功能一体化

即为以上围护、保温、装饰功能的一体化组合。

5. 按照立面关系分类

装配式建筑围护系统按照立面关系可分为整间板、条板、跨层板、多跨板等。

（1）整间墙板。覆盖一层和一个跨度的墙板，见图 6.1-9。

（2）条板。包括：

1）单跨或单层的横向（图 6.1-11）或竖向条板。

图 6.1-11　单跨横向条板（美国·拉斯维加斯）

2）跨越两层或多层的跨层板（图 6.1-12）。

3）跨越两跨或多跨的多跨板（图 6.1-13）。

6. 其他构件

（1）整体飘窗，见图 6.1-14。

（2）预制阳台，见图 6.1-15、图 6.1-16。

（3）遮阳板，见图 6.1-17，空调板，等。

6.1.3　装配式外围护系统概览

图 6.1-18 给出了装配式建筑外围护系统概览。由于装配式建筑外围护系统的做法比较多，这里只是择其概要予以介绍，旨在给读者一个总体的印象。

图6.1-12　跨层条形墙板（日本·东京）

图6.1-13　多跨条形墙板（美国·波士顿）

图6.1-14　香港白沙角公寓整体飘窗（倍立达提供）

图6.1-15　预制阳台（澳大利亚·悉尼）

图6.1-16　预制弧形阳台（日本·东京）

图6.1-17　预制遮阳板（欧洲·德国）

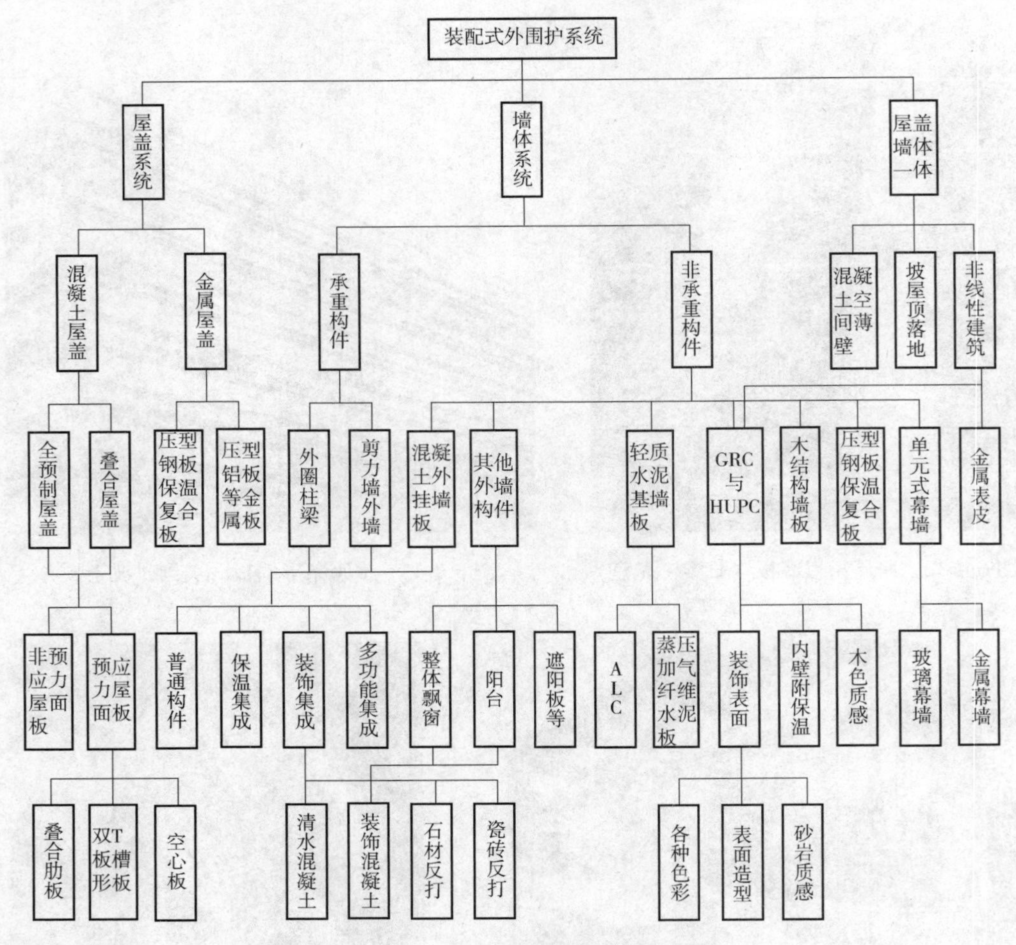

图 6.1-18 装配式建筑外围护系统概览

6.1.4 装配式外围护墙体适用范围

装配式建筑常用外围护墙体适用范围见表 6.1-1。

表 6.1-1 装配式建筑常用外围护部品部件适用范围

序号	部品部件	混凝土						钢结构			木结构		说明
		柱梁			剪力墙								
		高层	多层	低层	高层	多层	低层	高层	多层	低层	多层	低层	
1	剪力墙外墙板				○	○	○						可集成保温、装饰一体化
2	结构柱梁	○	○	○									建筑外圈柱梁兼作围护功能，可集成保温、装饰一体化
3	混凝土外挂墙板	○	○	○				○	○	○			
4	GRC 墙板	○	○	○				○	○	○	○	○	可集成保温、装饰一体化

（续）

序号	部品部件	混凝土						钢结构			木结构		说明
		柱梁			剪力墙								
		高层	多层	低层	高层	多层	低层	高层	多层	低层	多层	低层	
5	UHPC 墙板	○	○	○				○	○	○	○	○	可集成保温、装饰一体化
6	ALC 板	◇	○	○				◇	○	○	○	○	高层建筑可用于凹入式阳台的外墙
7	蒸压加气轻质纤维水泥板		○	○					○	○	○	○	
8	压型钢板保温复合板								○	○			
9	木结构墙板		○	○					○	○	○	○	
10	单元式幕墙	○	○	○				○	○	○	○	○	包括单元式玻璃幕墙、金属幕墙

○可以使用；◇有条件使用。

6.2 外围护系统集成设计内容与要求

装配式建筑外围护系统集成设计对建筑使用功能、艺术效果、制作施工的便利性和建造成本影响很大，是装配式建筑设计中非常重要的环节。

6.2.1 外围护系统集成设计内容

装配式建筑外围护系统建筑设计包括以下内容：

（1）选择适宜的外围护系统类型

（2）确定保温材料与方式

（3）确定建筑表皮的造型、材料、质感、颜色

（4）进行拆分设计

（5）进行集成设计

（6）进行部品部件设计

（7）进行部品部件连接设计

（8）进行部品部件接缝设计，等

6.2.2 外围护系统集成设计要求

装配式建筑外围护系统集成设计要求如下：

（1）满足功能要求。根据项目所在地区的气候条件、使用功能等综合因素确定抗风性能、抗震性能、耐撞击性能、防火性能、水密性能、气密性能、隔声性能、热工性能和耐久性要求。剪力墙外墙、墙板结构外墙和屋面系统尚应满足结构性能要求。

（2）符合节能要求。

（3）实现艺术效果。外围护系统设计使用年限应与主体结构相协调。

（4）可靠连接。外围护系统部件与主体结构的连接牢固可靠，具有适应主体结构变形的能力。

（5）模数协同。外围护系统设计应符合模数化要求，实现模数协调。

（6）符合制作、运输、安装条件。

6.3　装配式建筑外墙保温

6.3.1　外墙外保温的问题

建筑外墙保温主要有3种类型：外墙内保温、外墙外保温和填充保温。外墙内保温是在外围护墙体内敷设保温层；外墙外保温是在外围护墙体外敷设保温层；填充保温是外围护墙体由内外两层板组成，保温层填充其间，如压型复合保温钢板、木结构和钢结构外墙龙骨间敷设保温层等（见第3章图3.11-14）。

就保温节能效果而言，外墙外保温最有优势：冷桥少，墙体可以蓄热、不影响室内装修和改造等。

目前我国大多数现浇钢筋混凝土住宅包括高层住宅采用外墙外保温方式：将保温材料（聚苯乙烯板）粘在外墙上，外表面挂玻纤网抹薄灰浆保护层。但这种方式存在如下问题：

（1）薄壁保护层容易裂缝和脱落，这是常见的质量问题。

（2）保温材料本身也会脱落，已经发生过多起脱落事故。

（3）薄壁灰浆保护层防火性能不可靠，有火灾隐患。已发生过多起保温层着火事故。

（4）水蒸气凝结区在保温层内，会导致保温层受潮。

（5）建筑表皮的艺术表达受到很大限制。

外墙外保温在日本应用较少，尽管日本政府大力推广，还给予补贴，但市场反应冷淡，仅在北海道有应用。日本建筑目前大多采用外墙内保温方式。一个原因是日本采暖与空调设备大都是以户为单元设置，即使集中设置也是分户计量，户与户之间的分隔墙有保温层，每户是一个封闭的保温空间，外墙内保温方式更合适一些。由于日本住宅都是精装修，顶棚吊顶地面架空，内壁有架空层，外墙内保温在顶棚、地面防止热桥的构造方面不存在影响室内空间的问题。还有一个原因是外墙外保温用于高层建筑，消防问题不易解决。

6.3.2　夹心保温板及其优点与缺点

1. 什么是夹心保温板

装配式建筑外墙系统采用夹心保温板，比外墙内保温节能效果好，理论上讲比粘贴聚苯乙烯板薄抹灰方式安全，近年来国外已开始应用，欧美用得多一些，日本还处在概念性阶段，应用较少。

夹心保温板是双层混凝土板之间夹着保温层，围护结构墙板或承重外墙板为内叶板，保温层外的板为外叶板，内叶板与外叶板之间用拉结件连接，见图6.3-1、图6.3-2。外叶板既是保温层的保护板，也可以作为外装饰板。如此，夹心保温板实现了围护、保温、装饰的一体化。剪力墙夹心保温板则实现了结构、围护、保温、装饰的一体化。

外围柱梁也可以做夹心保温。沈阳万科春河里住宅的柱梁就是夹心保温柱梁。所以，用“夹心保温构件”比“夹心保温板”更准确一些。夹心保温构件包括夹心保温剪力墙外墙板、夹心保温外墙挂板、夹心保温柱、夹心保温梁等。

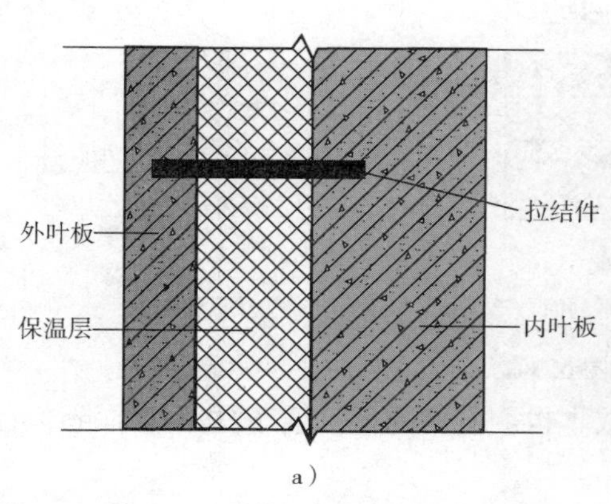

a）

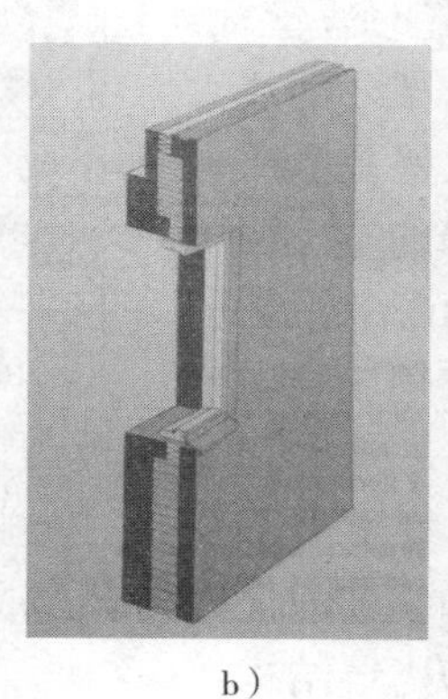
b）

图6.3-1　夹心保温板
a）夹心保温板构造原理　b）内外叶板示意

图6.3-2　夹心保温墙板

夹心板保温构件的外叶板最小厚度50mm，一般是60mm，也有的地区做到70mm厚。

2. 夹心保温板的优点

（1）由于有了至少50mm厚的外叶板保护，防火性能大大提高。

（2）外叶板不会像薄层灰浆那样容易裂缝或脱落。

（3）外叶板用拉结件与内叶构件连接，如果选用正确、制作正确，保温层不会脱落。

（4）外叶板可以直接做成装饰层或作为装饰面层的基层。

3. 夹心保温板的缺点

（1）增加了外叶板重量，给结构增加了负担。

（2）增加了无效的建筑面积。（按照建筑面积算楼面地价和房价，就会增加购房者的支出）。

（3）成本增加较多。（这也是国外尚未大面积推广的主要原因）。

（4）内外叶板之间的拉结件的锚固需要严格监督与管理。

（5）建筑表皮的造型受到限制。

4. 夹心保温板管理重点

（1）选用安全、可靠、耐久的拉结件。

（2）对拉结件进行试验验证。

（3）拉结件布置和锚固构造须详细设计。

（4）夹心保温板不宜一次制作，宜先制作外叶板，养护达到强度后，再铺设保温层，浇筑内叶板。

5. 夹心保温板改进

外墙外保温构造中没有空气层，结露区在保温层内，时间长了会导致保温效能下降。

夹心保温板内叶板和外叶板是用拉结件连接的，与保温层粘接没有关系，如此，外叶板内壁可以做成槽形，在保温板与外叶板之间形成空气层，以便结露排水，这是夹心保温板的升级做法，对长期保证保温效果非常有利（图6.3-3）。

6.3.3 其他外墙保温系统

1. GRC 墙板内附保温层

GRC 墙板是壁厚 15mm 左右的薄壁板，板背面有型钢骨架，板与型钢骨架之间靠大约 10cm 长的钢筋柔性连接，也就是说，保温层与型钢骨架之间有十几厘米的空隙，可以填充保温层（图 6.3-4）。GRC 多用于公共建筑的外围护系统，也有国家用于住宅建设的。详见第 6.5.4 小节介绍。

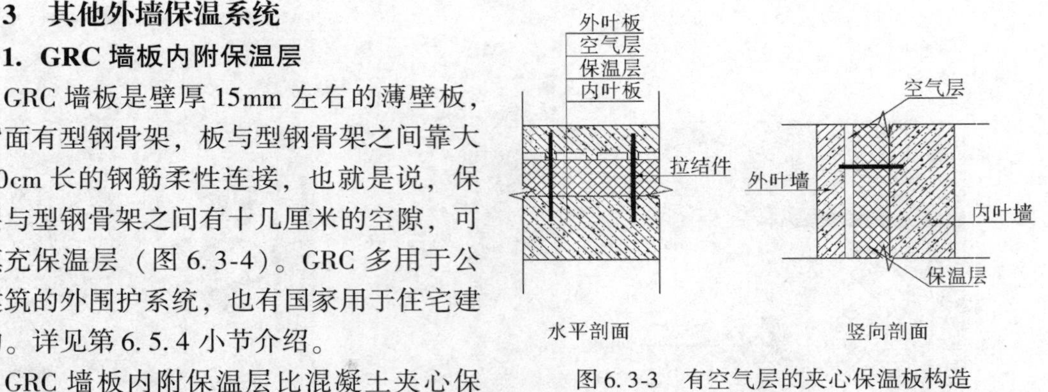

图 6.3-3　有空气层的夹心保温板构造

GRC 墙板内附保温层比混凝土夹心保温板重量大大降低，实现造型和装饰的优势突出，成本也会有所降低。适于柱梁体系混凝土结构和钢结构，不适宜混凝土剪力墙结构。

2. 无龙骨干挂保温装饰板

无龙骨锚栓干挂保温装饰板是将保温层与水泥基装饰面层一体化制作，采用干挂石材的连接方式，但由于预制混凝土墙板表面平整，具有比较高的精度，不需要用于找平的龙骨，可以在墙板制作时准确埋置内埋式螺母，连接示意见图 6.3-5、图 6.3-6。

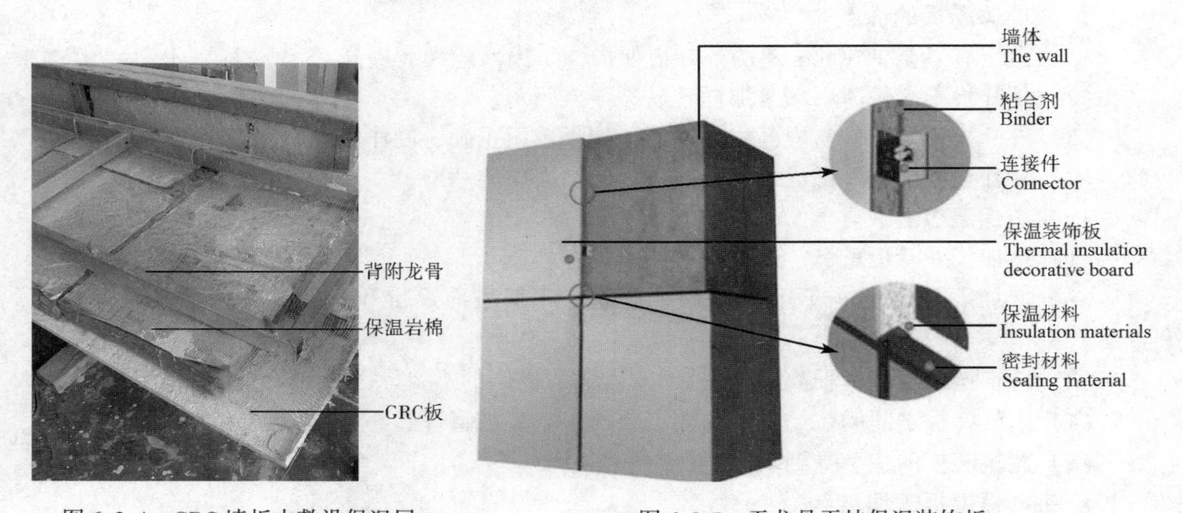

图 6.3-4　GRC 墙板内敷设保温层

图 6.3-5　无龙骨干挂保温装饰板

无龙骨锚栓干挂保温装饰板与夹心保温墙板比较，由于没有外叶板，减轻了重量。与传统的保温层薄壁抹灰方式比较，不会脱落，安全可靠。与有龙骨幕墙比较节省了龙骨材料和安装费用。干挂方式保温材料可以用岩棉等 A 级保温材料。

3. 双层轻质保温外墙板

双层轻质保温外墙板是用低热导率的轻质钢筋混凝土制成的墙板，分结构层和保温层两层。结构层混凝土强度等级 C30，重力密度 1700kg/m^3；热导率 λ 约为 0.2，比普通混凝土提高了隔热性能；保温层混凝土强度等级 C15，重力密度 1300～1400kg/m^3，热导率 λ 约为 0.12。结构层与保温层钢筋网之间有拉结筋。保温层表面或直接涂漆，或做装饰混凝土面层，见图 6.3-7。

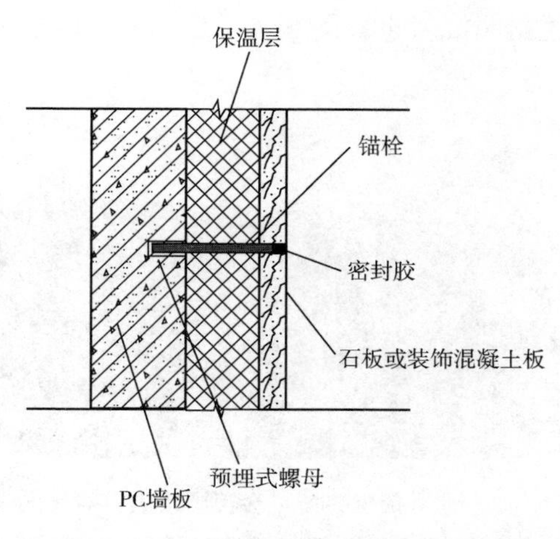

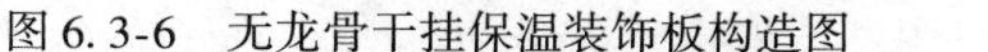

图6.3-6 无龙骨干挂保温装饰板构造图

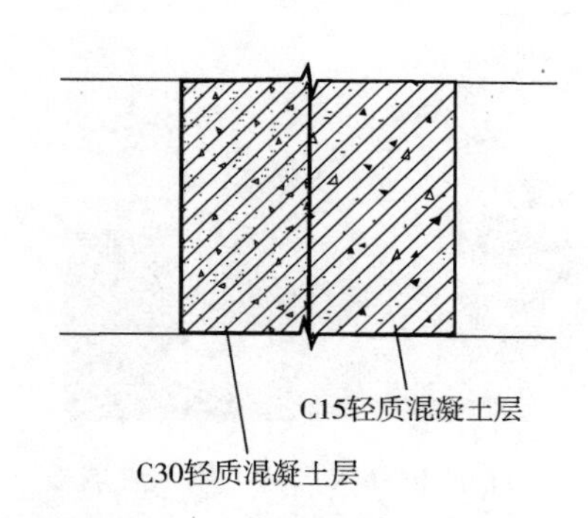

图6.3-7 双层轻质保温外墙板构造

双层轻质保温外墙板的优点是制作工艺简单，成本低。双层轻质保温外墙板用憎水型轻骨料，可用在不很寒冷的地区。

6.4 建筑表皮的艺术表达

建筑外围护系统的一个重要功能是艺术表达，建筑表皮的造型、比例、虚实、质感、纹理、色彩等，是建筑艺术最主要的元素。

对装配式建筑外围护系统而言，单元式玻璃幕墙、金属表皮（不锈钢板、铝板、铜板）、木结构墙板等，本身就是艺术元素的一部分。

对于混凝土外围护构件，剪力墙外墙板、外围柱梁、混凝土外挂墙板、GRC幕墙板等，实现艺术表达的手段包括：

1. 造型

由于混凝土的可塑性和预制构件工厂化制作的优势，装配式混凝土构件在造型方面比较便利。像第2章图2.3-1屈米设计的曲面镂空板、图2.3-6马岩松设计的哈尔滨大剧院双曲面板等，实现起来都不困难。这些曲面墙板在实际制作过程中是将参数化设计图样输入数控机床，由数控机床在聚苯乙烯板上刻出精确的曲面板模具，再在模具表面抹浆料刮平磨光，而后放置钢筋，浇筑制作曲面板。

不过，剪力墙外墙板和柱梁等承重构件有传力直接的要求，造型受到结构方面的限制，但构件表面凸凹不大的形状变化应当没有问题。

图6.4-1、图6.4-2是著名设计师山崎实设计的西雅图世界博览会美国馆，外围护构件的造型和虚实对比构成了建筑的艺术语汇。

2. 质感

混凝土表面做成装饰性的，叫装饰混凝土，包括：

（1）清水混凝土，即直接以混凝土本身的肌理颜色作为外饰面（图6.1-6）。

（2）露明混凝土，又称露骨料的混凝土。通过水刷、水磨、喷砂、剔凿等方式将混凝土表面水泥层除去，露出骨料的质感，还可以使用白水泥，或加上颜料，或用彩色骨料，制成彩色混凝土。图 6. 4-3 是西雅图科学馆的白色露明混凝土；图 6. 4-4 是几种仿砂岩装饰质感的露明混凝土。

图 6. 4-1 西雅图世界博览会美国馆外墙板

图 6. 4-2 西雅图世界博览会美国馆虚实对比的表皮

图 6. 4-3 西雅图美国馆构件露明混凝土

图 6. 4-4 装饰混凝土的质感

（3）仿纹理混凝土。通过细腻的模具，仿各种材料的纹理，如仿石、仿木、仿瓷砖、仿砖等。图 6. 4-5 是日本装配式别墅用的仿纹理质感的蒸压加气轻质纤维水泥板。

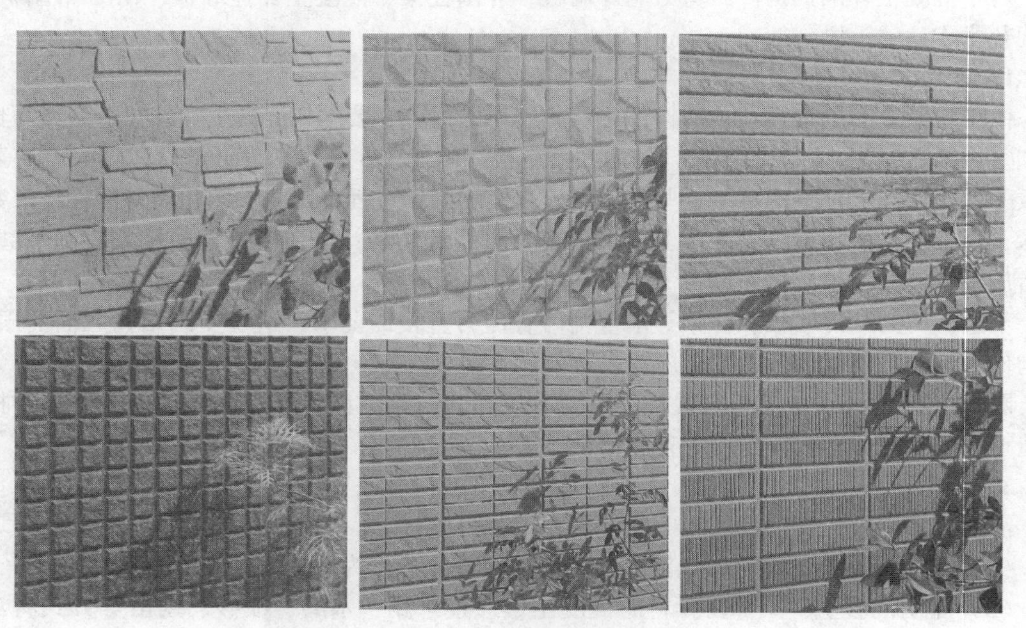

图 6. 4-5 仿纹理质感的蒸压加气轻质纤维水泥板（日本）

3. 色彩

除了用白水泥、颜料和骨料形成装饰混凝土色彩外，还可以在预制混凝土构件表面涂色，做成设计需要的颜色。由于预制混凝土表面光滑精致，涂色效果比现场涂刷要好很多。图6.4-6和图6.4-7是在预制混凝土构件涂色的例子。

图6.4-6　在预制墙板上做涂鸦色

图6.4-7　预制墙板表面涂氟碳漆

4. 石材反打

石材反打就是将装饰石材与预制构件一体化制作。先将装饰石材（花岗岩）铺到模具里（图6.4-8），石材背面由不锈钢卡钩，钩住石材。卡钩与预制混凝土构件内的钢筋固定在一起，浇筑混凝土后成为石材-混凝土一体化构件（图6.4-9）。石材反打工艺比干挂石材节省了龙骨，构件现场安装也比较简单。

图6.4-8　石材反打——模具里先铺设石材

图6.4-9　石材反打的构件

5. 瓷砖反打

瓷砖反打就是将装饰瓷砖与预制构件一体化制作。先将装饰瓷砖铺到模具里（图6.4-10），然后浇筑混凝土，成为瓷砖-混凝土一体化构件（图6.4-11）。瓷砖反打工艺比在现场抹灰粘贴面砖省去了抹灰，现场安装作业也比较简单。

图6.4-10　瓷砖反打——模具里铺设瓷砖

6.5　装配式建筑外墙主要类型

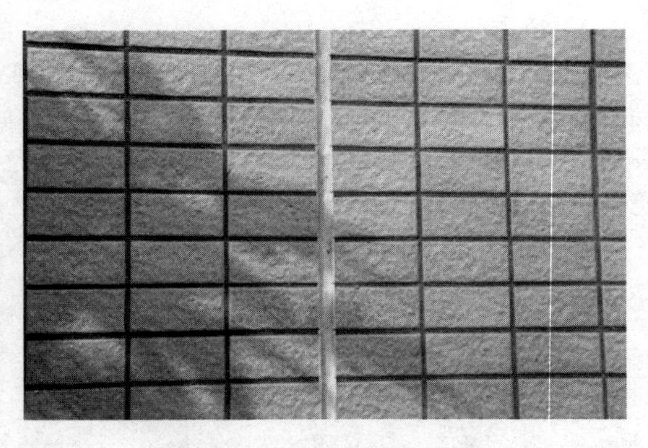

图 6.4-11　瓷砖反打的构件

6.5.1　混凝土剪力墙结构外墙

装配式混凝土剪力墙结构外墙围护系统由剪力墙、连梁、窗户、窗下墙和阳台等构件构成，其结构拆分有三种方式：整间板方式、窗间墙板方式和三维墙板方式。

（1）整间板方式

门窗洞口两侧的剪力墙与连梁、窗下墙一体化制作整间板，纵横墙交接处采用后浇混凝土连接（图 6.5-1）。

（2）窗间墙板方式

剪力墙外墙窗间墙采取预制方式，与门窗洞口上部预制叠合连梁后浇连接，窗下墙为轻质墙板。窗间墙、连梁与窗下墙板围合门窗洞口。窗间墙与横墙连接为后浇混凝土，设置在横墙端部（图 6.5-2）。

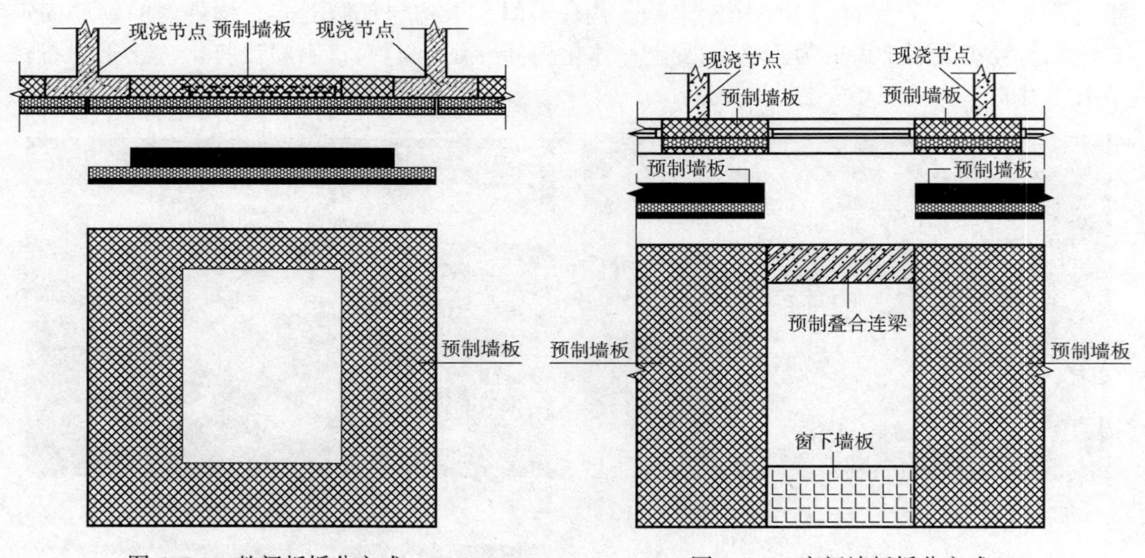

图 6.5-1　整间板拆分方式

图 6.5-2　窗间墙板拆分方式

（3）三维墙板方式

剪力墙外墙窗间墙连同部分横墙一起预制成 T 形或 L 形三维构件，与门窗洞口上部预制叠合连梁后浇连接，窗下墙为轻质墙板。三维墙板、连梁与窗下墙板围合门窗洞口。三维墙板与横墙的连接为后浇混凝土，设置在横墙边缘构件以外位置（图 6.5-3、图 6.5-4 和图 6.5-5）。

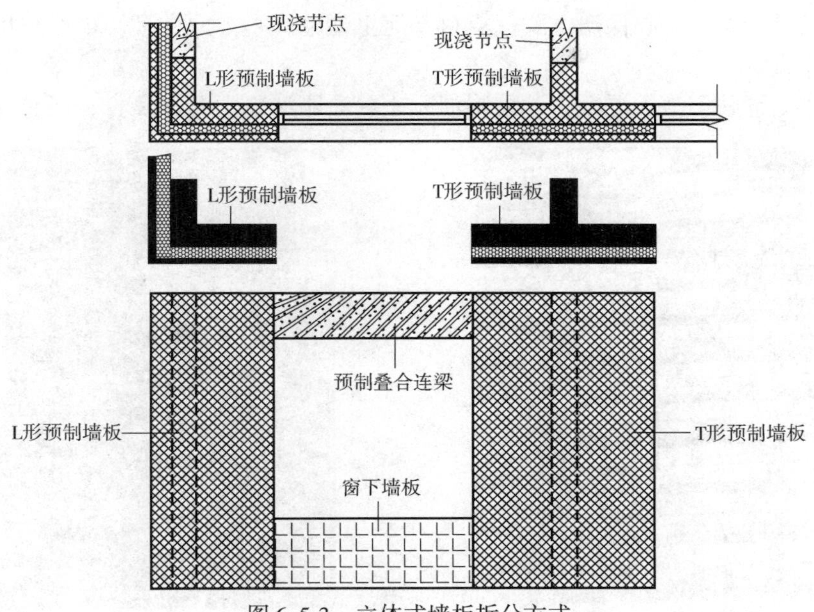

图6.5-3　立体式墙板拆分方式

图6.5-4　L形剪力墙板

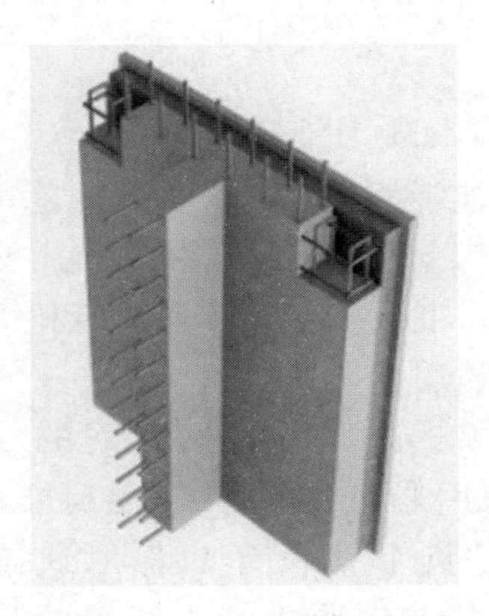

图6.5-5　T形剪力墙板

整间板方式集成化程度较高，可实现门窗一体化。但最大的问题是按照现行规范，接缝在边缘构件部位（纵横墙交接处）都需要后浇混凝土连接，如此外墙围护系统每跨都有现浇部位，施工麻烦且成本高、用工多。窗间墙板和立体墙板方式虽然不能实现门窗一体化，但外墙系统只有连梁与剪力墙连接部位有很少量的后浇混凝土，外围护系统规则完整。

剪力墙外墙保温、装饰一体化可采用夹心保温板方式，外叶板做成装饰一体化；也可以采用无龙骨干挂保温装饰板方式。

6.5.2　混凝土柱、梁结构“围合”

混凝土柱、梁结构体系，包括框架结构、框剪结构、筒体结构，外围护系统采用柱、梁围合窗户方式形成（图6.5-6、图6.5-7）。如果柱、梁断面尺寸小，导致窗洞过大，可在楼板设置腰板或挂板，或采用带翼缘的柱、梁（见第2章2.5.3节，图2.5-3和图2.5-4），以减少窗洞面积。文前彩插图C04万科春河里住宅和第2章图2.3-3鹿岛办公楼，都是柱、梁围合方式形成外围护系统。

柱、梁保温可采用夹心保温方式，万科春河里住宅即是如此处理。也可采用无龙骨干挂保温装饰板方式。

装饰一体化可采用清水混凝土、装饰混凝土、涂刷涂料、石材反打、面砖反打等方式。

图 6.5-6　预制圆柱与矩形梁“围合”窗户

图 6.5-7　预制柱、梁“围合”窗户

6.5.3　预制混凝土外挂墙板

预制外挂墙板也叫 PC 墙板，是安装在主体结构上，起围护、装饰作用的非承重构件。混凝土柱梁体系建筑和钢结构建筑都适用。

图 6.5-9 是悉尼歌剧院裙房的外挂墙板，采用彩色露明装饰混凝土。图 6.5-10 是贝聿铭设计的肯尼迪图书馆，钢结构与混凝土结构组合的装配式建筑，白色部分是混凝土外挂墙板。

图 6.5-8　预制柱与带翼缘的预制梁“围合”窗户

图 6.5-9　悉尼歌剧院装饰混凝土外挂墙板

外挂墙板保温可做内保温或夹心保温板，国外做内保温较多。饰面层可以做成清水混凝土（图6.5-11）、装饰混凝土（图6.5-12）、喷刷涂料、石材反打、面砖反打等。

图6.5-10　肯尼迪图书馆白色装饰混凝土外挂墙板（美国·波士顿）

图6.5-11　清水混凝土外挂墙板（澳大利亚·墨尔本）

6.5.4　GRC墙板

GRC墙板即玻璃纤维增强的混凝土墙板，适用于混凝土柱梁体系建筑、钢结构和木结构建筑。

由于有玻璃纤维增强，GRC抗弯强度可达到18N/mm^2，是普通混凝土的3倍，由此可做成薄壁构件，一般厚度为15mm，板表面可以附着5～10mm厚的彩色砂浆面层。GRC具有壁薄体轻、造型随意、质感逼真的特点。一般用于大型公共建筑的外围护结构。图6.5-13是扎哈·哈迪德设计的长沙梅溪湖文化中心，这座非线性建筑外围护结构主要采用白色砂岩质感的GRC。

图6.5-12　装饰混凝土外挂墙板（澳大利亚·悉尼）

图6.5-13　扎哈·哈迪德设计的长沙梅溪湖文化中心GRC外围护系统（倍立达提供）

GRC 也可用于柱梁结构体系的住宅，图 6.5-14、图 6.5-15 是土耳其高层住宅，外墙围护系统采用 GRC。图 6.5-16 是环保材料制作的 GRC 墙板，图 6.5-17 是 GRC 彩色曲面墙板。

图 6.5-14　高层住宅 GRC 外墙（土耳其）

图 6.5-15　高层住宅 GRC 外墙（土耳其）

图 6.5-16　环保材料 GRC 墙板（宝贵石艺提供）

图 6.5-17　GRC 彩色曲面墙板

GRC 有非常强的装饰性，保温一体化可采用内壁附着方式，见图 6.3-4。综合成本约低于混凝土夹心保温板，但重量减轻了很多。

6.5.5　UHPC 墙板

超高性能混凝土（UHPC）也称作活性粉末混凝土，是最新的水泥基工程材料，主要材料有水泥、石英砂、硅灰和纤维（钢纤维或复合有机纤维）等。其强度比 GRC 要高，抗弯强度可达 $20N/mm^2$ 以上，且抗弯强度不会像 GRC 那样随时间衰减，壁厚 10～15mm。应用范围与 GRC 一样，耐久性比 GRC 好，但造价比 GRC 高。

6.5.6　ALC 板

ALC 板即蒸压加气混凝土板，是由经过防锈处理的钢筋网片增强，经过高温、高压、蒸汽养护而成的一种性能优越的轻质混凝板，具有保温隔热、轻质高强、安装便利的特点，可用于外围护系统。

国家标准和行业标准对 ALC 板的适用范围没有规定。ALC 板在日本可以用于 6 层楼以下建筑外墙和高层建筑凹入式阳台的外墙，见图 6.5-18。

6.5.7　蒸压加气轻质纤维增强水泥板

蒸压加气轻质纤维水泥板以纤维和水泥为主要原材料制作，具有壁薄体轻、造型随意、质感逼真的特点。适用于低层混凝土结构、木结构和钢结构建筑的围护系统。其装饰功能非常强，见图 6.4-5。保温构造为填充式，见第 3 章图 3.1-11，是目前一种非常成熟的保温方式。

图 6.5-19 是装配式钢结构别墅，外围护系统为蒸压加气轻质纤维增强水泥墙板系统。

图 6.5-18　凹入式阳台 ALC 轻体外墙

图 6.5-19　蒸压轻质纤维增强水泥板外围护墙板

6.5.8　压型钢板保温复合板

压型钢板保温复合板是压型钢板与保温板复合的墙板，具有重量轻、施工便利和造价低等的特点，在国内一般用于钢结构工业厂房外围护结构。但在美国，办公楼与住宅的墙体中也常有用。

图 6.5-20 是美国波音公司的一处办公建筑，采用压型钢板保温复合板围护系统，局部用玻璃幕墙，简洁、得体，看上去很大气。图 6.5-21 是西雅图一座公寓，采用压型钢板保温复合板围护系统，与立面阳台凸窗搭配，看上去也很漂亮。

6.5.9　木结构外墙

关于木结构墙体在第 4 章已经做了介绍。木结构外墙不仅适用于木结构建筑，也适用于低层和多层混凝土柱梁体系建筑及钢结构建筑。

木结构墙体具有很好的装饰性，不用装饰就是景观（图 6.5-22）。

单元式木结构外墙是指采用木骨架与具有保温、隔声、防火性能的材料组合而成的外墙板，具有很好的集成性，可以实现围护、保温、装饰一体化。图 6.5-23 是单元式木骨架组合外墙板的现场安装照片。

图 6. 5-20　波音公司一办公楼采用压型钢板墙体

图 6. 5-21　压型钢板墙体住宅（美国 · 西雅图）

图 6. 5-22　木结构建筑外墙

图 6. 5-23　单元式木结构外墙在吊装

6. 5. 10　单元式幕墙

单元式幕墙是指由各种墙面板与支承框架在工厂制成的完整的幕墙结构基本单位，包括玻璃幕墙和金属幕墙，是直接安装在主体结构上的外围护墙。适用于混凝土柱梁体系建筑、钢结构和木结构建筑。

下面给出几个案例，供读者参考。

图 6. 5-24 是荷兰著名建筑师雷姆 · 库哈斯（中央电视台大楼设计者）设计的西雅图中心图书馆，玻璃幕墙与钢结构骨架的设计体现了视觉震撼的效果。图 6. 5-25 是纽约最贵的公寓 ONE57 大厦的波浪形幕墙局部。图 6. 5-26 是新西兰新普利茅斯的连恩 · 莱艺术中心的不锈钢幕墙。

图 6. 5-24　玻璃幕墙与钢结构（西雅图）

图6.5-25 纽约ONE57大厦波浪形幕墙

图6.5-26 连恩·莱艺术中心不锈钢幕墙（新西兰）

思考题

1. 装配式外围护系统如何分类，各有哪些类型？
2. 外墙外保温存在什么问题？
3. 夹心保温板有哪些优点和缺点？
4. 混凝土剪力墙结构外墙围护系统拆分方式主要有哪几种？各有何利弊？
5. 装配式外围护系统集成设计有哪些要求？集成设计应包括哪些内容？
6. 常见有哪几种装饰与预制构件一体化的方式来实现建筑表皮质感？
7. ALC墙板有什么特点，适用哪些范围？

第7章　集成、模数化、标准化与协同

本章介绍装配式建筑的集成（7.1），装配式建筑模数化设计（7.2），装配式建筑的标准化设计（7.3），以及装配式建筑的协同设计（7.4）。

7.1　装配式建筑的集成

7.1.1　集成的概念

装配式建筑混凝土结构、钢结构和木结构的国家标准都强调装配式建筑的集成化。所谓集成化就是一体化的意思，集成化设计就是一体化设计，在装配式建筑设计中，特指建筑结构系统、外围护系统、设备与管线系统和内装系统的一体化设计。

有人把集成化简单地理解为设计或选择集成化的部品部件，如夹心保温外墙板、集成式厨房等。

其实，集成化是很宽泛的概念，或者说是一种设计思维方法，集成有着不同的类型。

1. 多系统统筹设计（A型）

多系统统筹设计，并不是非要设计出集成化的部品部件，而是指在设计中对各个专业进行协同，对相关因素进行综合考虑，统筹设计。例如，在水电暖通各个专业的管线设计时，进行集中布置，综合考虑建筑功能、结构拆分、内装修等因素。图7.1-1是多系统统筹设计的图例，各专业竖向管线集中布置，减少了穿过楼板的部位。

2. 多系统部品部件设计（B型）

多系统部品部件设计是将不同系统单元集合成一个部品部件。例如，表面带装饰层的夹心保温剪力墙板就是结构、门窗、保温、防水、装饰一体化部件，集成了建筑、结构和装饰系统（图7.1-2）；再比如，集成式厨房包含了建筑、内装、给水、排水、暖气、通风、燃气、电气各专业内容（图7.1-3）。

图7.1-1　各专业竖向管线集中布置

图7.1-2　剪力墙夹心保温板

3. 多单元部品部件设计（C型）

多单元部品部件设计是指将同一个系统内不同的单元组合成部品部件，例如，柱和梁都属于结构系统，但是不同的单元，有时候为了减少结构连接点，将柱与梁设计成一体化构件，如莲藕梁（图7.1-4）；欧洲装配式建筑有些墙板是梁-墙一体化构件，即把梁做成扁梁，与墙板一体化浇筑（也叫暗梁），简化了施工（图7.1-5）。

图7.1-3　集成式厨房

图7.1-4　梁柱一体化构件——莲藕梁（俯视）

图7.1-5　框架结构梁墙一体化构件

4. 支持型部品部件设计（D型）

所谓支持型部品部件，是指单一型的部品部件，如柱子、梁、预制楼板等，虽然没有与其他构件集成，但包含了对其他系统或环节的支持性元素，需要在设计时予以考虑。例如，预制楼板预埋内装修需要的预埋件（图7.1-6）、预制梁预留管线穿过的孔洞（图7.1-7）。

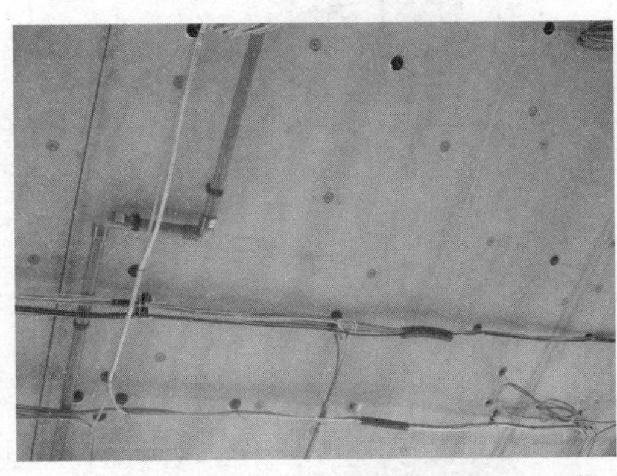

图7.1-6　预制楼板预埋内装修需要的预埋件

图7.1-7　预制梁预留管线穿过的孔洞

7.1.2 集成的原则

集成设计应遵循以下原则：

1. 实用原则

集成化必须带来好处。集成的目的是保证和丰富功能、提高质量、减少浪费、降低成本、减少人工和缩短工期等，既不要为了应付规范要求或预制率指标勉强搞集成化，也不能为了作秀搞集成化。集成化设计应进行多方案技术经济分析比较。

2. 统筹原则

不应当简单地把集成化看成仅仅是设计一些多功能部品部件，集成化设计中最重要的是多因素综合考虑，统筹设计，找到最优方案。

3. 信息化原则

集成设计是多专业多环节协同设计的过程，不是一两个人拍脑袋就行，必须建立信息共享渠道和平台，包括各专业信息共享与交流，设计人员与部品部件制作厂家、施工企业的信息共享与交流。信息共享与交流是搞好集成设计的前提。其中，BIM 就是集成设计的重要帮手。

4. 效果跟踪原则

集成设计并不会必然带来效益和其他好处，设计人员应当跟踪集成设计的实现过程和使用过程，找出问题，避免重复犯错误。

7.1.3 集成设计实例

常见的集成化部品部件包括集成式厨房、集成吊顶、集成墙饰、集成式卫生间、集成式整体收纳和集成式架空地板等。集成化部品部件的清单及实例见表 7.1-1。

表 7.1-1 常见的集成化部品部件清单及实例

名　称	实　例　一	实　例　二
集成式厨房		
集成吊顶		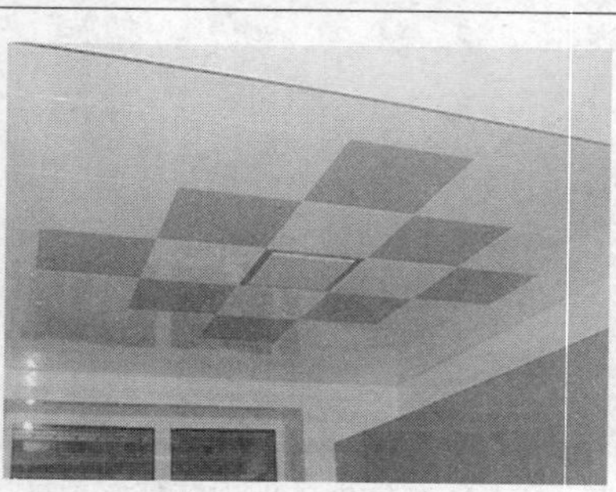

（续）

名　称	实　例　一	实　例　二
集成墙饰		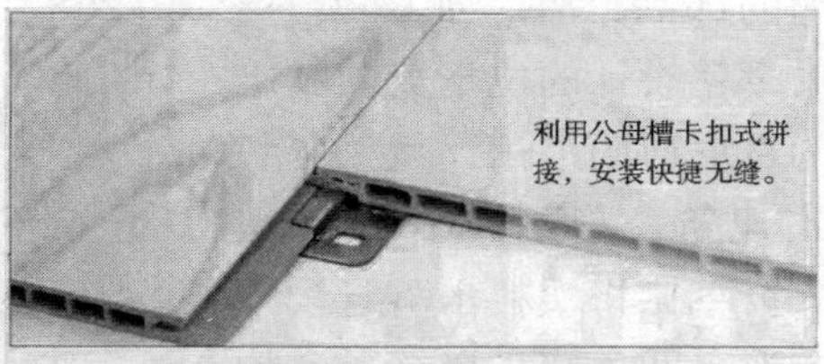 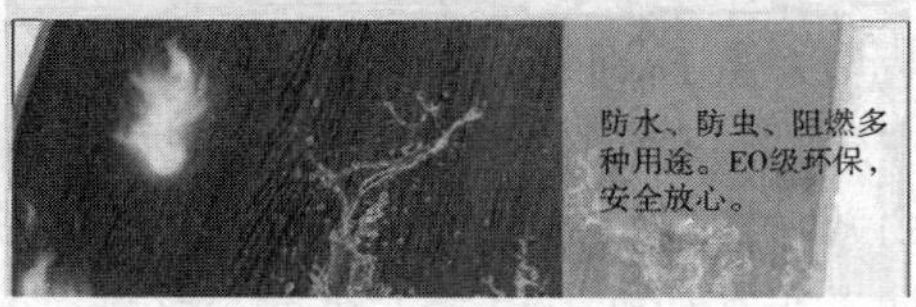 利用公母槽卡扣式拼接，安装快捷无缝。 防水、防虫、阻燃多种用途。EO级环保，安全放心。
集成式卫生间		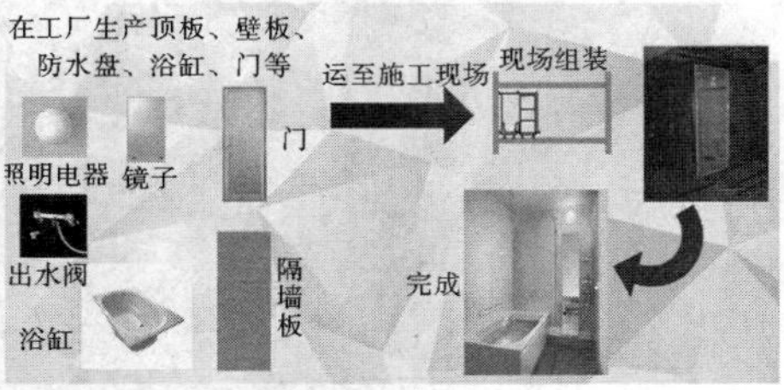 在工厂生产顶板、壁板、防水盘、浴缸、门等 照明电器　镜子　门　出水阀　浴缸　隔墙板 运至施工现场　现场组装　完成
集成式整体收纳		
集成式架空地板	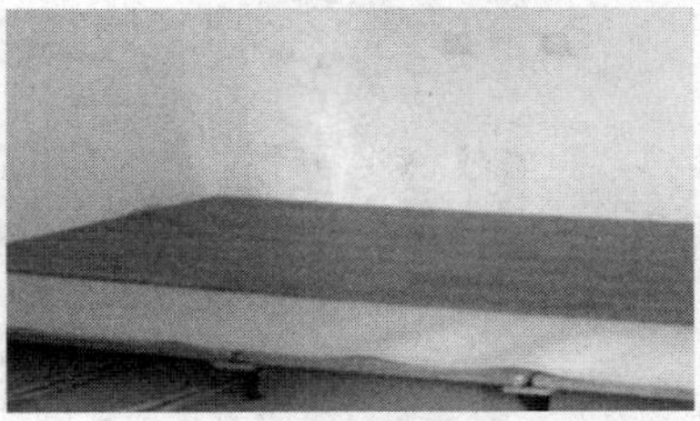	

除了上述常见的集成部品部件外，还有一些集成式特殊用途的部品部件，如图 7. 1-8 为贝聿铭设计的位于美国波士顿的肯尼迪图书馆，是一座装配式建筑，采用预制外挂墙板。贝聿铭将塑料水落管设计成方形，凹入墙板接缝处，构成装饰元素；图 7. 1-9 为日本集中式阀门布置；图 7. 1-10 为门厅整体收纳抽屉式穿鞋凳；图 7. 1-11 是丹麦的一个建筑，利用钢结构斜拉杆固定的悬挑很大的集成式玻璃阳台，轻盈漂亮。这些看似微不足道的集成设计或非常巧妙地提升了建筑的形象，或给住户带来了生活的便利。总而言之，集成是有着具体的功能目标的。

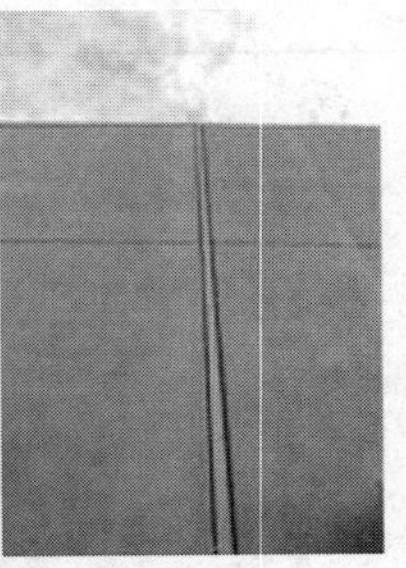

图 7. 1-8　装饰和功能一体化水落管

图 7. 1-9　日本集中式阀门布置图

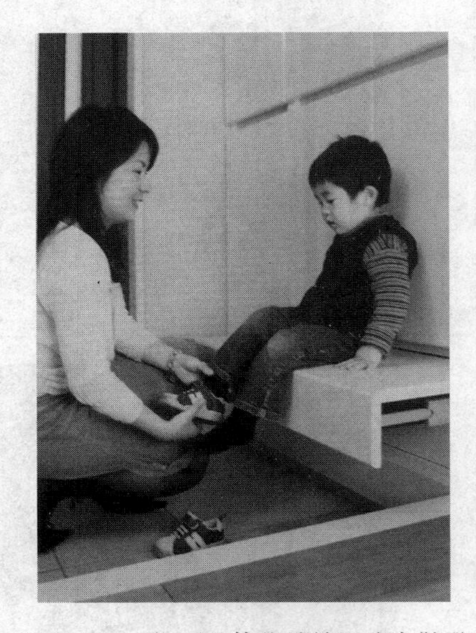

图 7. 1-10　门厅整体收纳抽屉式穿鞋凳

图 7. 1-11　丹麦集成式的玻璃阳台

7.2　装配式建筑模数化设计

7.2.1　什么是模数

我们都知道，建筑物层高的变化是以100mm为单位的，设计层高有2.8m、2.9m、3.0m，而不是2.84m、2.96m、3.03m。这个100mm就是层高变化的模数。建筑物的跨度是以300mm为单位变化的，跨度有3m、3.3m、4.2m、4.5m，而没有3.12m、4.37m、5.89m。这个300mm就是跨度变化的模数。

所谓模数，就是选定的尺寸单位，作为尺度协调中的增值单位。

建筑的基本模数是指模数的基本尺寸单位，用M表示，1M=100mm。

建筑物、建筑的一部分和建筑部件的模数化尺寸，应当是100mm的倍数。扩大模数是基本模数的整数倍数；分模数是基本模数的整数分数。

一般来说，装配式建筑的模数有以下规定：

（1）装配式建筑的开间或柱距、进深或跨度、门窗洞口等宜采用水平扩大模数2nM、3nM（n为自然数）。

（2）装配式建筑的层高和门窗洞口高度等宜采用竖向扩大模数数列nM。

（3）梁、柱、墙等部件的截面尺寸等宜采用竖向扩大模数数列nM。

（4）构造节点和部件的接口尺寸采用分模数数列nM/2、nM/5、nM/10。

7.2.2　模数协调

模数协调就是按照确定的模数设计建筑物和部品部件的尺寸。模数协调是建筑部品部件制造实现工业化、机械化、自动化和智能化的前提，是正确和精确装配的技术保障，也是降低成本的重要手段。模数协调的具体目标包括：

（1）实现设计、制造、施工各个环节和各个专业的互相协调。

（2）对建筑各部位尺寸进行分割，确定集成化部件、预制构件的尺寸和边界条件。

（3）尽可能实现部品部件和配件的标准化，特别是用量大的构件，优选进行标准化设计。

（4）有利于部件、构件的互换性，模具的共用性和可改用性。

（5）有利于建筑部件、构件的定位和安装，协调建筑部件与功能空间之间的尺寸关系。

7.2.3　允许误差

模数化设计还需要给出合理的公差。

装配式建筑“装配”是关键，保证精确装配的前提是确定合适的公差，也就是允许误差，包括制作公差、安装公差和位形公差。

（1）制作公差是指部品部件制作时形成的误差。

（2）安装公差即安装时为保证与相邻部件或分部件之间的连接所需要的最小空间，也称空隙，如外挂墙板之间的空隙。

（3）位形公差是指在力学、物理、化学作用下，建筑部件或分部件所产生的位移和变形的允许偏差，墙板的温度变形就属于位形公差。

7.3　装配式建筑的标准化设计

7.3.1　装配式建筑标准化设计内容

装配式建筑的部品部件及其连接应采用标准化、系列化的设计方法，主要包括：

(1) 尺寸的标准化。

(2) 规格系列的标准化。

(3) 构造、连接节点和接口的标准化。

7.3.2　标准化覆盖范围

装配式建筑受运输条件、各地习俗和气候环境的影响，地域性很强，标准化不一定非要强求大一统。配件、安装节点和接口可以要求大范围实现标准化，但受运输、地方材料、气候、民俗限制和影响的部品部件，实行小范围标准化即可。例如，钢筋连接套筒可以实现全国范围的标准化，但小建筑的外墙板，四川西部、安徽南部就没有必要也不可能实现相同的标准化，各自制定本地区的标准即可。

7.3.3　关于标准化设计的提醒

1. 标准化不能牺牲建筑的艺术性

建筑不仅要满足人的居住和工作功能，还要实现艺术性。就像爱美是女性的固有属性一样，艺术是建筑的固有属性。

没有个性就没有艺术，不能将建筑都设计成千篇一律的样子。装配式建筑既要实现标准化又要实现艺术化和个性化。

图 7.3-1　圣路易斯公寓由于过于单调无人愿意居住而被炸掉

美国著名建筑大师山崎实在20世纪50年代设计的位于美国中部城市圣路易斯市的廉租房社区（图 7.3-1），由于过于强调标准化，建筑单调呆板，没有人愿意居住，成为吸毒走私者的聚集地，治安很差。18年后，开发商只好炸掉它重新建设。这个事件是建筑工业化的一个警钟，不能因为标准化就把建筑的艺术性牺牲了。

2. 标准化不等于照搬标准图

建筑功能、风格和结构千变万化，标准图不可能包罗万象，所以，一定要依据具体项目的具体情况进行标准化设计，而不能千篇一律照搬标准图。

3. 实现标准化的主导环节

实现标准化的主导环节是标准的制定者，国外一般是行业协会，或者是一个大型企业。例如日本积水公司及大和公司，各自每年装配式别墅销量达5万套以上，他们的企业标准应用范围就很广。国内标准化的主导者是国家行业主管部门、地方政府、行业协会和大型企业。每个具体工程项目的设计师，关于标准化设计所能做的工作仅限于：

（1）按照标准图设计。

（2）选用已有的标准化部品部件。

（3）设计符合模数协调的原则。

7.3.4　模块化设计

所谓模块是指建筑中相对独立，具有特定功能，能够通用互换的单元。装配式建筑的部品部件及部品部件的接口宜采用模块化设计。

例如，集成式厨房就是由若干个模块组成的，包括灶台模块、洗涤池模块、厨房收纳模块等。

图7.3-2和图7.3-3是香港白沙角住宅社区的模块化整体飘窗和带遮阳板的整体窗户，可以用在不同的户型上。

模块化设计需要建筑师具有比较强的装配式意识、标准化意识和组合意识（“乐高”意识）。

图7.3-2　模块化整体飘窗（倍立达提供）

图7.3-3　模块化带遮阳板窗（倍立达提供）

7.4　装配式建筑的协同设计

7.4.1　装配式建筑为什么要强调协同设计

协同设计是指各个专业（建筑、结构、装修、设备与管线系统各个专业）、各个环节（设计、工厂、施工环节）进行一体化设计。

装配式建筑对协同设计的要求比现浇混凝土建筑要强烈得多。因为：

（1）装配式建筑，特别是装配式混凝土建筑，各个专业和各个环节的一些预埋件预埋物要埋设在预制构件里，一旦构件设计图中没有设计进去，或者位置不准，等构件到了现场就很难补救，会造成很大的损失；砸墙凿槽容易凿断钢筋或破坏混凝土保护层，形成结构安全隐患。

（2）按照国家标准的要求，装配式建筑应进行全装修，如此，装修设计必须提前，因为许多装修预埋件预埋物要设计到构件图中。

(3) 按照国家标准要求，装配式建筑宜进行管线分离、同层排水，如此，也需要各个相关专业密切协同设计。

(4) 预制构件制作过程需要的脱模、翻转等吊点，安装过程需要的吊点和预埋件，还有施工设施需要埋设在构件中的预埋件，都需要设计到预制构件图中，一旦遗漏，则很难补救。

7.4.2 如何进行协同设计

(1) 设计协同的要点是各专业、各环节、各要素的统筹考虑。

(2) 建立以建筑师和结构工程师为主导的设计团队，负责协同，明确协同责任。

(3) 建立信息交流平台。组织各专业、各环节之间的信息交流和讨论。通常可采用会议交流、微信群交流等方式进行沟通协同。

(4) 采用“叠合会图”方式，把各专业相关设计汇集在一张图上，以便更好地检查“碰撞”与“遗漏”。

(5) 设计早期就与制作工厂和施工企业进行互动。

(6) 装修设计须与建筑结构设计同期展开。

(7) 使用 BIM 技术手段进行全链条信息管理。

7.4.3 协同设计内容清单

协同设计内容繁多，不可能列出一个包罗万象的清单，这里只是给出概略，重在建立“拉清单”的思路。

(1) 外围护系统设计需要建筑、结构、电气（防雷）、给水（太阳能一体化）等专业协同。

(2) 设备与管线布置、如何穿过楼板、梁或墙体，需要设备管线各专业之间（避免碰撞）并与建筑、结构和装修设计协同。管线、阀门与表箱应集中布置，设备与管线系统内各个专业之间，与建筑、结构、内装等系统之间必须协同。

(3) 设备与管线系统各个专业埋设或敷设管线、安装设备等，需埋置预埋件、预埋物或预留孔洞在预制构件中、需设备管线各个专业之间、与建筑、结构和装修专业等进行协同。将各专业与装配式有关的所有要求和节点构造，准确、定量、清楚地表达在建筑、结构和预制构件制作图中。

(4) 进行集成式厨房（图 7.4-1）、集成式卫生间（图 7.4-2）设计或选用时，需要建筑、结构、装修、设备与管线系统各个专业与部品制作厂家进行协同。包括室内布置关系，在预制构件里埋置安装部品的预埋件，设计管线接口和检修孔等。

图 7.4-1　敞开式集成式厨房与装修一体化

(5) 进行内装和整体收纳设计时，建筑、结构、装修和设备管线有关专业进行协同。所有同装修有关的预埋件、预埋物、预留孔洞（甚至包括安装窗帘的预埋件）等，如果位于预制构件处，都必须落到预制构件制作图上，不能遗漏。

（6）内装设计需要与其他专业协同的内容主要包括：吊顶、墙体固定、整体收纳柜固定等预埋件布置。

（7）管线分离、同层排水（图7.4-3）、地热系统等，建筑、结构、装修和设备管线系统各个专业需要进行协同。

图7.4-2　集成式卫生间

图7.4-3　同层排水

7.4.4　设计、制作、施工的协同

装配式建筑追求集约化效应，通过设计、制作、施工的协同可以保证建筑质量、降低成本以及缩短工期。

（1）装配式建筑设计前设计单位一定要邀请预制构件和集成部品部件制作单位、施工企业进行交流，请他们提出便于制作和安装的建议及一些专业性的要求，并收集索要集成部品部件样本或图集等资料。

（2）请工厂和施工企业提交制作与施工环节所有需要的预埋件、吊点、预留孔洞等，设计到构件制作图中。

（3）设计过程中，尤其是在设计各专业协同过程中发现一些问题，也需要征求制作单位和施工企业的意见。

（4）设计完成后要组织向制作厂家和施工单位进行图样审查和技术交底。

（5）预制构件和集成部品部件制作单位在产品制作阶段，要严格按照设计图样等资料进行制作，如果发现设计图样有误或者难于实现制作和安装的设计问题，必须与设计单位、制作单位进行协同，由设计单位进行图样修改，或者下达技术变更，严禁私自进行调整或变更。制作阶段在设计允许的范围内要尽可能考虑到安装的便利性。

（6）施工企业要严格按照设计图样进行施工，要与预制构件和集成部品部件制作单位协同安装施工事宜，尤其是对一些复杂预制构件的安装过程中，当发现设计、制作存在问题时，譬如预埋件、预留口洞遗漏等，必须与设计和制作单位协同沟通，请设计单位给出变更或返工等意见，严禁私自进行“埋设”作业，也不能砸墙凿洞和随意打膨胀螺栓。

思考题

1. 举例说明装配式建筑集成的几种类型。
2. 装配式建筑标准化设计内容有哪些？
3. 装配式建筑如何进行协同设计？

第 8 章　装配式建筑管理

本章介绍装配式建筑管理，包括：装配式建筑管理的重要性（8.1），政府对装配式建筑的管理（8.2），建设单位对装配式建筑的管理（8.3），监理对装配式建筑的管理（8.4），装配式建筑与总承包模式（8.5），设计单位对装配式建筑的管理（8.6），制作企业对装配式建筑的管理（8.7），施工企业对装配式建筑的管理（8.8）以及装配式建筑质量管理概述（8.9）。

8.1　装配式建筑管理的重要性

随着现代科学技术的高速发展，很多人把对科学技术的追求放到至关重要的地位。但从我国改革开放的实践来看，很多企业或产业发展不好，致命的因素是疏于管理或管理不当。装配式建筑在国外已经发展多年，且已被证明具有较大优势，但这种优势是建立在有效管理的基础上才能充分体现出来的。

1. 有效的管理为行业良性发展保驾护航

（1）从政府管理角度，应制定适合装配式发展的政策措施，并贯彻落实到位。比如：

1）推动主体结构装配与全装修同步实施。我国目前的商品房大部分还是毛坯房交付，而装配式建筑发展如果只是建筑主体结构装配，不同时推动全装修，那么装配式建筑如节省工期、提升质量等优势就不能完全体现出来。

2）推进管线分离、同层排水的应用。管线分离、同层排水等提高建筑寿命、提升建筑品质的措施，如果没有政府在制度层面的设计和实施，也无法真正得到有效的推广。

3）建立适应装配式建筑的质量安全监管模式。政府应牵头加大对装配式建筑建设过程的质量和安全的管理，如果还是采用原始的现浇模式的管理办法，没有设计配套适合装配式建筑的管理模式，装配式建筑将得不到有效管理，并会制约装配式建筑的健康发展。

4）推动工程总承包模式。工程总承包模式的应用对装配式建筑发展十分有利，如果政府没有这方面的制度设计和管理措施，将极大制约装配式建筑的进一步发展。

基于以上种种原因，我们不难看出，政府管理对装配式建筑发展起到了十分重要的作用。

（2）从企业管理角度，在装配式建筑的各紧密相关方都需要良好的管理。比如：

1）甲方是推动装配式建筑发展和管理的总牵头单位，是否采用工程总承包模式，是否能够有效整合协调设计、施工、部品部件生产企业等，都是直接关系装配式项目能否较好完成的关键因素，甲方的管理方式和能力起到决定性作用。

2）对于设计单位，是否充分考虑了组成装配式建筑的部品部件的生产、运输、施工等便利性因素，都是决定项目顺利实施的重要因素。

3）对于施工单位，是否科学设计了项目的实施方案，比如塔式起重机的布置、吊装班组的安排、部品部件运输车辆的调度等，对于项目是否省工、省力都有重要作用。

同样，监理和生产等企业的管理，都会在各自的职责中发挥着重要的作用。

2. 有效的管理保证各项技术措施的有效实施

装配式建筑实施过程中生产、运输、施工等环节都需要有效的管理保障，也只有有效的管理才能保证各项技术措施的有效实施。比如，装配式建筑的核心是连接，连接的好坏直接关系着结构的安全，有了高质量的连接材料和可靠的连接技术，如果缺失有效的管理，操作工人没有意识到或者是根本不知道连接的重要性，就会给装配式建筑带来灾难性的后果。图 8.1-1 是钢筋位置不准，无法进行连接，现场工人用气焊烧软了钢筋弯曲就位的照片，这样做将对结构安全产生重大影响，埋下安全隐患。

图 8.1-1　由于钢筋位置误差大无法安装，工人现场用气焊烧软了钢筋使其弯曲就位

事实说明，对装配式建筑进行科学的管理十分重要，甚至比技术更重要。

8.2　政府对装配式建筑的管理

8.2.1　政府推广装配式建筑的职责和主要工作

在我国，特别是装配式建筑发展初期，政府应主要做好顶层设计（法律、制度、规则），提供政策支持和服务，进行工程和市场监管，鼓励科技进步等工作。其中，中央政府行业主管部门与地方政府尤其是市级的政府的职责有所不同。

1. 国家行业主管部门层面

应做好装配式建筑发展的顶层设计，统筹协调各地装配式建筑发展，具体包括：

（1）制定装配式建筑通用的强制性标准、强制性标准提升计划以及技术发展路线图。

（2）制定有利于装配式建筑市场良性发展的建设管理模式和有关政策措施。

（3）制定奖励和支持政策，建立统计评价体系。

（4）奖惩并重，在给予装配式建筑相应支持政策同时，加大对质量、节能、防火等方面的监管，严格执行建筑质量、安全、环保、节能和绿色建筑的标准。

（5）对不适应装配式建筑发展的法律、法规和制度进行修改、补充和完善。

（6）开展宣传交流、国际合作、经验推广以及技术培训等工作。

2. 地方政府层面

应在中央政府制定的装配式建筑发展框架内，结合地方实际情况，制定有利于本地区产业发展的政策和具体措施，并组织实施。包括：

（1）制定适合本地实际的产业支持政策和财税、资金补贴政策。如在土地出让环节的出让条件、出让金、容积率等要求中给予装配式建筑支持政策。

（2）编制本地装配式建筑发展规划。

（3）建立或完善地方技术标准体系，制定适合本地区的装配式部品部件标准化要求。

（4）推动装配式建筑工程建设，开展试点示范工程建设，做好建设各环节的审批、服务和验收管理。

（5）制定装配式工程监督管理制度并实施，重点关注对工程质量安全的监管。

（6）推进相关产业园区建设和招商引资等工作，形成产业链齐全、配套完善的产业园区格局，支持和鼓励本地企业投资建厂和利用现有资源进入装配式领域。

（7）开展宣传交流、国际合作、经验推广等工作，举办研讨会、交流会或博览会等活动。

（8）开展技术培训，可通过行业协会组织培养技术、管理和操作环节的专业人才和产业工人队伍。

（9）地方政府的各相关部门应依照各自职责做好对装配式建筑项目的支持和监管工作。

图 8.2-1　沈阳万科春河里住宅区装配式建筑工地

图 8.2-1 是沈阳万科春河里住宅区的施工现场照片，该项目建筑面积 70 万 m^2，启动于 2011 年，是中国第一个在土地出让环节加入装配式建筑要求的商业开发项目，也是中国第一个大规模采用装配式建筑方式建设的商品住宅项目。

8.2.2　政府对装配式建筑管理中的常见问题

目前，我国处于装配式建筑发展初期，对于普遍存在的一些问题，应视为政府管理的着眼点，常见的有：

（1）开发建设单位消极被动。我国当前装配式建筑发展主要靠政府强力推动，多数开发企业还处于被动接受状态，甚至是敷衍应付状态，缺少主动、积极地应对困难和问题的热情。

（2）设计边缘化、后期化。设计环节是装配式建筑的主导环节，从设计初期就应当进行建筑结构系统、外围护系统、内装系统和设备与管线系统的集成，进行适于装配式特点的优化设计，实现装配式建筑的效益最大化。但我国目前很多装配式建筑设计没有实现集成化协同设计，而是仅仅按传统现浇建筑设计好了之后再进行后期深化拆分设计。主要的原因，一是开发商不懂装配式建筑的系统设计理念，或对统筹设计没有足够重视；二是传统的建筑设计院动力不足，一方面是不懂装配式设计，另一方面是装配式增加了工作量，但是设计费并没有增加或增加不多。结果本应在装配式建筑中起龙头地位的设计被边缘化、后期化。

（3）施工企业积极性不高。主要有三个原因：一是施工企业熟悉原有的现浇模式，思维惯性和行为惯性较强，很多企业不愿意尝试新的建造方式；二是采用装配式方式建造，很多企业原有的机械设备、模板等固定资产用不上；三是采用装配式施工，一部分工程费被预制厂家分走，施工企业利益受损。

（4）政府管理系统协同性不强。主要表现在三个方面：一是施工图审查没有加入装配式建筑专篇，或审核不严；二是质量管理部门对新的监管模式缺乏办法，比如对预制构件厂的质量管理缺乏有效手段，对监理行业的前置驻厂监理管理流于表面，对工地现场吊装、灌浆等关键环节监管缺乏有效措施，对工程存档资料要求不明确、不严格等问题；三是推动适合装配式建筑发展的工程总承包模式和BIM技术等措施，在政府各部门的系统协同推进过程中也存在问题。

另外，还有人才匮乏的问题，缺少有经验的设计、研发、管理人员和技术工人等人力资源，导致装配式建筑发展中很多技术目标无法实现，这些都需要政府在以后的工作中逐渐完善。

8.2.3 政府对装配式建筑的质量监管

为居住者提供一个质量可靠、安全、绿色环保的建筑产品是整个装配式建筑行业的根本目标。政府应把装配式建筑质量管理作为一项重要的工作内容。

（1）在设计环节，强化设计施工图审查管理，应对结构连接节点进行重点审查，看是否符合相关技术规范的要求。同时要明确项目总设计单位应对装配式建筑的各个深化设计负总责。

（2）在构件制作环节，要充分发挥监理单位的作用，实行驻厂监理，对关键环节应旁站监理。政府也应定期组织对工厂制作环节进行抽查或巡检，以保证构件质量。

（3）在施工安装环节，建设单位和监理单位应对构件连接部位施工进行旁站监理，现场作业拍照或录像留存记录，政府应组织抽查巡检。除了必要的检测工作外，还应强化对连接部位和隐蔽工程的验收，验收通过后方可进行下一步的施工安装。

（4）在验收环节，政府对装配式建筑可采用分段验收的管理方式，装配式建筑采用分段验收后，对主体完成后也应进行全面验收和检测，如建筑整体是否发生沉降，还有对节能热工进行检测验收等内容。总体验收应注意工程档案和各项记录的收集、整理，确保档案真实、齐全。

政府对装配式建筑的质量管理要点见图8.2-2。

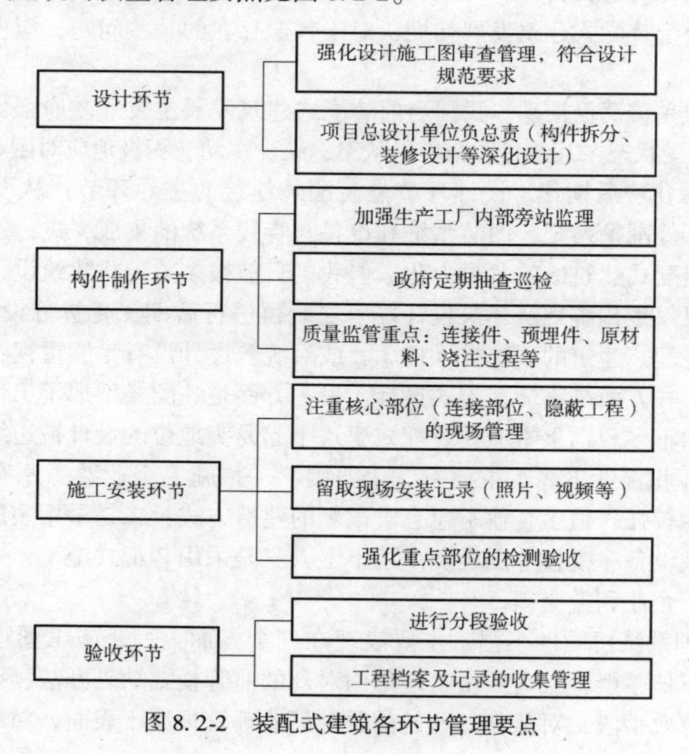

图8.2-2 装配式建筑各环节管理要点

8.2.4　政府对装配式建筑的安全监管

安全管理应当覆盖装配式建筑施工制作、运输、入场、存储和吊装等各个环节。

（1）预制构件工厂生产监管。政府对预制构件工厂安全监管的重点是生产流程的安全设施保证，安全操作规程的制定与执行，起重、电气等设备的定期安全检查。通过驻厂监理进行日常监管，并定期组织安全巡查。

（2）运输环节监管。运输环节安全监管的重点是专用安全运输设施的配备，构件摆放和保护措施（如图8.2-3），交通监管环节要禁止车辆超载、超宽、超高、超速和急转急停等。

图8.2-3　剪力墙板运输架

（3）预制构件入场监管。预制构件入场应合理设计进场顺序，最好能直接吊装就位，形成流水作业，以减少现场装卸和堆放，从而大大降低安全风险。

（4）预制构件存储堆放监管。预制构件存储是装配式建筑的重要安全风险点。因为由于预制构件种类繁多，不同的预制构件需要不同的存储堆放方式，堆放不当或造成构件损坏（如裂缝）将影响结构安全，或构件倾倒发生事故。堆放场地要求为有一定承载力的硬质水平地面。叠合楼板水平堆放，上下层之间要加入垫块，码垛层数一般不超过6层（图8.2-4）；墙板构件竖直堆放，应制作防止倾倒的专用存放架（图8.2-5）。

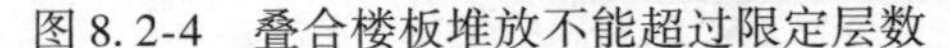

图8.2-4　叠合楼板堆放不能超过限定层数

图8.2-5　墙板立式堆放采用防止倾倒的支架

（5）预制构件吊装监管。施工企业应严格规范吊装程序，设计合理的吊装方案，监理公司应对吊装方案进行审核，政府安全管理部门应监督监理公司，审核其监理方案和监理细则，并抽查施工现场的吊装情况。

政府通过制定相关安全制度，加强技术人员培训，定期开展安全专项检查，从施工开始阶段就规范安全生产，对存在问题的项目及设备进行整顿清理，以便尽可能把安全隐患消灭于萌芽阶段。

8.3　开发企业对装配式建筑的管理

8.3.1　开发企业与装配式建筑

1. 装配式建筑给开发企业带来的好处

（1）从产品层面看

装配式建筑可以显著提高房屋的质量与使用功能，使现有建筑产品升级，为消费者提供安全、可靠、耐久、适用的产品，有效解决现浇建筑的诸多质量通病，降低顾客投诉率，提升房地产企业品牌。

（2）从投资层面看

装配式建筑组织得好可以缩短建设周期，提前销售房屋，加快资金周转率，减少财务成本。

（3）从社会层面看

装配式建筑按国家标准是四个系统（结构系统、外围护系统、内装系统、设备与管线系统）的集成，实行全装修、提倡管线分离等，对提升产品质量具有重要意义，符合绿色施工和环保节能要求，是符合社会发展趋势的建设方式。

2. 装配式建筑给开发企业带来的问题

（1）从成本角度来看

现阶段装配式建筑成本高于现浇混凝土建筑，尤其对于经济相对不发达、房屋售价不高的地区，成本增加占比相对较大，开发企业不愿意投入更多成本来建设装配式建筑。

（2）从资源角度看

装配式建筑体系产业链尚不完善，相关配套资源地区分配不均，从事或熟悉装配式建筑的设计、生产、施工、监理、检测等企业数量不多，从业人员不足，经验欠缺，给开发企业在设计生产、质量控制、监督检测等方面进行有效实施和管理带来了较多的困难。

（3）从市场角度看

消费者对装配式建筑认知度不高，开发企业担心引起不必要的麻烦，因此往往也弱化宣传装配式建筑。

8.3.2　开发企业对装配式建筑全过程质量管理

开发企业作为装配式建筑第一责任主体，必须对装配式建筑进行全过程质量管理。

1. 设计环节

开发企业应对以下设计环节进行管控：

（1）经过定量的方案比较，选择符合建筑使用功能、结构安全、装配式特点和成本控制要求的适宜的结构体系。

（2）进行结构概念设计和优化设计，确定适宜的结构预制范围及预制率。

（3）按照规范要求进行结构分析、计算，避免拆分设计改变初始计算条件而未做相应的调整，由此影响使用功能和结构安全。

（4）进行4个系统集成设计，选择集成化部品部件。

（5）进行统筹设计，应将建筑、结构、装修、设备与管线等各个专业以及制作、施工各个环节的信息进行汇总，对预制构件的预埋件和预留孔洞等设计进行全面细致的协同设计，避免遗漏和碰撞。

（6）设计应实现模数协调，给出制作、安装的允许误差。

（7）对关键环节设计（如构件连接、夹心保温板设计）和重要材料选用（如灌浆套筒、灌浆料、拉结件的选用）进行重点管控。

2. 构件制作环节

开发企业应对以下制作环节进行管控：

（1）按照装配式建筑标准的强制性要求，对灌浆套筒、夹心保温板的拉结件做抗拉实验。灌浆套筒作为最主要的结构连接构件，未经实验便批量制作生产，会带来重大的安全隐患。在浆锚搭接中金属波纹管以外的成孔方式也须做试验，验证后方可使用。

（2）对钢筋、混凝土原材料、套筒、预埋件的进场验收进行管控、抽查。

（3）对模具质量进行管控，确保构件尺寸和套筒、伸出钢筋的位置在允许误差之内。

（4）进行构件制作环节的隐蔽工程验收。

（5）对夹心保温板的拉结件进行重点监控，避免锚固不牢导致外叶板脱落事故。

（6）对混凝土浇筑、养护进行重点管控。

3. 施工安装环节

开发企业应对以下施工环节进行管控：

（1）构件和灌浆料等重要材料进场需验收。

（2）与构件连接的伸出钢筋的位置与长度在允许偏差内。

（3）吊装环节保证构件标高、位置、垂直度准确，套筒或浆锚搭接孔与钢筋连接顺畅，严禁钢筋或套筒位置不准采用煨弯钢筋以便勉强插入的做法，严格监控割断连接钢筋或者凿开浆锚孔的破坏性安装行为。

（4）构件临时支撑安全可靠，斜支撑地锚应与叠合楼板桁架筋连接。

（5）及时进行灌浆作业，随层灌浆，禁止滞后灌浆。

（6）必须保证灌浆料按规定调制，并在规定时间内使用（一般为30min）；必须保证灌浆饱满无空隙。

（7）对于外挂墙板，确保柔性支座连接符合设计要求。

（8）在后浇混凝土环节，确保钢筋连接符合要求。

（9）外墙接缝防水严格按设计规定作业等。

8.3.3 装配式建筑工程总承包单位的选择

工程总承包模式是适合装配式建筑建设的组织模式，开发企业在选择装配式建筑工程总承包单位时要注意以下要点：

（1）是否拥有足够的实力和经验

开发企业应首选具有一定的市场份额和良好的市场口碑，有装配式设计、制作、施工丰富经验的总承包单位。

（2）是否能够投入足够的资源

有些实力较强的工程总承包单位，由于项目过多无法投入足够的人力物力。开发企业应做好前期调研，并与总承包单位做好沟通。总承包单位能否配置关键管理人员，构件制作企业是否有足够产能等都应加以考察和关注。

8.3.4 装配式建筑监理单位的选择

开发企业选择装配式建筑的监理单位时应注意要点是：

(1) 熟悉装配式建筑的相关规范

目前装配式建筑正处于发展的初期阶段，相关法规、规范并不健全，监理单位应充分了解关于装配式建筑的相关规范，并能运用到日常监督工作中。

(2) 拥有装配式建筑监理经验

装配式建筑的设计思路、施工工艺、工法有很多，给监理单位在审查和监督施工的施工组织设计时带来很大困难，因此监理公司的相关经验很重要，要关注监理人员是否经过专业培训、是否有完善的装配式建筑监理流程和管理体系等。

(3) 信息化能力

装配式建筑的监理单位应掌握 BIM 及相关信息化管理能力，实现预制构件生产及安装的全过程监督、监控。

8.3.5 构件制作单位的选择

我国已取消预制构件企业的资质审查认定，从而降低了构件生产的门槛。开发企业选择构件制作单位时一般有三种形式：总承包方式、工程承包方式和开发企业指定方式。一般情况下不建议采用开发企业指定的方式，避免出现问题后相互推诿。采用前两种模式选择构件制作单位时应注意以下要点：

(1) 有一定的构件制作经验

有经验的预制构件企业在初步设计阶段就应提早介入，提出模数标准化的相关建议。在预制构件施工图设计阶段，预制构件企业需要对建筑图样有足够的拆分能力与深化设计的能力，考虑构件的可生产性、可安装性、整体建筑的防水防火性能等相关因素。

(2) 有足够的生产能力

能够同时供应多个项目施工安装的需求。

(3) 有完善的质量控制体系

预制构件企业要有足够的质量控制能力，在材料供应、检测试验、模具生产、钢筋制作绑扎、混凝土浇筑、预制件养护脱模、预制件储存、交通运输等方面都要有相应的规范和质量管控体系。

(4) 有基本的生产设备及场地

要有实验检测设备及专业人员，基本生产设施要齐全，要有足够的构件堆放场地。

(5) 信息化能力

应有独立的生产管理系统，实现预制构件产品的全生命周期管理、生产过程监控系统、生产管理和记录系统、远程故障诊断服务等。

8.4 监理对装配式建筑的管理

8.4.1 装配式混凝土建筑的监理管理特点

装配式建筑的监理工作超过传统现浇混凝土工程工作范围，对监理人员的素质和技术能力提出了更高的要求。主要表现为：

（1）监理范围的扩大

监理工作从传统现浇作业的施工现场延伸到了预制构件工厂，须实行驻厂监理，并且监理工作要提前介入到构件模具设计过程中。同时要考虑施工阶段的要求，例如：构件重量、预埋件、机电设备管线、现浇节点模板支设、预埋等。

（2）所依据的规范增加

除了依据现浇混凝土建筑的所有规范外，还增加了有关装配式建筑的标准和规范。

（3）安全监理增项

在安全监理方面，主要增加了工厂构件制作、搬运、存放过程的安全监理；构件从工厂到工地运输安全监理；构件在工地卸车、翻转、吊装、连接、支撑的安全监理等。

（4）质量监理增项

装配式建筑监理在质量管理基础上增加了：工厂原材料和外加工部件、模具制作、钢筋加工等监理；套筒灌浆抗拉试验；拉结件试验验证；浆锚灌浆内模成孔试验验证；钢筋、套筒、金属波纹管、拉结件、预埋件入模或锚固监理；预制构件的隐蔽工程验收；工厂混凝土质量监理；工地安装质量和钢筋连接环节（如套筒灌浆作业环节）质量监理；叠合构件和后浇混凝土的混凝土浇筑质量监理等。

此外，由于装配式建筑的结构安全有“脆弱点”，导致旁站监理环节增加，装配式建筑在施工过程中一旦出现问题，能采取的补救措施较少，从而对监理工作能力也提出了更高的要求。

8.4.2　装配式建筑监理的主要内容

装配式建筑的监理工作内容除了现浇混凝土工程所有监理工作内容之外，还包括以下内容：

（1）搜集装配式建筑的国家标准、行业标准、项目所在地的地方标准。

（2）对项目出现的新工艺、新技术、新材料等，编制监理细则与工作程序。

（3）应建设单位要求，在建设单位遴选总承包、设计、制作、施工企业时，提供技术性支持。

（4）参与组织设计与制作、施工方的协同设计。

（5）参与组织设计交底与图样审查，重点检查预制构件图各个专业各个环节需要的预埋件、预埋物有无遗漏或“撞车”。

（6）对预制构件工厂进行驻厂监理，全面监理构件制作各环节的质量与生产安全。

（7）对装配式建筑安装进行全面监理，监理各作业环节的质量与生产安全。

（8）组织工程的各工序验收。

8.4.3　驻厂监理的主要内容

驻厂监理对混凝土预制构件制作管理的主要内容见表8.4-1。

表8.4-1　预制构件工厂监理内容一览

准备	构件图样会审与技术交底	参与
	工厂技术方案	审核
原材料	套筒或金属波纹管	检查资料，参与或抽查实物检验
	外加工的桁架筋	到钢筋加工厂监理和参与进场验收

（续）

原材料	钢筋	检查资料，参与或抽查实物检验
	水泥	检查资料，参与或抽查实物检验
	细骨料（砂）	检查资料，参与或抽查实物检验
	粗骨料（石子）	检查资料，参与或抽查实物检验
	外加剂	检查资料，参与或抽查实物检验
	吊点、预埋件、预埋螺母	检查资料，参与或抽查实物检验
	钢筋间隔件（保护层垫块）	检查资料，参与或抽查实物检验
	装饰一体化构件用的瓷砖、石材、不锈钢挂钩、隔离剂	检查资料，参与或抽查实物检验
	门窗一体化构件用的门窗	检查资料，参与或抽查实物检验
	防雷引下线	检查资料，参与或抽查实物检验
	须预埋到构件中的管线、埋设物	检查资料，参与或抽查实物检验
试验	钢筋套筒灌浆抗拉试验	旁站监理，审查试验结果
	混凝土配合比设计、试验	复核
	夹心保温板拉结件试验	检查资料，参与或抽查实物检验
	浆锚搭接金属波纹管以外的成孔试验验证	审查试验结果
模具	模具进场检验	检查
	模具首个构件检验	检查
	模具组装检查	抽查
	门窗一体化构件门窗框入模	抽查
	装饰一体化瓷砖或石材入模	抽查
钢筋	PC构件钢筋制作与骨架	抽查
	钢筋骨架入模	抽查
	套筒或浆锚孔内模或金属波纹管入模、固定	检查
	吊点、预埋件、预埋物入模、固定	抽查
	隐蔽工程验收	检查、签字隐蔽工程检查验收记录
混凝土浇筑、养护、脱模	混凝土搅拌站配合比计量复核	检查
	混凝土浇筑、振捣	抽查
	混凝土试块取样	检查
	夹心保温板拉结件插入外叶板	检查
	静停、升温、恒温、降温控制	抽查
	脱模强度控制	审核
	脱模后构件初检	检查
夹心保温板后续制作	夹心保温构件保温层铺设	抽查
	夹心保温构件内叶板钢筋入模	抽查
	夹心保温构件内叶板浇筑	抽查

（续）

验收与出厂	构件修补	审核方案、抽查
	构件标识	抽查
	构件堆放	抽查
	构件出厂检验	验收、签字
	构件装车	抽查
	第三方检验项目取样	检查
	检查工厂技术档案	复核

8.4.4 装配式建筑施工安装监理的主要内容

监理对装配式建筑施工环节管理的主要内容见表8.4-2。

表8.4-2 装配式混凝土建筑施工监理内容一览

类 别	监理项目	监理内容
准备	图样会审与技术交底	参与
	施工组织设计	审核
	重要环节技术方案制定	参与、审核
部品部件	PC构件入场验收	参与、全数核查
	其他部品入场验收（门窗、内隔墙、集成浴室、集成厨房、集成收纳柜等。）	参与、抽查
工地原材料	灌浆料	检查资料、参与验收实物
	钢筋	检查资料、参与验收实物
	商品混凝土	检查资料、参与验收实物
	临时支撑预埋件	检查资料、参与验收实物
	安装构件用螺栓、螺母、连接件、垫块	检查资料、参与验收实物
	构件接缝保温材料	检查资料、参与验收实物
	构件接缝防水材料	检查资料、参与验收实物
	构件接缝防火材料	检查资料、参与验收实物
	防雷引下线连接用材料和防锈蚀材料	检查资料、参与验收实物
	临时支撑设施	抽查
试验	受力钢筋套筒抗拉试验	全程检查、审核结果
	吊具检验	检查
安装前作业	现浇混凝土伸出钢筋精度控制、检查	检查
	安装部位混凝土质量检查	检查
	放线测量方案与控制点复核	检查
	剪力墙构件灌浆分隔（分舱）方案审查	审核
构件吊装	构件安装定位	检查
	构件支撑	检查
	灌浆作业	旁站全程监理

（续）

类　别	监 理 项 目	监 理 内 容
构件吊装	外墙挂板、楼梯板等螺栓固定	检查
	防雷引下线连接	检查
后浇混凝土施工	后浇筑混凝土钢筋加工	抽查
	后浇筑混凝土钢筋入模	检查
	后浇混凝土支模	检查
	后浇混凝土隐蔽工程验收	检查、签字隐蔽工程验收记录
	叠合层管线敷设	抽查
	后浇混凝土浇筑	抽查
	后浇混凝土的混凝土试块留样	抽查
	后浇混凝土养护	抽查
其他安装	构件接缝处的保温、防水、防火施工	抽查
	其他部品安装	抽查
工程验收	安装工程验收	验收、签字
	工程技术档案	复核

8.5　装配式建筑与工程总承包模式

8.5.1　工程总承包与施工总承包

工程总承包是一种国际上通行的工程建设项目组织管理形式，是指从事工程总承包的企业按照与建设单位签订的合同，对工程项目的设计、采购、施工等实行全过程的承包，并对工程的质量、安全、工期和造价等全面负责的承包方式。

施工总承包是我国当前较普遍采用的一种工程组织形式，一般包括土建、安装等工程，原则上工程施工部分只有一个总承包单位，装饰、安装部分可以在法律条件允许下分包给第三方施工单位。在建筑工程中，一般来说土建施工单位即是法律意义上的施工总承包单位。

工程总承包负责的内容比施工总承包多，主要是多了对工程设计的承包内容，这是借鉴了工业生产组织的经验，实现建设生产过程的组织集成化，从而在一定程度上克服了设计与施工分离导致的投资增加、管理不协调、影响建设进度和工程质量等弊病。

8.5.2　工程总承包的优势

工程总承包与我国当前较普遍采用的施工总承包相比，有以下优势：

（1）可以有效控制投资。采用工程总承包通常签订固定总价合同，一般不得以因设计深度、施工组织等因素引起合同总价调整，从而使业主可有效规避承包单位通过各种手段变相增加费用的风险，使工程投资可控。

（2）可以有效控制工期。工程总承包方通过对设计、施工、采购的统筹安排，能使效率显著提高，可以缩短工期。

（3）可以有效控制质量安全。工程总承包可实现建设全过程的协同，更有效地克服设计、施工、采购分离而造成的相互制约和脱节的矛盾，更易明确工程建设中的安全责任，从机制上确保工程建设的质量安全。

8.5.3 工程总承包的组织方式

工程总承包在国际上发展较为成熟，但我国还处于起步阶段。国际上的工程总承包有三种主要方式：

（1）由建筑师总负责的工程总承包方。即由建筑师从建筑设计到工程竣工甚至使用质保期的全过程，全权履行建设单位赋予的领导组织权利，最终将符合建设单位要求的建筑工程完整地交付建设单位。这使建筑师从传统单一的设计工作扩展到了建造施工阶段，直到工程竣工，其主要的服务内容包括项目设计、施工管理和质保跟踪三大部分。

（2）由具有工程总承包资质的企业作为工程总承包方。这种方式要求这个企业必须有设计能力、施工安装能力和构件部品制作的能力，从而对企业的规模、资金和技术实力都有一定的要求。

（3）由设计、施工、制作等专业企业组成联合体作为工程总承包方。这是一种较为松散的模式，联合体内的企业之间通过签订合同明确总负责单位及各自的权力义务，共同承接工程总承包的项目建设和管理工作。

8.5.4 装配式混凝土建筑与工程总承包

据统计，我国工程建设30%存在返工现象，40%存在工期延误和资源浪费现象，造成这些问题的因素很多，一个重要因素是参建各方责任主体间的信息不能相互共享、交流不畅，导致不能相互高效协同。

与现浇混凝土建筑相比，装配式建筑对设计、施工、部品部件制作的相互协调提出了更高的要求，需要建设全过程各个环节高效协同。装配式混凝土建筑在设计时要充分考虑制作、安装甚至后期管理环节的要求和可能出现的问题，一个预制构件可能涉及的预埋件就达到十几种，如果各个专业和各个环节协同不够，就可能遗漏，导致在制作好的构件上砸墙凿洞，带来结构安全隐患。

实行工程总承包有利于促进设计、制作和施工各个环节的协同，克服传统中由于设计、制作、施工分离导致的责任分散、成本增加、工期延长、技术衔接不好、质量管控难等弊病；有利于装配式混凝土建筑成本控制，在设计时即可从更有利于降低施工和生产成本方面提出优化方案，从整体上进行成本控制。可以认为，工程总承包方式特别适合装配式混凝土建筑工程。

8.6 设计单位对装配式建筑的管理

设计单位对装配式建筑设计的管理要点包括：

1. 统筹管理

装配式建筑设计是一个有机的整体，不能对之进行“拆分”，而应当更紧密地统筹，除了建筑设计各专业外，必须对装修设计统筹，对拆分和构件设计统筹，即使有些环节委托专业机构参与设计，也必须在设计单位的组织领导下进行，纳入到统筹范围之内。

2. 建筑师与结构设计师主导

装配式建筑的设计应当由建筑师和结构设计师主导，而不是常规设计之后交由拆分机构主导。建筑师要组织好各个专业的设计协同和4个系统部品部件的集成化设计。

3. 三个提前

(1) 关于装配式的考虑要提前到方案设计阶段。

(2) 装修设计要提前到建筑施工图设计阶段，与建筑、结构、设备管线各专业同步进行，而不是在全部设计完成之后才开始。

(3) 同制作、施工环节人员的互动与协同应提前到施工图设计之初，而不是在施工图设计完成后进行设计交底的时候才接触。

4. 建立协同平台

预制混凝土装配式建筑强调协同设计。协同设计就是一体化设计，是指建筑、结构、水电、设备、装修各个专业互相配合；设计、制作、安装各个环节互动；运用信息化技术手段进行一体化设计，以满足制作、施工和建筑物长期使用的要求。

预制混凝土装配式建筑强调协同设计，主要原因如下：

(1) 装配式建筑的特点要求部品部件相互之间精准衔接，否则无法装配。

(2) 现浇混凝土建筑虽然也需要各个专业间的配合，但不像装配式建筑要求这么紧密和精密，装配式建筑各个专业集成的部品部件，必须由各个专业设计人员协同设计。

(3) 现浇混凝土建筑的许多问题可在现场施工时解决或补救，而装配式建筑一旦有遗漏或出现问题，则很难补救，也可以说预制混凝土装配式建筑对设计时的遗漏和错误宽容度很低。

图 8. 6-1 是一个安装好的预制墙板，因为设计时沟通不细，构件设计图中没有埋设电气管线的内容，构件安装后才发现无法敷设电线，不得不在构件上凿沟埋线。这样做不仅麻烦，而且破坏了结构构件的完整，会形成结构安全隐患。

图 8. 6-1　预制构件后期开槽

预制混凝土装配式建筑设计是一个有机的过程，"装配式"的概念应伴随着设计全过程，需要建筑师、结构设计师和其他专业设计师密切合作与互动，还需要设计人员与制作厂家、安装施工单位的技术人员密切合作与互动，从而实现设计的全过程协同。

5. 设计质量管理重点

预制混凝土装配式建筑的设计深度和精细程度要求更高，一旦出现问题，往往无法补救，造成很大损失并延误工期。因此必须保证设计质量，重点包括：

(1) 结构安全是设计质量管理的重中之重。由于预制混凝土装配式建筑的结构设计与机电安装、施工、管线铺设、装修等环节需要高度协同，专业交叉多、系统性强，在结构设计过程中还涉及结构安全的问题，因此应当重点加强管控，实行风险清单管理，如夹心保温连接件、关键连接节点的安全问题等必须列出清单。

(2) 必须满足规范、规程、标准、图集的要求。这是基本要求，满足规范要求是保证结构设计质量的首要保证。设计人员必须充分理解和掌握规范、规程的相关要求，从而在设计上做到有的放矢，准确灵活应用。

(3) 必须满足《设计文件编制深度》的要求。2015 年出版的《建筑工程设计文件编制深度规定》作为国家性的建筑工程设计文件编制工作的管理指导文件，对装配式建筑设计文件从方案设计、初步设计、施工图设计、PC专项设计的文件编制深度做了全面的补充，是确保各阶段设计文件的质量和完整性的权威规定。

（4）编制统一技术管理措施。根据不同的项目类型特点，制定统一的技术措施，这样就不会因为人员变动而带来设计质量的波动，甚至在一定程度上可以降低设计人员水平的差异，使得设计质量保持稳定。

（5）建立标准化的设计管控流程。装配式建筑的设计有其自身的规律性，依据其规律性制定标准化设计管控流程，对于项目设计质量提升具有重要意义。一些标准化、流程化的内容甚至可以使用软件来控制，形成后台的专家管理系统，从而更好地保证设计质量。

（6）建立设计质量管理体系。在传统设计项目上，设计院已形成的质量管理标准和体系，比如校审制度、培训制度、设计责任分级制度，都可以在装配式建筑上延用，并进一步扩展补充，建立新的协同配合机制和质量管理体系。

（7）采用BIM技术设计。按照《装配式混凝土建筑技术标准》3.0.6条要求：装配式混凝土建筑宜采用建筑信息模型（BIM）技术，实现全专业、全过程的信息化管理。采用BIM技术对提高工程建设一体化管理水平具有重要作用，极大地避免了人工复核带来的局限，从技术上提升、保证了设计的质量和工作效率。

8.7　制作企业对装配式建筑的管理

混凝土预制构件制作企业管理内容包括生产管理、技术管理、质量管理、成本管理、安全管理、设备管理等。本节主要讨论生产管理、技术管理、质量管理、成本管理。

8.7.1　生产管理

生产管理的主要目的是按照合同约定的交货期交付合格的产品，主要内容包括：

1. 编制生产计划

根据合同约定和施工现场安装顺序与进度要求，编制详细的构件生产计划；然后根据构件生产计划编制模具制作计划、材料计划、配件计划、劳保用品和工具计划、劳动力计划、设备使用计划、场地分配计划等。

2. 实施各项生产计划

3. 按实际生产进度检查、统计、分析

建立统计体系和复核体系，准确掌握实际生产进度，对生产进程进行预判，预先发现影响计划实现的问题和障碍。

4. 调整、调度和补救生产计划

可通过调整计划，调动资源如加班、增加人员、增加模具等，或可采取补救措施如增加固定模台等，及时解决影响生产进度的问题。

8.7.2　技术管理

混凝土预制构件制作企业技术管理的主要目的是按照设计图样和行业标准、国家标准的要求，生产出安全可靠、品质优良的构件，主要内容包括：

（1）根据产品特征确定生产工艺，按照生产工艺编制各环节操作规程。

（2）建立技术与质量管理体系。

(3) 制定技术与质量管理流程，进行常态化管理。

(4) 全面领会设计图样和行业标准、国家标准关于制作的各项要求，制定落实措施。

(5) 制定各作业环节和各类构件制作技术方案。

8.7.3 质量管理

1. 质量管理的主要内容

(1) 根据《装配式混凝土建筑技术标准》9.1.1 条规定：生产单位应具备保证产品质量要求的生产工艺设施、试验检测条件，建立完善的质量管理体系和制度，并宜建立质量可追溯的信息化管理系统。因此，构件制作工厂在质量管理上应当建立质量管理体系、制度和信息管理化系统。

(2) 质量管理体系应建立与质量管理有关的文件形成过程和控制工作程序，应包括文件的编制（获取)、审核、批准、发放、变更和保存等。与质量管理有关的文件包括法律法规和规范性文件、技术标准、企业制定的质量手册、程序文件和规章制度等质量体系文件。

(3) 信息化管理系统应与生产单位的生产工艺流程相匹配，贯穿整个生产过程，并应与构件 BIM 信息模型有接口，有利于在生产全过程中控制构件生产质量，并形成生产全过程记录文件及影像。

2. 质量管理的特点

混凝土预制构件制作企业质量管理主要围绕预制构件质量、交货工期、生产成本等开展工作，有如下特点：

(1) 标准为纲

构件制作企业应制定质量管理目标、企业质量标准，执行国家及行业现行相关标准，制定各岗位工作标准、操作规程、原材料及配件质量检验制度、设备运行管理规定及保养措施，并以此为标准开展生产。

(2) 培训在先

构件制作企业应先行组建质量管理组织架构，配备相关人员，按照岗位进行理论培训和实践培训。

(3) 过程控制

按照标准、操作规程，严格检查预制混凝土生产各个环节是否符合质量标准要求，对容易出现质量问题的环节要提前预防并采取有效的管理手段和措施。

(4) 持续改进

对出现的质量问题要找出原因，提出整改意见，确保不再出现类似的质量事故；对使用新工艺、新材料、新设备等环节的人员要先行培训，并制定标准后再开展工作。

3. 预制构件制作全过程质量控制

表 8.7-1 给出了混凝土预制构件制作各环节全过程中的质量控制要点。

8.7.4 成本管理

目前我国预制混凝土装配式建筑成本高于现浇混凝土建筑成本，其主要原因，一是社会因素，市场规模小，导致生产摊销费用高；二是由于结构体系不成熟，或是技术规范相对审慎所造成的成本高；三是没能形成专业化生产，构件工厂生产的产品品种多，无法形成单一品种大规模生产。

降低制作企业生产成本，主要有以下途径：

表 8.7-1 预制构件制作环节全过程质量控制要点

预制构件生产全过程质量控制要点一览									
序号	环节	依据或准备		入口把关		过程控制		结果检查	
		事项	责任岗位	事项	责任岗位	事项	责任岗位	事项	责任岗位
1	材料与配件采购、入厂	(1)依据设计和规范要求制定标准 (2)制定验收程序 (3)制定保管标准	技术负责人	进厂验收、检验	质检员、试验员、保管员	检查是否按要求保管	保管员、质检员	材料使用中是否有问题	质检
2	套筒灌浆试验	(1)依据规范和标准 (2)准备试验器材 (3)制定操作规程	技术负责人、试验员	(1)进场验收(包括外观、质量、标识和尺寸偏差、质保资料) (2)接头工艺检验 (3)灌浆料试件	保管员、技术负责人、质量负责人，试验员	检查是否按工艺检验要求进行试验、养护	保管员、技术负责人、质量负责人、试验员	套筒工艺检验结果满足规范的要求；投入生产后，按规范要求的批次和检查数量进行连接接头抗拉强度试验	技术负责人、质量负责人、驻厂监理
3	模具制作	(1)编制《模具设计要求》给模具厂或本厂模具车间 (2)设计模具生产制造图 (3)审查、复核模具设计	模具制造厂家技术负责人、构件厂技术负责人	(1)模具进场验收 (2)该模具首个构件检查验收	质量负责人、质检员	每次组模后检查，合格后才能浇筑混凝土	技术负责人、质量负责人、质检员	每次构件脱模后检查构件外观和尺寸，出现质量问题如果与模具有关，必须经过修理合格后才能继续使用	质检员、生产负责人、技术负责人
4	模具清理、组装	(1)依据标准、规范、图样 (2)编制操作规程 (3)培训工人 (4)准备工具 (5)制定检验标准	技术负责人、生产负责人、操作者、质检员	模具清理是否到位，组装是否正确，螺栓是否扭紧	生产负责人、操作者、质检员	组模后检查、浇筑混凝土过程检查	技术负责人、生产负责人、操作者、质量负责人	每次构件脱模后检查构件外观、外观尺寸、预埋件位置等，发现质量问题及时进行调整	操作者、质检人员
5	脱模剂或缓凝剂	(1)依据标准、规范、设计图样 (2)做试验、编制操作规程 (3)培训工人	技术负责人、试验员、质量负责人	试用脱模剂或缓凝剂做试验样板	技术负责人、生产负责人、质量负责人	(1)脱模剂按要求涂刷均匀 (2)缓凝剂按要求位置和剂量涂抹	质量负责人、操作者	每次构件脱模后检查构件外观或检查冲洗后粗糙面情况，发现质量问题及时进行调整	操作者、质检员

（续）

预制构件生产全过程质量控制要点一览

序号	环节	依据或准备		入口把关		过程控制		结果检查	
		事项	责任岗位	事项	责任岗位	事项	责任岗位	事项	责任岗位
6	装饰面层铺设或制作	(1)依据图样、标准、规范 (2)安全钩图样 (3)编制操作规程 (4)培训工人	技术负责人、生产负责人、质量负责人	(1)半成品加工、检查 (2)装饰面层试铺设	技术负责人、生产负责人、质量负责人	(1)半成品加工过程质量控制 (2)隔离剂涂抹情况 (3)安全钩安放情况 (4)装饰面层铺设后检查位置、尺寸、缝隙	生产负责人、操作人员、质量负责人	每次构件脱模后检查饰面外观和饰面成型状态，发现质量问题及时进行调整；是否有破损、污染	操作者、质检员
7	钢筋制作与入模	(1)依据图样 (2)编制操作规程 (3)准备工具、器具 (4)培训工人 (5)制定检验标准	技术负责人、生产负责人、质量负责人	钢筋下料和成型半成品检查	操作者、质检员	钢筋骨架绑扎检查；钢筋骨架入模检查；连接钢筋、加强筋和保护层检查	操作者、质检员	复查伸出钢筋的外露长度和中心位置	技术负责人、生产负责人、操作者、质量负责人、驻厂监理
8	套筒试验	(1)依据规范和标准 (2)准备试验器材 (3)制定操作规程	技术负责人、试验员	具备型式检验报告、工艺检测合格	技术负责人、试验员、质量负责人	检查是否按规范要求的检查数量、批次、频次进行了套筒试验；当更换钢筋生产企业或同企业生产的钢筋外形尺寸出现较大差异时，应再次进行工艺检测	技术负责人、试验员、质量负责人	套筒是否符合抗拉强度要求，合格后方能投入使用	技术负责人、生产负责人、操作者、质量负责人、驻厂监理
9	套筒、预埋件等固定	(1)依据图样 (2)编制操作规程 (3)培训工人 (4)制定检验标准	技术负责人	进场验收与检验；首次试安装	技术负责人、操作者、质量负责人	是否按图样要求安装套筒和预埋件；半灌浆套筒与钢筋连接检验	技术负责人、质量负责人	脱模后进行外观和尺寸检查；套筒进行透光检查；对导致问题发生的环节进行整顿	质检员、操作者、驻厂监理

（续）

预制构件生产全过程质量控制要点一览

序号	环节	依据或准备		入口把关		过程控制		结果检查	
		事项	责任岗位	事项	责任岗位	事项	责任岗位	事项	责任岗位
10	门窗固定	(1)依据图样 (2)编制操作规程 (3)培训工人 (4)制定检验标准	技术负责人	(1)外观与尺寸检查 (2)检查规格型号 (3)对照样块检查	保管员、质检员	(1)是否正确预埋门窗框，包括：规格、型号、开启方向、埋入深度、锚固件等 (2)定位和保护措施是否到位	质检员、技术负责人、生产负责人	脱模后进形外观复查，检查门窗框安装是否符合允许偏差要求，成品保护是否到位	质检员、技术负责人、生产负责人
11	混凝土浇筑	(1)混凝土配合比试验 (2)混凝土浇筑操作规程及其技术交底 (3)混凝土计量系统校验 (4)混凝土配合比通知单下达	试验室、技术负责人、质检员	(1)隐蔽工程验收 (2)模具组对合格验收 (3)混凝土搅拌浇筑指令下达	质检员	(1)混凝土搅拌质量 (2)提取制作混凝土强度试块 (3)混凝土运输、浇筑时间控制 (4)混凝土入模与振捣质量控制 (5)混凝土表面处理质量控制	操作者、质检员、试验员	脱模后进行表面缺陷和尺寸检查。有问题进行处理，并制定一次制作的预防措施	制作车间负责人、质检员、技术负责人、操作者
12	夹心保温板制作	(1)依据图样 (2)编制操作规程 (3)培训工人 (4)制定检验标准	技术负责人	(1)保温材料和拉结件进场验收 (2)样板制作	技术负责人、作业工段负责人、质检员	是否按照图样、操作规程要求埋设保温拉结件和铺设保温板	质检员、作业工段负责人	脱模后进行表面缺陷检查。有问题进行处理，并制定一次制作的预防措施	制作车间负责人、质检员、技术负责人
13	混凝土养护	(1)工艺要求 (2)制定养护曲线 (3)编制操作规程培训工人	技术负责人	前道作业工序已完成并完成预养护；温度记录	作业工段负责人、质检员	是否按照操作规程要求进行养护；试块试压	作业工段负责人	拆模前表观检查，有问题进行处理，并制定下一次养护的预防措施	制作车间负责人、质检员、技术负责人

（续）

预制构件生产全过程质量控制要点一览

序号	环节	依据或准备		入口把关		过程控制		结果检查	
		事项	责任岗位	事项	责任岗位	事项	责任岗位	事项	责任岗位
14	脱模	(1)技术部脱模通知 (2)准备吊运工具和支承器材 (3)制定操作规程 (4)培训工人	技术负责人、作业工段负责人	同条件试块强度、吊点周边混凝土表观检查	试验员、技术负责人、质检员	是否按照图样和操作规程要求进行脱模；脱模初检	操作者、质检员	脱模后进行表面缺陷检查。有问题进行处理，并制定一次制作的预防措施	制作车间负责人、质检员、技术负责人
15	厂内运输、堆放	(1)依据图样 (2)制定堆放方案 (3)准备吊运和支承器材 (4)制定操作规程 (5)培训工人	技术负责人、作业工段负责人、生产负责人	运输车辆、道路情况	操作者、生产车间负责人	是否按照堆放方案和操作规程进行构件的运输和堆放	质检员、作业工段负责人、技术负责人	对运输和堆放后的构件进行复检，合格产品标识	质量负责人、作业工段负责人
16	修补	(1)依据规范和标准 (2)准备修补材 (3)制定操作规程	技术负责人、作业工段负责人	一般缺陷或严重缺陷，允许修复的严重缺陷应报原设计单位认可	质检员、技术负责人	是否按技术方案处理；重新检查验收	质检员、作业工段负责人、技术负责人	修补后表观质量检查；制定一次制作的预防措施	制作车间负责人、质检员、技术负责人
17	出厂检验、档案与文件	制定出厂检验标准、出厂检验操作规程；制定档案和文件的归档标准；固化归档流程	技术负责人、资料员	明确保管场所、技术资料专人管理	技术负责人	各部门分别收集和保管技术资料	各部门	满足质量要求的构件准予出厂；将各部门收集的技术资料归档	质量负责人、资料员
18	装车、出厂、运输	依据图样、规范和标准，制定运输方案；实际路线踏勘；大型构件的运输和码放应有质量安全保证措施；编制操作规程	技术负责人、运输单位负责人	核实构件编号；目测构件外观状态；检查检验合格标识	质检员、作业工段负责人	是否按照运输方案和操作规程执行；二次驳运损坏的部位要及时处理；标识是否清楚	质检员，作业工段负责人	运输至现场，办理构件移交手续	作业工段负责人

1. 降低建厂费用

（1）根据市场的需求和发展趋势，明确产品定位，可以做多样化的产品生产，也可以选择生产一种产品。

（2）确定适宜的生产规模，可以根据市场规模逐步扩大。

（3）根据实际生产需求、生产能力、经济效益等多方面综合考虑，确定生产工艺，选择固定台模生产方式或流水线生产方式。

（4）合理规划工厂布局，节约用地。

（5）制定合理的生产流程及转运路线，减少产品转运。

（6）选购合适的生产设备。

构件制作企业在早期可以通过租厂房、购买商品混凝土、采购钢筋成品等社会现有资源启动生产。

图8.7-1和图8.7-2是日本著名预制构件企业的简易厂房和紧凑的生产车间。这样的生产环境看上去显然是不够高大上的，但他们却生产出了享誉世界的质量非常好的预制混凝土构件。

图8.7-1　日本预制构件工厂的简易塑料厂房

图8.7-2　日本预制构件工厂紧凑的生产车间

2. 优化设计

在设计阶段要充分考虑构件拆分和制作的合理性，尽可能减少规格型号，注重考虑模具的通用性和可修改替换性。

3. 降低模具成本

模具费占构件制作费用的5%～10%。根据构件复杂程度及构件数量，可选择不同材质和不同规格的材料来降低模具造价，如水泥基替代性模具的使用。通过增加模具周转次数和合理改装模具，从而降低构件成本。

4. 合理的制作工期

与施工单位做好合理的生产计划和合理的工期，可保证项目的均衡生产，降低人工成本、设备设施费用、模具数量以及各项成本费用的分摊额，从而达到降低预制构件成本的目的。

5. 有效管理

通过有效的管理，建立健全并严格执行管理制度，制定成本管理目标，改善现场管理，减少浪费，加强资源回收利用；执行全面质量管理体系，降低不合格品率，减少废品；合理安排劳动力计划，降低人工成本。

8.8 施工企业对装配式建筑的管理

8.8.1 施工企业对装配式建筑管理的主要内容

预制混凝土装配式建筑的工程施工管理与传统现浇建筑工程施工管理大体相同，同时也具有一定的特殊性。对于预制混凝土装配式建筑的施工企业管理，不但要建立传统工程应具备的项目进度管理体系、质量管理体系、安全管理体系、材料采购管理体系以及成本管理体系等，还需针对预制混凝土装配式建筑工程施工的特点，进行相应的施工管理，包括构件起重吊装、构件安装及连接、注浆顺序，构件的生产、运输、进场存放和塔式起重机安装位置等，补充完善相应的管理体系。

8.8.2 装配式混凝土建筑与现浇建筑施工管理的不同点

装配式建筑与传统现浇建筑在施工管理上有以下不同点：

（1）作业环节不同，增加了预制构件的安装和连接。

（2）管理范围不同，不仅管理施工现场，还要前伸到混凝土预制构件的制作环节，例如：技术交底、计划协调、构件验收等。

（3）与设计的关系不同，原来是按照图施工，现在设计还要反过来考虑施工阶段的要求，例如：构件重量、预埋件、机电设备管线、现浇节点模板支设预埋等。设计阶段由施工过程中的被动式变成互动式。

（4）施工计划不同，施工计划分解更详细，不同工种要有不同工种的计划。

（5）所需工种不同，除传统现浇建筑施工工种外，还增加了起重工、安装工、灌浆料制备工、灌浆工及部品安装工。

（6）施工设备不同，需要吊装大吨位的预制构件，因此对起重机设备要求不同。

（7）施工工具不同，需要专用吊装架、灌浆料制备工具、灌浆工具以及安装过程中的其他专用工具。

（8）施工设施不同，需要施工中固定预制构件使用的斜支撑、叠合楼板的支撑、外脚手架、防护措施等。

（9）测量放线工作量不同，测量放线工作量加大。

（10）施工精度要求不同，尤其在现浇与混凝土预制构件连接处的作业精度要求更高。

8.8.3 装配式混凝土建筑施工质量管理的关键环节

预制混凝土装配式建筑施工质量管理的关键环节，直接影响整体结构质量，必须高度重视。

（1）现浇层预留插筋定位环节。现浇层预留插筋定位不准，会直接影响到上层预制墙板或柱的套筒无法顺利安装。预埋插筋时，宜采用事先制作好的定位钢板定位插筋，可以有效解决这一问题。

（2）吊装环节。吊装环节是装配式建筑工程施工的核心工序，吊装的质量和进度将直接影响主体结构质量及整体施工进度。

（3）灌浆环节。灌浆质量的好坏直接影响到竖向构件的连接，如果灌浆质量出现问题，将对整体的结构质量产生致命影响，必须严格管控。施工时要有专职质检员及监理旁站，并留影像资料。灌浆料要符合设计要求，灌浆人员要经过严格培训上岗。

（4）后浇混凝土环节。后浇混凝土是预制构件横向连接的关键，要保证混凝土强度等级符合设计标准，浇筑振捣要密实，浇筑后要按规范要求进行养护。

（5）外挂墙板螺栓固定环节。外挂墙板螺栓固定质量的好坏直接影响到外围护结构的安全，因此要严格按设计及规范要求施工。

（6）外墙打胶环节。外墙打胶关系到预制混凝土装配式建筑结构的防水，一旦出现问题，将产生严重的漏水隐患。因此，打胶环节要使用符合设计标准的原材料，打胶操作人员要经过严格培训方可施工。

8.9 装配式混凝土建筑质量管理概述

8.9.1 装配式混凝土建筑质量管理的特点

装配式混凝土建筑是建筑体系与运作方式的变革，对建筑质量提升有巨大的推动作用，同时也形成了区别于现浇混凝土建筑的质量管理特点，主要有：

（1）“一点管理”与“多点管理”

装配式混凝土建筑质量管理把一个工程的若干环节从工地现浇转移到了工厂预制，使以往只在建筑工地进行的“一点管理”变成了在建筑工地和若干预制工厂进行的“多点管理”。从而需要增加驻厂监理对工厂预制环节进行质量管理，并要与现场的质量监理进行随时互动沟通，以便及时应对解决各种问题。

（2）构件精度管理

预制构件制作过程中，对构件尺寸、预埋件位置、预留钢筋位置、预留孔洞位置或角度等的精度要求较高，误差需以毫米为单位计算，误差较大则无法装配，导致构件报废。

（3）特殊工艺的质量管理

装配式混凝土建筑可以采用与现浇混凝土建筑完全不同的制作工艺来实现建筑、结构、装饰的集成化或一体化，如建筑外墙保温可采用夹心保温方式，即通常说的“三明治外墙板”。类似这种制作工艺，需要构件制作工厂和监理单位共同研究制定专项质量管理办法。

（4）“脆弱点”的质量管理

装配式混凝土建筑质量管理有“脆弱点”，即连接点、拉结件及部分敏感工艺。若这些“脆弱点”质量控制不好，无论因为技术原因还是责任原因，都会导致非常严重的、甚至灾难性后果。因此，装配式混凝土建筑质量管理中一般都推荐用“旁站监理”来专门对“脆弱点”进行专项质量管理。

8.9.2 装配式混凝土建筑常见的质量问题和隐患

表8.9-1列出了装配式混凝土建筑从设计、材料与部件采购、构件制作、堆放和运输、安装等五个质量管控关键点中常见的质量问题和隐患以及其危害、产生原因和预防措施。

装配式建筑的核心是连接，因此，除了该表中所列的各项之外，所有涉及连接的地方，无论是在工厂中制作夹心保温板时内叶墙和外叶墙之间的拉结件连接，还是现场安装中的灌浆套筒连接、金属波纹管连接或者现浇混凝土的连接，都是质量控制关键中的关键，必须重点管控。

表 8.9-1　装配式混凝土建筑的常见质量问题和隐患一览表

关键点	序号	质量问题或隐患	危害	原因	检查	预防与处理措施
1. 设计	1.1	套筒保护层不够	影响结构耐久性	先按现浇设计再按照装配式拆分时没有考虑保护层问题	设计负责人	(1)装配式设计从项目设计开始就同步进行 (2)设计单位对装配式结构建筑的设计负全责，不能交由拆分设计单位或工厂承担设计责任
	1.2	各专业预埋件、埋设物等没有设计到构件制作图中	现场后锚固或开凿混凝土，影响结构安全	各专业设计协同不好	设计负责人	(1)建立以建筑设计师牵头的设计协同体系 (2) PC 制作图应经过设计、制作及施工方共同会审 (3)应用 BIM 系统
	1.3	制作、吊运、施工环节需要的预埋件或孔洞在构件设计中没有考虑	现场后锚固或开凿混凝土，影响结构安全	设计时没有与制作、安装技术人员互动	建设单位项目负责人	在设计阶段，就应统筹设计、制作、施工企业各方协同
	1.4	预制构件局部地方钢筋、预埋件、预埋物太密，导致混凝土无法浇筑	局部混凝土质量受到影响；预埋件锚固不牢，影响结构安全	设计协同不好	设计负责人	(1)建立以建筑设计师牵头的设计协同体系 (2) PC 制作图应经各相关专业及环节共同会审 (3)应用 BIM 系统
	1.5	拆分不合理	或结构不合理；或规格太多影响成本；或不便于安装	拆分设计人员没有经验，与工厂、安装企业沟通不够	设计负责人	(1)有经验的拆分人员在结构设计师的指导下拆分 (2)拆分设计时与工厂和安装企业沟通
	1.6	没有给出构件堆放、安装后支撑的要求	因支承不合理导致构件裂缝或损坏	设计师认为此项工作是工厂的责任未予考虑	设计负责人	构件堆放和安装后临时支撑应作为构件制作图设计的不可遗漏的部分
	1.7	外挂墙板没有设计活动节点	主体结构发生较大层间位移时，墙板被拉裂	对外挂墙板的连接原理与原则不清楚	设计负责人	墙板连接设计时必须考虑对主体结构变形的适应性

（续）

关键点	序号	质量问题或隐患	危害	原因	检查	预防与处理措施
2. 材料与部件采购	2.1	套筒、灌浆料选用了不可靠的产品	影响结构耐久性	或设计没有明确要求或没按照设计要求采购；不合理的降低成本	总包企业质量总监、工厂总工、驻厂监理	(1)设计应提出明确要求 (2)按设计要求采购 (3)套筒与灌浆料应采用匹配的产品 (4)工厂进行试验验证
	2.2	夹心保温板拉结件选用了不可靠产品	连接件损坏，保护层脱落造成安全事故。影响外墙板安全	设计没有明确要求或没按照设计要求采购；不合理地降低成本	总包企业质量总监、工厂总工、驻厂监理	(1)设计应提出明确要求 (2)按设计要求采购 (3)采购经过试验及项目应用过的产品 (4)工厂进行试验验证
	2.3	预埋螺母、螺栓选用了不可靠的产品	脱模、转运、安装等过程存在安全隐患，容易造成安全事故或构件损坏	没有选用专业厂家生产的合格产品	总包企业质量总监、工厂总工、驻厂监理	(1)总包和工厂技术部门选择厂家 (2)采购有经验的专业厂家的产品 (3)工厂做试验检验
	2.4	接缝橡胶条弹性不好	结构发生层间位移时，构件活动空间不够	(1)设计没有给出弹性要求 (2)没按照设计要求选用 (3)不合理地降低成本	设计负责人，总包企业质量总监、监理	(1)上级应提出明确要求 (2)按设计要求采购 (3)样品做弹性压缩量试验
	2.5	接缝用的建筑密封胶与不适合用于混凝土构件接缝	接缝处年久容易漏水影响结构安全	没按照设计要求；不合理的降低成本	设计负责人，总包企业质量总监、工地监理。	(1)按设计要求采购 (2)采购经过试验验证可靠或项目应用过的产品
	2.6	防雷引下线选用了防锈蚀没有保障的材料	生锈，脱落	选用合格的防雷引下线	设计负责人，总包企业质量总监、工地监理	(1)按设计要求采购 (2)采购经过试验验证可靠或项目应用过的产品

（续）

关键点	序号	质量问题或隐患	危害	原因	检查	预防与处理措施
3. 构件制作	3.1	混凝土强度不足	形成结构安全隐患	搅拌混凝土时配合比出现错误或原材料使用出现错误	试验室负责人	混凝土搅拌前由试验室相关人员确认混凝土配合比和原材料使用是否正确。确认无误后，方可搅拌混凝土
	3.2	混凝土表面出现蜂窝、孔洞、夹渣	构件耐久性差，影响结构使用寿命	漏振或振捣不实，浇筑方法不当，不分层或分层过厚，模板接缝不严、漏浆，模板表面污染未及时清除	质检员	浇筑前要清理模具，模具组装要牢固，混凝土要分层振捣，振捣时间要充足
	3.3	混凝土表面疏松	构件耐久性差，影响结构使用寿命	漏振或振捣不实	质检员	振捣时间要充足
	3.4	混凝土表面龟裂	构件耐久性差，影响结构使用寿命	搅拌混凝土时水灰比过大	质检员	要严格控制混凝土的水灰比
	3.5	混凝土表面裂缝	影响结构可靠性	构件养护不足，浇筑完成后混凝土静养时间不到就开始蒸汽养护或蒸汽养护脱模后温差较大造成	质检员	在蒸汽养护之前混凝土构件要静养2h后开始蒸汽养护，脱模后要放在厂房内保持适宜温度，构件养护要及时
	3.6	混凝土预埋件附近出现裂缝	造成埋件握裹力不足，形成安全隐患	构件制作完成后，在模具上固定埋件的螺钉(栓)拧下过早造成	质检员	固定预埋件的螺钉(栓)要在养护结束后拆卸
	3.7	混凝土表面起灰	构件抗冻性差，影响结构稳定性	搅拌混凝土时水灰比过大	质检员	要严格控制混凝土的水灰比
	3.8	露筋	钢筋没有保护层，钢筋生锈后膨胀，导致构件损坏	漏振或振捣不实；或保护层垫块间隔过大	质检员	制作时振捣不能形成漏振，振捣时间要充足，工艺设计给出保护层垫块的间距
	3.9	钢筋保护层厚度不足	钢筋保护层不足，容易造成漏筋现象，导致构件耐久性降低	构件制作时预先放置了错误的保护层垫块	质检员	制作时要严格按照图样上标注的保护层厚度来安装保护层垫块

（续）

关 键 点	序号	质量问题或隐患	危 害	原 因	检 查	预防与处理措施
3. 构件制作	3.10	外伸钢筋数量或直径不对	构件无法安装，形成废品	钢筋加工错误，检查人员没有及时发现	质检员	钢筋制作要严格检查
	3.11	外伸钢筋位置误差过大	构件无法安装	钢筋加工错误，检查人员没有及时发现	质检员	钢筋制作要严格检查
	3.12	外伸钢筋伸出长度不足	连接或锚固长度不够，形成结构安全隐患	钢筋加工错误，检查人员没有及时发现	质检员	钢筋制作要严格检查
	3.13	套筒、浆锚孔、钢筋预留孔、预埋件位置出现偏差	构件无法安装，形成废品	构件制作时检查人员和制作工人没能及时发现	质检员	制作工人和质检员要严格检查
	3.14	套筒、浆锚孔、钢筋预留孔不垂直	构件无法安装，形成废品	构件制作时检查人员和制作工人没能及时发现	质检员	制作工人和质检员要严格检查
	3.15	缺棱掉角、破损	外观质量不合格	构件脱模强度不足	质检员	构件在脱模前要有试验室给出的强度报告，达到脱模强度后方可脱模
	3.16	尺寸偏差超过容许偏差	构件无法安装，形成废品	模具组装错误	质检员	组装模具时制作工人和质检人员要严格按照图样尺寸组模
	3.17	夹心保温板拉结件处空隙太大	造成冷桥现象	安装保温板工人不细心	质检员	安装时安装工人和质检人员要严格检查
	3.18	夹心保温板拉结件锚固不牢	脱落等安全隐患	(1)选用合格拉结件 (2)严格遵守拉结件制作工艺要求	质检员	安装时安装工人和质检人员要严格检查
4. 堆放和运输	4.1	支撑点位置不对	构件断裂，成为废品	(1)设计没有给出支撑点的具体规定 (2)支撑点没按设计要求布置 (3)传递不平整 (4)支垫高度不一	工厂质量总监	设计须给出堆放的技术要求；工厂和施工企业严格按设计要求堆放

（续）

关键点	序号	质量问题或隐患	危害	原因	检查	预防与处理措施
4. 堆放和运输	4.2	构件磕碰损坏	外观质量不合格	(1)吊点设计不平衡 (2)吊运过程中没有保护构件	质检员	(1)设计吊点考虑重心平衡 (2)吊运过程中要对构件进行保护，落吊时吊钩速度要降慢
	4.3	构件被污染	外观质量不合格	堆放、运输和安装过程中没有做好构件保护	质检员	要对构件进行苫盖，工人不能带油手套去触摸构件
5. 安装	5.1	与预制构件连接的钢筋误差过大，加热煨弯钢筋	钢筋热处理后影响强度及结构安全	现浇钢筋或外漏钢筋定位不准确	质检员、监理	(1)现浇混凝土时用专用模板定位 (2)浇筑混凝土前严格检查
	5.2	套筒或浆锚预留孔堵塞	灌浆料灌不进去或者灌不满影响结构安全	残留混凝土浆料或异物进入	质检员	(1)固定套管的对拉螺栓锁紧 (2)脱模后出厂前严格检查
	5.3	灌浆不饱满	影响结构安全的重大隐患	工人责任心不强，或作业时灌浆泵发生故障。	质检员、监理	(1)配有备用灌浆设备 (2)质检员和监理全程旁站监督
	5.4	安装误差大	影响美观和耐久性	构件几何尺寸偏差大或者安装偏差大	质检员、监理	(1)及时检查模具 (2)调整安装偏差
	5.5	临时支撑点数量不够或位置不对	构件安装过程支撑力不够影响结构安全和作业安全	制作环节遗漏或设计环节不对	质检员	(1)及时检查 (2)设计与安装生产环节要提前沟通好
	5.6	后浇筑混凝土钢筋连接不符合要求	影响结构安全的隐患	作业空间窄小或工人责任心不强	质检员、监理	(1)后浇区设计要考虑作业空间 (2)做好隐蔽工程检查
	5.7	后浇混凝土出现蜂窝、麻面、胀模	影响结构耐久性	混凝土质量不合格，振捣不均匀，模板固定不牢	监理	(1)严格要求混凝土质量 (2)按要求进行加固现浇处模板 (3)振捣及时方法得当
	5.8	防雷引下线的连接不好或者连接处防锈蚀处理不好	生锈，脱落	(1)选用合格的防雷引下线 (2)严格按照正确的安装工艺操作	监理	(1)按设计要求采购 (2)及时检查及时处理

思考题

1. 为什么说有效的管理能促进装配式建筑的健康发展？主要体现在哪些方面？
2. 为什么装配式建筑要求各个专业和各个环节必须协同？
3. 地方政府对装配式建筑的管理要点是什么？
4. 开发企业对装配式建筑的管理要点是什么？
5. 装配式建筑与现浇建筑监理的范围和内容有什么不同？
6. 设计单位对装配式建筑的管理要点是什么？
7. 制作企业对装配式建筑的管理要点是什么？
8. 施工企业对装配式建筑的管理要点是什么？
9. 装配式混凝土建筑最关键的质量环节是什么？

第 9 章　未来的建筑

本章讨论建筑的未来。话题包括：从阿科桑底到洞爷湖（9.1），耐久性一万年的混凝土意味着什么（9.2），个性化是建筑永恒的命题（9.3），智能化与建筑（9.4），空中造楼机与3D打印建筑（9.5），“盒子”与“乐高”（9.6），房车与游轮的启发（9.7），未来的建筑什么样（9.8）。

9.1　从阿科桑底到洞爷湖

阿科桑底是世界上第一座生态城，坐落在美国西南部亚利桑那州的沙漠里。

生态城虽然名为“城”，其实只是个荒凉沙漠中1百人左右的小社区，连个小村子都算不上。而且，是40年来一直在慢慢悠悠建设中的在建工程。

阿科桑底生态城是美籍意大利裔建筑师保罗·索莱里的生态主义梦想之作。索莱里被誉为世界生态建筑之父。他为人类咄咄逼人的大规模建设对环境造成的破坏忧心忡忡，从20世纪50年代开始研究建筑与环境问题，是世界上最早提出生态建筑理念的建筑师。

索莱里的生态建筑理念是：建筑要节约土地，节约能源，节约其他资源，减少废物排放和环境污染等。这些理念现在已成为世界共识，但在当时却被认为是杞人忧天，不被世人接受，不被市场接受，更没有政府支持。索莱里不仅是理想主义者，更是意志坚定的行动者。他自筹资金在沙漠里买了土地，规划了阿科桑底生态城，并在来自世界各地的志愿者的帮助下付诸实施，他去世后，他的学生和粉丝象征性地继续着他的事业，但阿科桑底目前只是靠赞助和旅游收入维持着。

保罗·索莱里规划的生态城布局紧凑，交通完全靠步行，以节约土地和能源。房屋是混凝土结构，最大的公共空间在一个拱券下（图9.1-1），这不是出于对古罗马建筑符号的偏好，而是为了对付沙漠烈日。建筑就地取材，用沙漠里的砂石；模板不修边幅，刻意表达不为建筑多费工夫的环保理念；有什么材料用什么材料，连建筑垃圾也要再利用（图9.1-2）。

40多年过去了，阿科桑底生态城建设只完成原规划规模的3%，并不能真正成为人类正常生活可借鉴的模式，生态建筑美学的探索也没有获得成功。阿科桑底生态城自身是一次失败的尝试。但索莱里的生态建筑理念启发了全世界对生态保护的重视。

索莱里开始建设阿科桑底生态城大约20年后，1997年，欧洲最高的建筑德意志商业银行总部大楼竣工。这座大厦53层，高299m，是当时世界上最现代化的大厦，现代化的最重要标志就是生态（图9.1-3）。这座大厦是三角形平面，布置方向使三个面都能获得日照。大厦有一个三角形内庭，也就是说大厦核心是空的，犹如一个大烟筒，这样有利于自然通风，一年四季大多数时候不用开空调，是耗能最省的高层建筑。大厦内庭还有多处空中花园。这座大厦的设计师是英国建筑师诺曼·福斯特，北京首都机场3号航站楼也是他设计的。

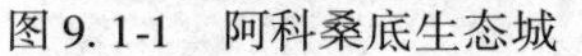

图9.1-1　阿科桑底生态城

图9.1-2　不修边幅的生态建筑

2009年，耶鲁大学森林与环境学院的克鲁恩大楼建成（图9.1-4），这是一座著名的低碳建筑，汇集了世界顶尖建筑和绿色环保设计团队设计，能耗是相同规模建筑的53%。被评为美国“白金级”绿色环保建筑。

图9.1-3　德意志银行总部

图9.1-4　耶鲁大学克鲁恩大楼

克鲁恩大楼拱形屋顶的朝阳面满铺了太阳能光电板；南墙采用被动式太阳能技术；山墙是通透的玻璃幕墙，尽可能利用自然光源；用隔热玻璃和隔热混凝土；通风系统采用自然风。克鲁恩大楼还利用地热资源。用传感器控制照明，以节约用电。

克鲁恩大楼建立了雨水回收利用系统。将建筑物和周围区域的雨水有组织地进行回收和净化，再用于浇花、卫生间冲洗和清扫卫生等。雨水回收利用系统与庭院景观结合，水生植物区域既是景观，又是存蓄雨水的“水库”，还有净化水的功能（“海绵城市”概念）。

克鲁恩大楼的环保覆盖是全方位的，包括与其他建筑共享能源以提高效率；考虑建筑选材，如使用环保油漆，选用当地生产的建材以减少运输耗能，选用可持续可循环使用的建筑材料，选用节水马桶等设施；还考虑建筑使用时废品的回收系统；鼓励使用自行车，设计了自行车停放处等细节。

克鲁恩大楼竣工前一年，2008 年，八国集团首脑会议（G8）在日本洞爷湖召开。日本积水公司不无炫耀地向各国首脑展示了世界第一座零排放建筑（图 9. 1-5）。这是现代建筑史上具有里程碑意义的事件。

所谓零排放是指建筑物在使用期间二氧化碳排放量为零。该建筑一方面在所有耗能环节上采取大幅度节能措施，如采用高保温性能围护系统、隔热玻璃、遮阳设施、尽可能采用自然通风、采用最节能的电器与家电等；一方面充分利用自然能源，朝阳的屋面铺满了光电板。还设置有微型风能发电设施。

图 9. 1-5　世界上第一座“零排放”建筑——日本洞爷湖样板房（前排平房）

图 9. 1-6　悉尼的“CENTRAL PARK”

2015 年，建造洞爷湖零排放样板房的积水公司，在澳大利亚悉尼建造了被誉为世界上最现代化的高层建筑——“CENTRAL PARK”大厦（图 9. 1-6），最现代化的标志也是绿色。

这座建筑有一块在高处悬挂的巨大反光板，可以将太阳光投射到前楼背阴房间和后楼被挡光的房间，阳光投射角度和时间可自动调节。这座大厦还采用了立体绿化。这座绿色建筑，既是节能意义的绿色，也是绿化意义上的绿色。

从阿科桑底生态城最初不被大家所理解，到 30 年后洞爷湖零排放样板房向世界炫耀，世界上的绿色建筑越来越多，表明人类在日趋严峻的环境变化压力下，意识到了绿色建筑重要性与必要性。可以认为，少排放和零排放的绿色建筑，还有绿化意义上的绿色建筑，将是未来建筑的发展方向。

9. 2　耐久性一万年的混凝土意味着什么

本书第 5 章 5. 4. 1 小节［例 1］介绍了日本鹿岛公司建造的赤坂大厦，该建筑采用了强度等级 150MPa 的混凝土和强度极限 980MPa 的钢筋。鹿岛公司的研究院还宣称研发出了耐久性可以达到一万年的混凝土（模拟环境试验）。

使用寿命一万年的混凝土有什么实际意义？

日本建筑的使用寿命分为3个级别：65年、100年和100年以上。100年以上这个级别没有规定具体的年限，可以理解为“永久性”建筑，或者说是尽可能长的建筑。

日本高层建筑使用寿命至少是100年。日本结构工程师对我国很多高层住宅按50年设计非常不理解：建造一座高层建筑十分不易，只有50年使用寿命，是对资源的极大浪费。

日本在高层建筑和重要建筑的结构设计中特别重视耐久性，除了风荷载和地震作用按照100年或更长时间计算外，普遍采用高强度混凝土、高强度钢筋和厚保护层。鹿岛在核电站设计中，更是采用了耐久性尽可能长的材料与技术。日本福岛核电站因为地震海啸发生泄漏事故，但核电站建筑结构没有任何损坏。否则的话，灾难会更大。

笔者认为，现代建筑的生命周期被人为地缩短了。我国山西、安徽等地农村现存的民居，有很多在几百年以上，甚至还有上千年的建筑；欧洲许多城市保留了大量中世纪建筑；纽约、芝加哥是现代高层建筑的摇篮，现在还有许多100年以上的高层建筑在使用。

延长建筑物的使用寿命，并不会成比例增加建造成本。把建筑使用寿命从50年变为100年，建造成本虽然会有所增加，但不是增加一倍。按照日本结构设计师的估计，增加的成本，连30%都不到。

减少建筑量是最大的节能减排措施，是资源的最大节约方式，延长建筑的使用寿命则是减少建筑量的最有效的途径。

回顾建筑发展史，建筑材料的发展是建筑发展的关键和基础，会给建筑带来巨大的变化。例如古罗马时期的拱券建筑得到应用和发展，是由于罗马人发现了火山灰具有活性，发明了最早的天然水泥混凝土。现代大跨度建筑和高层建筑的出现，则是基于钢材和现代水泥的发明。

高强度混凝土和高强度钢筋的应用，耐久性一万年的混凝土的出现，为人类建造使用寿命更长的建筑提供了有力的支撑，为人类减少建筑量，大幅度节能减排提供了解决途径。

可以相信，未来建筑的使用寿命一定是非常长的。尤其是我国建筑，将会尽快改变人为的、也过时了的“50年设计使用寿命”的规定。

9.3　个性化是建筑永恒的命题

2014年和2015年，南美洲有两座建筑获得世界建筑界好评。一座是智利建筑师亚力杭德罗·阿拉维纳（2016年普利兹克奖获得者）为圣地亚哥天主教大学设计的UC创新中心，2014年建成（图9.3-1）；一座是前面提到的福克斯（1999年普利兹克奖获得者）设计的阿根廷布宜诺斯艾利斯市政厅，2015年建成（图9.3-2）。

两座建筑同样是采用清水混凝土艺术元素，同样是绿色建筑，同样是时尚建筑，但建筑风格完全不同。

UC创新中心的造型是混凝土大方块，局部有凸出的块体。外墙窗户很少，且凹入墙体，用内庭采光。圣地亚哥是沙漠气候，日晒强烈，天气炎热，UC创新中心用实体混凝土表皮阻隔日晒和高温，凹入的窗户主要功能是通风。这座建筑的表皮拒绝了玻璃。

而布宜诺斯艾利斯新市政厅是一座柔性十足的建筑，纤细的圆柱支撑着薄薄的大跨度波浪形钢筋混凝土屋面板，墙体是通透的玻璃。波浪式屋面板是大跨度的结构优化形式，对隔热也非常有利。屋面板探出墙体很远，让自然光进来，把日晒挡住。在有日晒的立面，玻璃幕墙有自动调节的百叶窗。天棚设条状天窗采光。这座建筑结构完全裸露，水电空调管线也不加遮挡。

这两个例子可以引发我们思考建筑个性化这一命题。

图 9. 3-1　智利大学

图 9. 3-2　布宜诺斯艾利斯市政厅

关于建筑个性化，我们下面再看几个例子。

图 9. 3-3 远处的方柱是纽约最时尚也是最昂贵的超高层公寓，一座极简主义建筑；图 9. 3-4 是弗兰克 · 盖里设计的麻省理工学院科学馆，一座奇形怪状的建筑；图 9. 3-5 是美国奥克兰一座颠覆性建筑，大头朝下。

图 9. 3-3　纽约最时尚的极简主义公寓

图 9. 3-4　盖里设计的麻省理工学院科学馆

我们知道，艺术是建筑的固有属性，而个性化是艺术的基本特征。没有个性，就没有艺术。千篇一律的东西再漂亮，只能叫工艺品，而不能称之为艺术品。

建筑的个性化与社会环境有关，包括历史、文化、传统、习俗、宗教以及业主或建筑师的艺术偏好等；也与自然环境和当地条件有关，包括气候、地理环境、场地、周边环境、资源、地方材料和经济条件等。

图 9.3-5　美国奥克兰一座大头朝下的建筑

改革开放前，一个人穿着与大家不一样，会显得很刺眼；而现在，即使在地铁人流高峰期，也很少看到“撞衫”。同样，随着经济的发展，人们对居住的要求越来越高，不单追求建筑对物质上、功能上的满足，还追求建筑在精神上、审美上的满足和愉悦。人们更加关注自身对建筑的独特性需求，建筑也必然向满足人们个性化的需求方向发展。

个性化就是拥有自己的特质元素，独具一格，打造一种与众不同的效果。有个性的建筑，往往有更长久的生命力，不会湮没在千篇一律的同质化建筑中。追求建筑的个性美，是优秀建筑师的本能。看看历届普利兹克奖获得者的作品，无一不是个性化十足的建筑。

个性化的实现过程也叫定制化，是为满足个体的独特需求而形成的一种新的模式。如个性化邮票定制、个性化高档成衣定制等。建筑本来就是定制化产品，只是限于技术条件和经济因素，或建筑师图省事，雷同的设计太多。

当年约翰·伍重设计悉尼歌剧院时，还没有三维设计软件，也没有自控加工设备，实现这个设计非常难，工期比原计划超了十多年，投资也超出了预算十几倍。如今，像弗兰克·盖里、扎哈·哈迪德和马岩松等设计的远比悉尼歌剧院还复杂还任性的非线性建筑，借助于三维技术和数据化技术，都可以方便地实现。

随着经济发展和技术进步，可以相信：未来建筑的个性化会越来越突出，“撞衫”的建筑会越来越少，建筑风格会越来越多元化。

个性化是建筑永恒的命题。

9.4　智能化与建筑

智能化手机大家已经很熟悉了，甚至离不开了，但对智能建筑，多数人还不了解。

什么是智能建筑？

《智能建筑设计标准》GB 50314—2015 中对智能建筑的定义是：“以建筑物为平台，基于对各类智能化信息的综合应用，集架构、系统、应用、管理及优化组合为一体，具有感知、传输、记忆、推理、判断和决策的综合智慧能力，形成以人、建筑、环境互为协调的整合体，为人们提供安全、高效、便利及可持续发展功能环境的建筑。”

智能是智慧和能力的统一，只要可以做到在极少或没有人工干预下完成判断并执行适当的行为就可以被称作智能。

建筑的智能化应当包括三个方面的含义：

(1) 建筑使用功能的智能化

建筑使用功能的智能化是为了让居住者或使用者更安全、方便、舒适，建筑更节能。

例如：在调节日照、防止日晒方面采用智能化技术，遮阳板或遮阳设施可根据太阳位置的变化自动调节角度。

将煤气、燃气检测与通风系统联动，一旦出现漏气现象，通风系统即可自动启动。

室内自动调节温度、湿度及空气质量的系统。

指纹、面孔识别门禁系统。

门房灯、窗帘根据设定条件自动开启。

远程控制家电开关等。

（2）建筑管理与维护的智能化

建筑管理与维护的智能化是为了建筑的安全正常使用和耐久性。

例如：结构系统埋设监测系统对结构进行变形和受力情况监测、分析。

设备与管线系统监测与紧急情况应对等。

（3）建筑物建造过程的智能化

建筑物建造过程——测量、规划、设计、制作和施工过程——的智能化应用主要是为了提高质量与效率，避免出错，降低成本。

例如：用机器人焊接钢结构构件。

预制混凝土叠合楼板全自动生产线上，用机械手根据设计图样把不同类型的预埋件放置到设计位置上。

数控机床根据设计图样信息加工造型复杂的模具。

自动化混凝土输送系统根据不同构件的尺寸计算并供给混凝土等。

随着 BIM 技术的深化和普及，装配式建筑的发展和现场建造技术与方式的发展，智能化在建造环节的作用会越来越大。

以上三个方面例子，多是已经应用于实践的智能化项目，随着智能化技术在建筑领域的开发，智能化应用将会越来越多。

9.5　空中造楼机与 3D 打印建筑

无论装配式混凝土建筑怎样发展，现浇混凝土建筑都不会被淘汰。一方面装配式建筑是大规模建设的产物，必须有足够的市场规模才能生存；另一方面现浇混凝土建筑有许多优势，尤其在结构整体性方面比装配式建筑更有优势，而且对造型复杂的建筑适应性更强。

现浇混凝土建筑的发展，目前有两种尝试：一种是把工厂制作混凝土构件的模式移植到施工现场，用“空中造楼机”建造房屋（图 9.5-1）；一种是用 3D 打印技术建造房屋（图 9.5-2）。

1. 空中造楼机

空中造楼机是一个约 15m 楼高的钢结构设备平台，架设在施工建筑上方，可随着施工楼层不断升高，通过液压系统完成提升，施工完工后拆除。

空中造楼机比传统现浇混凝土工艺更多地运用了设备、工具，采用了精密的模具系统，建筑精度和混凝土浇筑质量得以提升，用工量也有较大程度的减少。

欧洲最先尝试制造并使用造楼机，但都是在低层建筑和多层建筑中采用，没有提升功能。中国深圳卓越公司研发的空中造楼机具有自我提升功能，可用于高层建筑。目前已经建造了样板楼。

图 9.5-1　深圳卓越公司研发的“空中造楼机”

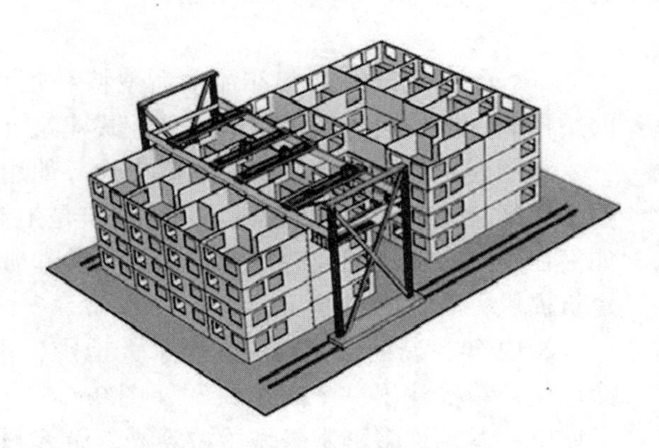

图 9.5-2　3D 打印建筑示意图

空中造楼机工艺能否成为现浇混凝土建筑的主流工艺，一方面与其实际应用的效能有关；一方面取决于其摊销成本（或者说机器的租金高低）。

2. 3D 打印建筑

3D 打印技术的核心思想源自 100 多年前美国研究的照相雕塑和地貌成形技术，20 世纪 80 年代已有雏形，名为“快速成型”技术。

3D 打印的工作原理是先通过计算机建模软件建模，再将建成的三维模型“分区”成逐层的截面，从而指导打印机逐层打印。3D 打印机与传统打印机最大的区别在于它使用的“墨水”是实实在在的原材料。目前 3D 打印机的材料主要有石膏、尼龙、ABS 塑料、PC、树脂、金属、陶瓷等，原材料的形态一般有粉末状、丝状和液体状等。

早期的 3D 打印设备主要用来打印像珠宝、玩具、工具、厨房用品之类的东西，也有汽车专家打印出了汽车零部件。现在则主要用在航天、医疗等精密制造行业，用来制作出普通工业流水线无法生产的复杂产品。

近年来，3D 打印技术开始应用到建筑领域。最早用于打印建筑的单一构件，一般是造型复杂的构件。现在已经有人将 3D 打印理念用于打印整个建筑。

作为技术研发，用 3D 打印技术建造整个房屋是一个可尝试的方向。但如果认为 3D 打印建筑很快就能投入实际应用并带来商业价值，则需要慎重论证。

用 3D 打印方法建造整座建筑，需要解决两个关键问题，一是打印材料应能满足建筑的力学、物理性能要求，尤其是抗弯强度和防火要求；二是打印建筑的成本不能比常规建筑高出太多。

3D 打印技术本质上是一种“浆料”技术，打印石膏可以，树脂可以，砂浆可以，超高性能混凝土可以，纤维混凝土也可以。但打印钢筋混凝土就有一定的难度。如果可以打印钢筋混凝土，且成本不增加太多，3D 打印技术就迈进了实用建筑领域的门槛。或者，如果研发出了高抗拉（抗弯）强度且防火的浆料，成本也不太高，也距离实际应用不远了。

打印材料的突破将使 3D 打印技术在建筑领域进入实际应用，如此，将带来建筑业革命性的变化和飞越。届时，设计和建造房屋会变得简单有趣，建筑风格也会呈现出多彩缤纷的景象。

9.6　“盒子”与“乐高”

“盒子”是指1967年在加拿大蒙特利尔举办的世界博览会期间，引起世界建筑界轰动的用预制钢筋混凝土盒子组成的装配式建筑（图9.6-1）。

盒子建筑的设计师是莫谢·萨夫迪。他用354个盒子组成了包括商店等公共设施的综合性居住区，名为67号栖息地。盒子建筑是工业化的成果，但又不是呆板的千篇一律的形象。如何在建筑工业化的同时保持建筑的艺术本质，是一个难度很大的课题。萨夫迪的盒子组合建筑提供了有益的经验。

2012年，新西兰基督城发生了大地震，市区很多房屋被毁坏。基督城市政府在市区用涂色集装箱搭建了一个商业街区（图9.6-2）。这座商业街不仅解决了市民购物问题，还成了城市一景，许多到基督城旅游观光的游客到这里游玩拍照。

图9.6-1　加拿大蒙特利尔的盒子房

图9.6-2　新西兰基督城用集装箱建的商业街一角

蒙特利尔的“盒子”和基督城的集装箱商业街是成功的模块化组合建筑，其原理与乐高玩具接近。乐高玩具有3个基本特点：

（1）连接方式或者说连接节点是标准的。

（2）模块种类很少，颜色上可能有区别。

（3）通过不同的三维组合方式构成各种形状。

模块化组合建筑受到两方面的限制。

第一个限制是起重能力。“盒子”一般比较重，需要大吨位起重机。对多层建筑而言问题不大，轮式或履带式起重机有大吨位的，大连一座装配式建筑就用了600t的履带式起重机。但对于高层建筑而言，大吨位塔式起重机还不多见。

第二个限制是运输限高限宽限重。模块式建筑单元尺寸太小了会影响使用空间，而大了则很难运输。图9.6-3是欧洲运输50多米大跨度屋面梁的方式，是可以借鉴的思路。但如果运输超宽的“盒子”就会影响交通，也很难获得批准。

尽管有上述两方面的限制，乐高思维依然是装配式建筑发展的重要方向。

（1）不受运输限制的模块可以在工厂生产，无法运输的模块可以用移动式工厂生产，也就是在工地附近建立专门生产大型模块的临时工厂。

（2）实践证明，乐高思维可以推及装配式建筑的各个系统。

图 9.6-3　欧洲运输大型混凝土屋面梁的现场

9.7　房车与游轮的启发

房车是美国著名建筑师布克敏斯特·富勒在 1927 年发明的，他的动机就是要建造行走的房子，能移动的家。最初的方案是将房子放在拖挂车上，后来发展为车房一体。

图 9.7-1 是阿拉斯加苏厄德海边房车营地三个老男人吃晚餐的情景。三个老男人来自美国不同地方，他们是几十年的老朋友，都退休了，合租了一辆房车旅行。算经济账，租房车比住酒店加租汽车还便宜。房车还有另外两个好处：一是时间自由，不被预约酒店的日程所约束；二是可以住在大自然的怀抱里。

苏厄德房车营地聚集了上百辆房车，宛如一座白色小镇（图 9.7-2）。房车营地有供电、给水、排水、排污的接口，有自助洗衣房、儿童乐园，还有点篝火的地方。

图 9.7-1　房车营地的晚餐

图 9.7-2　阿拉斯加苏厄瓜德的房车“村庄”

人类的祖先几百万年都是流动者。房车旅行是对人类原始状态某种意义上的回归，回归定居前的流动性，回归与大自然的亲近。

房车最多的地方是自然风光非常美丽的阿拉斯加。阿拉斯加的很多景点，海边、湖边、河畔，雪山、冰川和荒原，都有房车营地，在不进行大规模土木建设的情况下提高了景区接待能力，减少了对自然环境的扰动和破坏。

如果说一辆房车是一个流动的家，那么一艘大型游轮就是一座流动的城。

图 9.7-3 是加勒比海游轮“挪威畅意号”，排水量 14.5 万 t，长 325.6m，宽 51.7m，十几层“楼”，相当于近 20 万 m^2 的城市综合体，可容纳 4 千游客，船上仅工作人员就有 1600 人。挪威畅意号是一座漂浮的城。

游轮上有丰富的餐饮服务（图 9.7-4），生活服务设施有洗衣房、商店、医务室、按摩室、幼儿园等。文化设施有画廊、图书馆、露天电影院、室内剧场等。剧场每天晚上演出不同节目，音乐剧、伦巴舞、儿童剧（图 9.7-5）。甲板上的游泳池前有摇滚乐舞台。船上还有赌场。

图 9.7-3　挪威畅意号邮轮

图 9.7-4　挪威畅意号邮轮上的西餐厅

游轮上体育设施也挺多，有游泳池和水上娱乐项目（图 9.7-6），有保龄球馆、台球室、乒乓球区，有攀岩壁、高空行走架、儿童戏水池、篮球场、迷你高尔夫球场等。甲板上许多地方摆着沙滩床，供游客日光浴，还有跑道。

图 9.7-5　挪威畅意号邮轮上的剧场

图 9.7-6　游轮甲板上的体育游乐设施

游轮生活方式是否可以从休假扩展为人类正常的居住、工作、生活方式呢？是否可以成为一种社区或城镇的模式呢？

比如，一个研究院或软件公司，工作人员连同家属都生活在一个大型的可游动的海上城里，海上城或走或停。可以到暖和而又不炎热的地方去，到美丽的海岛去，到阿拉斯加或者乌斯怀亚去，还可以去南极北极。生活总是在变化中，新鲜总是在牵引你。海上城可以利用太阳能、风能、海潮海浪能，还可以开发海洋食物资源。

海洋面积占地球总面积的 71%，是陆地面积的 2.45 倍，在人口增长和资源紧缺的压力下，在土地越来越稀缺的情况下，让城市漂在海上，或许是未来一个不错的选择。

9.8 未来的建筑什么样

9.8.1 两个面向未来的建筑实例

在归纳未来建筑究竟什么样之前，我们先看看两个被誉为面向未来的建筑是什么样的。

1. 英国伊甸园

伊甸园是英国2000年为迎接21世纪的到来而建设的生态试验建筑（图9.8-1）。这座建筑有如下特点：

（1）占地2公顷（2万m^2），建在一个废弃的黏土矿上。

（2）采用装配式建筑，钢结构网格覆盖薄膜。

（3）为大跨度建筑，跨度为240m。

（4）采用了新材料，表皮采用充气薄膜，既透光又保温。

（5）薄膜使用寿命可以达到40年，到期或损伤后还可以更换。

（6）伊甸园里培育着世界各地的植物。

（7）建筑造型和质感很漂亮。

（8）从废弃矿变成了英国著名的旅游景点。

2. 苹果公司总部

苹果新总部大楼被称为面向未来的建筑，耗资高达50亿美元。到本书截稿时尚未完工。这座建筑有如下特点：

（1）圆环形建筑，造型像飞碟（图9.8-2），承载了人类的梦想。不知设计者是否有意，飞碟的造型体现出了“流动”建筑的意涵。

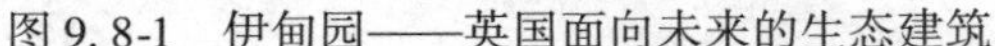

图9.8-1 伊甸园——英国面向未来的生态建筑

图9.8-2 苹果总部鸟瞰

（2）建筑面积26万m^2。

（3）环形建筑的内圈与外围都是绿色植被。

（4）为装配式建筑，采用预制清水混凝土弧形板（图9.8-3）。

（5）大量采用新材料，建筑表皮是弧形玻璃；屋盖是碳纤维材料。

（6）绿色建筑，屋面铺面太阳能光电板（图9.8-4）；采用自然通风，尽可能减少使用空调时间；生活用水循环使用，用于冲洗、绿化等。

图 9.8-3　苹果新总部的装配式混凝土曲面板与曲面玻璃

图 9.8-4　苹果新总部碳纤维屋盖上铺满光电板

9.8.2　未来的建筑什么样

探讨建筑的未来，首先要基于对建筑发展历史的回顾，只有这样才能得出符合逻辑的、而不是幻想的对建筑发展趋势的判断。回顾建筑发展的历史，可以得知，建筑的重大进步总是和以下因素有关：

（1）新建筑材料的发现或发明（如天然水泥、人造水泥、钢材、玻璃等）。

（2）技术进步（如高层建筑结构、大跨度结构、计算机技术辅助计算与设计等）。

（3）工艺进步（如焊接技术、套筒技术等）。

（4）功能需要驱动（如大空间的需要、节能减排的需要）等。

立足于建筑发展的历史，结合当前人类对建筑的期望，我们可以大致勾勒出未来建筑的模样。

（1）低排放或零排放的绿色建筑。

（2）屋顶绿化、立面绿化和周边环境绿化的绿色建筑。

（3）结构更耐久，使用寿命更长。

（4）建筑艺术呈现多元化。

（5）建造过程、使用功能和管理维护更智能化和人性化。

（6）现浇建筑可在工地实现工厂化建造或打印。

（7）装配式建筑趋向模块化。

（8）出现更多实用功能的陆上和海上流动建筑。

思考题

1. 绿色建筑如何实现零排放？
2. 目前绿色建筑有哪些做法？
3. 3D 打印建筑如何能进入实用领域？
4. 本章所列的未来建筑各项中，你认为哪一项不可能实现，为什么？
5. 本章未列出但你认为有可能出现的未来建筑是什么？

第 10 章　BIM 与装配式建筑

本章主要介绍 BIM 与装配式建筑，包括：BIM 简介（10.1），装配式建筑应用 BIM 的必要性和重要性（10.2），装配式建筑各个环节应用 BIM 的目标（10.3），装配式建筑全链条共享 BIM 的建立（10.4）。

10.1　BIM 简介

BIM（Building information Modeling/Management）简单直译为“建筑信息模型/管理”，也可以把 BIM 理解为“建筑信息化”。

长期以来，建筑业都被形容为“人们戴着巨型手套在摄取自然界馈赠给人类的资源”；资源被大量浪费，行业效率低下，作业环境恶劣。自从人类进入 21 世纪，随着 IT 技术的出现，计算机技术的飞速发展，建筑业也进入到一个全新的信息化时代。

2005 年前后，Autodesk 大学合作项目（又称长城合作项目）在中国学界启动，BIM 技术理论体系在国内逐渐形成。

初期，人们误以为 BIM 就是一款软件。可以用三维来呈现建筑实物的虚拟技术，并从虚拟构造物上快速注释及提取出各类人们需要的信息，后来发现其功能和广阔的应用前景不仅仅只是一款软件可以胜任的。

其实，BIM 更是一个“方法论”，是“信息化技术”切入建筑业并帮助提升建筑业整体水平的一套全新方法。

BIM 的基础在于三维图形图像技术。在此之前，传统工程领域的技术交流、信息传递基本都是依靠二维的抽象符号来表达一个个具体的实物，那时建筑业技术壁垒高筑；BIM 技术是用三维具象符号来表达一个个具体的实物，这时的建筑技术变得如同搭积木一样有序而可视。

BIM 的核心内容在于信息数据流，与真实世界里的实物非常具象的“虚拟构件”有了对应的 ID 名称，各类属性信息，这些信息从真实实物诞生开始逐步完善，并以电子数据的形式存在，在不同阶段都发挥出最大的作用，直至真实世界里的实物使用完毕报废，附在其上的信息数据流才完成使命，可以说信息数据流是 BIM 的“灵魂”。

BIM 的信息传递最普遍的介质就是电子媒介，随着即时通信技术、互联网技术的飞速发展，各类移动终端设备的大量普及应用，纸类介质在 BIM 信息传递过程中完全被边缘化，因为电子媒介的出现，凡是通电有网络的环境，BIM 的信息数据流就会顺畅无阻，信息孤岛被有效遏制。

BIM 技术的发展，使先进的设备、仪器在建筑业发挥出更大的价值：三维扫描设备、放样机器人设备、VR/MR 设备都让从业人员的工作更轻松，完成的工作质量更高。

BIM 最好的呈现过程在于建设工程项目的信息化管理执行过程。

BIM 的价值在于可以大幅提升建筑业的效率及效益，在于让建筑从业人员的工作更轻松更有趣。

BLM（Building lifecycle Management），本意直译为“建设工程全生命周期管理”，是 BIM 的纵深应用范畴，它把一个建筑物当作一个生命体来看待，有出生、长大、鼎盛、衰亡不同的生命周期时段，贯穿于建设工程全过程，即从概念设计到拆除或拆除后再利用，通过三维数字化的方法来创建、管理和共享整个建筑从设计、施工到运营使用全生命周期的信息。

BIM 技术同工业自动化控制技术，与传感器技术，与云端数据库技术的结合，为 BLM“建设工程全生命周期管理”提供了有力保障。

BIM 技术也即是“建筑信息化”技术，BIM 技术为古老的建筑业插上了腾飞的翅膀，让建筑业进入到一个全新的时代；“装配式建筑”俗称“拼装房”，其建造特性决定了更加高度依赖信息化技术，BIM 技术同“装配式建筑”有机融合是发展的必然趋势。

10.2　装配式建筑应用 BIM 的必要性和重要性

非装配式建筑也非常有必要应用 BIM，但装配式建筑要加上几个“更”字。因为：

（1）装配式建筑集成性强

不同系统、不同专业、不同功能和不同单元的集成非常容易出错、遗漏和重合。

（2）装配式建筑施工精度要求高

现浇混凝土建筑的精度一般是以厘米计的，但装配式建筑构件的尺寸误差和预埋钢筋、套筒的位置误差都是毫米级的，超过 2mm 就无法安装。第 7 章图 7.1-4 所示双莲藕梁，每个莲藕上有 20 个钢筋预留孔，两个莲藕共 40 个孔，每个孔的误差都要小于 2mm，且两个莲藕之间的相对距离误差也不能超过 1mm，要求精度非常高。

（3）装配式建筑连接点多

结构构件之间的连接、其他各个系统部品部件间的连接，点位多，相关因素多。图 10.2-1 是预制楼板预埋吊挂各种管线的照片，可以看出预埋件之多。这些预埋件都必须在构件制作时准确埋置。

图 10.2-1　预制楼板需要埋设吊挂各种管线的预埋件

（4）宽容度低

现浇建筑设计如果出现“撞车”或“遗漏”问题，一般在现场浇筑混凝土前能够发现，就可以在现场解决。但装配式建筑构件是预制的，到现场发现问题时已经没有办法补救了。例如，预制构件里忘记埋设管线，或者埋设管线不准，到现场就很难处理。采用在构件上凿槽的办法，会把箍筋凿断或破坏保护层，带来结构的安全隐患。

(5) 工序衔接要求高

装配式建筑预制构件生产与进场必须与现场安装的要求完全一致，并应当尽可能地直接从车上起吊安装，如此需要非常精确地衔接（图10.2-2）。

图10.2-2 预制构件进场直接安装

装配式建筑的以上特点，要求更需要设计部门各个专业、设计与制作施工环节，必须实现信息共享、全方位交流和密切协同，需要三维可视的检查手段，需要全链条的有效管理和无缝衔接。

部件的大量工厂化生产制造，相对于施工现场现浇来讲，效率得到极大的提升，资源浪费被有效遏制，特别是作业人员的工作生活环境得到改善，同时对于部件生产所执行技术文件和生产质量精度控制都提出了更高更严的要求，工厂生产环节是装配式建筑建造中特有的环节，也是构件由设计信息变成实体的阶段。为了使预制构件实现自动化生产，集成信息化加工（CAM）和MES技术的信息化自动加工技术可以将BIM设计信息直接导入工厂中央控制系统，并转化成机械设备可读取的生产数据信息。通过工厂中央控制系统将BIM模型中的构件信息直接传送给生产设备自动化精准加工，提高作业效率和精准度。工厂化、生产信息化管理系统可以结合RFID与二维码等物联网技术及移动终端技术实现生产计划、物料采购、模具加工、生产控制、构件质量、库存和运输等信息化管理。不妨试想一幢大厦，需要把它拆分成一件一件可以具体工厂加工制造的建筑部件，若不借助BIM技术，仍沿用传统的工程技术图样来处理拆分，难度系数将非常大，出错率也会极高，这还只是执行的技术文件层面可能出现的问题，若再不借助先进的BIM检测设备仪器来检验校核成品构件的质量精度，最终的损失会极其惨重，也可能会出现批量化生产批量化报废的结局。

实际上，在一些大型装配式建筑施工过程中，常常会采用BIM技术来预先虚拟呈现一些关键构件的吊装运输工序，管理人员可以通过BIM模拟过程发现高危复杂环境下的吊装计划是否合理可行。这样可以有效规避掉一些安全事故的发生。

装配式建筑，现场作业内容发生巨大变化，现浇的作业任务大大减少，成品部件的现场装配作业任务增多，无论是已经装配完成的构件或者是正准备安装的构件，只要有些许的质量不合格，尺寸误差偏大，成品构件就基本报废。

在BIM一体化设计中，建筑、结构、机电、装修各专业根据统一的基点、轴网、坐标系、单位、命名规则、深度和时间节点在平台化的设计软件中进行模型的搭建。同时各专业还可以从建筑标准化、系列化构件库中选择相互匹配的构件和部品部件等模块来组建模型，大大提高构件建模拆分的标准化程度和效率，可以有效保证运输到现场的吊装模块的质量，使得装配完成的建筑一次成型。

在装配式建筑中，针对各个流程环节的管理要求会更加严格，同时更高度依赖信息化管理技术，BIM的信息管理云平台（或者叫项目管理门户）是通过建立一个云数据中心作为工程项目BIM设计、生产、装配信息的运算服务支持。通过该平台可以形成企业资源数据库，实现协同过程的管理。

装配式建筑对 BIM 技术的迫切需求是显而易见的，BIM 技术对装配式建筑而言价值巨大，意义非凡。

10.3 装配式建筑各个环节应用 BIM 的目标

10.3.1 设计环节 BIM 应用应该达到的目标

设计环节 BIM 所要解决的最主要的目标包括：

（1）通过定量分析选择适宜的结构体系。

（2）进行优化拆分设计。

（3）避免预制构件内预埋件、预埋物与预留孔洞的出错、遗漏、拥堵或重合。

（4）提高连接节点设计的准确性和制作、施工的便利性。

（5）建立部品部件编号系统——即每种部品部件的唯一编号体系。

在装配式建筑的设计环节，一方面要按照各个专业的理论体系完成项目的整体设计工作，另一方面需要按照现场安装条件、运输吊装条件、预制加工条件及技术规范要求的条件，把这个建筑物拆分成一件一件的建筑部件，设计环节实际上是信息创建的过程，需要保证信息的正确性、信息的完整性、信息的可复制性、信息的可读写性、信息的条理性、信息的传递介质电子化。

对于综合性的装配式建筑，数据量巨大，在信息化实施过程中，数据的管理检索任务繁重，在信息创建初期合理规划好信息的条理性尤为重要。设计阶段拆分出来的部件，需要有完整清晰的相关信息注释，这个信息注释还不能由单一的以纸质媒介的方式出现，需要以电子介质的方式存在于项目云数据中心，存在于未来的每一个环节中，未来的各个环节中的数据都来源于项目云数据中心，并与云数据中心的数据信息互动互联。

在创建信息数据过程中，还需要考虑可能出现的信息管理方面的问题：信息污染和信息紊乱问题、信息产权保护和信息资源共享问题、信息编码与信息标准问题、信息保密与信息安全问题。

10.3.2 生产制造环节 BIM 应用应该达到的目标

构件制作环节 BIM 所要解决的最主要的目标包括：

（1）根据施工计划编制生产计划，根据生产可行性与合理性提出对施工计划的调整要求，进行互动协同。生产计划细分到每个构件的制作时间、负责人、工艺流程及出厂时间。

（2）依据生产计划生成模具计划，包括不同编号的构件共用同一模具或改用模具的计划。

（3）构件制作的三维图样（包括形状、尺寸、出筋位置与长度、套筒或金属波纹管位置），作为模具设计的依据和检验对照。

（4）预制构件钢筋骨架、套筒、金属波纹管、成孔内模、预埋件、吊点、预埋物等多角度三维表现，避免钢筋骨架成型、入模、套筒、预埋件等定位错误。

（5）进行堆放场地的分配。

（6）发货与装车计划及其装车布置等。

生产制造环节的首要任务就是制造真实世界的实物体，是一个从无到有的过程，严格执行设计环节所提出的信息技术标准制造出完全符合要求的真实建筑部件产品，这还仅仅是第一步，虚拟的构件实际已经在设计环节完成了，真实构件诞生后，需要立即完成的任务是让虚拟的构件与真实的构件合体，让真实的构件具有“灵魂”，即在真实构件体内植入芯片（RFID），电子媒介信息注释让真实构件与项目云数据中心的虚拟构件完全关联到一起，并把今后这件真实的构件每个环节不同状态的信息都即时收集并实时传递到项目云数据中心。

生产制造环节，BIM应该达到的目标在于：充分依靠电子媒介提取设计阶段创建的技术信息（不能走回老路完全依赖纸质媒介来读取设计信息）；充分依靠自动化生产设备、三维扫描设备、VR/MR设备确保构件产品质量；即时补充，填写构件“出生”之后的相关信息并实时上传至项目云数据中心（请留意这里的信息传递介质仍需要充分依赖电子媒介）。

在生产制造环节，需要特别强调电子介质传递信息的重要性，传统上，工厂化管理使人们已经习惯并高度依赖纸质介质传递信息数据。因为所采用的传递介质不同，对后续环节信息流是否畅通，是否容易形成信息孤岛至关重要，这一点需要引起足够重视。

无纸化制造是BIM技术落实在生产制造环节的基本目标。

10.3.3　现场装配环节BIM应用应该达到的目标

施工环节BIM所要解决的最主要的目标包括：

（1）利用BIM进行施工组织设计，编制施工计划。

（2）编制施工成本计算和施工预算。

根据施工计划编制构件和其他部品进场计划，与工厂互动。进行车上直接吊装的工序安排。

传统现场装配作业过程中，我们会看到：重型起重机正在空中吊着大型待装配的建筑部件，负责装配作业的一帮人员正腋下夹着卷图纸，手里拿着卷尺、水平尺、锤子和撬杠围绕在作业点附近敲敲打打，艰难装配定位；而在BIM应用作业场景中，是一个戴着Hololens眼镜的人员，右手在空中一会儿展开五指，一会儿又收拢，指指画画，随着OK手势的结束，附近吊着的大型构件缓缓移动到指定位置稳稳地落下，就此完成高质量的装配作业。

从表面看，BIM装配作业者如同一个魔术师，正在玩变戏法；实际上他正通过混合现实技术，从云数据中心调出装配现场已经完成部分的虚拟模型同真实现场环境做吻合匹配校验，第一步检验现场真实环境是否与设计数据一致，第二步调出正在空中吊着的那件装配部件的虚拟体与真实环境匹配定位，检查是否正确，确认无误后执行OK手势。

BIM技术在现场装配环节中的应用，是通过混合现实技术，实时通信技术，BIM云端数据库技术，来实现两个层面的虚拟作业：一个是虚实混合检查校验，另一个是虚实混合装配校验。

10.3.4　质量跟踪管理BIM应用应该达到的目标

装配式建筑关键节点施工质量是整个建筑安全问题的主要因素，在整个建筑物生命周期内对关键节点处的质量检测数据采集分析，BIM-BLM技术通过一些传感器技术，即时通信技术、数据库技术，实时采集到关键节点处的位移、压差、温湿度等的变化值，以此来实时掌控、判断、分析建筑物施工及运营使用过程中的安全可靠性。

10.4　装配式建筑全链条共享BIM的建立

10.4.1　BIM组织架构模式

BIM的组织实施是一个系统性的工作，装配式建筑的每一个环节都不可缺失，可以从不同的维度去考虑建立 BIM 的组织架构模式。

（1）由业主主导建立的 BIM 组织架构，参与成员包括设计方、施工方、预制工厂，监理机构、工程管理机构、物业运维管理机构，主要以为单个或多个项目服务为目的。

（2）由装配式施工总承包企业主导建立的 BIM 组织架构，主要为企业自身信息化管理服务。

（3）由装配式工厂主导建立的 BIM 组织架构，主要为工厂自身信息化管理服务。

从上述这三种模式不难看出，要想实现装配式建筑全链条共享 BIM，最理想的模式是由业主方来主导建立 BIM 组织架构，也唯有这种模式才可以真正将 BIM 的价值最大化体现出来。由业主方（或者代理）统领的 BIM 组织，才可以将各个环节参与方包含进来，有效贯彻执行，消灭信息孤岛，各方参与机构也才会有最大的动力。

10.4.2 BIM 落实的具体要求

简单地说，BIM 具体落实需要三个方面的要素：人、软件和硬件。

关于“人”，有一个观点是另外设置专职“BIM 工程师”，类似原来使用“算盘”工作的会计，这种想法如同因为“电子计算器”的出现，需要另外设置一个“电子计算器操作助手”一样可笑。其实，原有岗位人员，特别是负责技术岗位的人员通过培训，迅速掌握 BIM 相关理论和技能即可解决人员问题。

“软件”方面，国外软件可以重点关注“Trimble”公司的产品“Tekla”“SketchUp”“Vico”和“Autodesk”公司的产品“Revit”“Navisworks”；国内软件方面就不在这里赘述。BIM 软件的发展在近十年来是一个高速进化的过程，因为正在发展中，有些产品存在或多或少的缺陷也在情理之中，这个需要客观认识，不要因为软件产品的缺陷放弃对 BIM 的使用；BIM 软件，特别是来自国外的厂商，由于厂商的产品开发方向是全球化目标，不一定满足国内本土化的具体需求，对于中国用户来说，基于国外软件产品的本土化二次开发是当前的最佳途径。

“硬件”部分，计算机、智能手机以及智能移动设备这些常规设备都可以在装配式建筑上派上用场；另外，BIM 放样机器人、三维扫描仪、VR/MR 设备，也都应引起我们的关注和重视。

10.4.3 云数据中心的建立

云数据中心（即项目信息门户，下同）是项目各参与方为信息交流，共同工作，共同使用和互动的管理工具，属垂直门户范畴。

云数据中心的核心功能在于：项目各参与方的信息交流（Project Communication）；项目文档管理（Document Management）；项目各参与方的共同工作（Project Collaboration）。

云数据中心应该由业主方或者业主代理人来总负责。

云数据中心信息数据从设计阶段创建开始，在制造环节已经完成与实物的合体共生，到不同环节信息内容得到不断地完善丰富，整个数据流都是顺畅的，存在于云端数据库、存在于记录芯片、存在于各类移动终端设备，即时智能查询的。

云数据中心的安全保证，安全问题主要涉及硬件安全、软件安全、网络安全、数据资料安全，应该对数据安全保证予以足够的重视。

总的来说，装配式建筑的 BIM 就是装配式建筑的信息化，是行业发展的趋势和未来，是一个系统化工程，需要每一道环节，从事相关具体工作的人高度认同，与时俱进，认真对待。

当今，人类的日常购物消费都已经进入到“刷脸”付费的时代，我们的从业人员还需要腋下夹着一卷图纸在工地上跑来跑去吗？

“无纸化”还仅仅是一个开始，未来已来，我们一起拭目以待！

思考题

1. 为什么装配式建筑相对于非装配式建筑更加依赖BIM技术？
2. 在装配式建筑项目实施信息化管理过程中，为什么不需要专门配置BIM工程师岗位？
3. 简述装配式建筑信息化管理与物联网之间的关系。

附录　装配式建筑有关国家、行业或地方标准目录

序号	标 准 名 称	标 准 编 号	分　类
1	《装配整体式混凝土结构工程施工及验收规程》	DB34/T 5043—2016	安徽
2	《装配整体式建筑预制混凝土构件制作与验收规程》	DB34/T 5033—2015	安徽
3	《预制混凝土构件质量检验标准》	DB11/T 968—2013	北京
4	《装配式混凝土结构工程施工与质量验收规程》	DB11/T 1030—2013	北京
5	《装配式剪力墙结构设计规程》	DB11/T 1003—2013	北京
6	《装配式剪力墙住宅建筑设计规程》	DB11/T 970—2013	北京
7	《预制装配式混凝土结构技术规程》	DBJ 13—216—2015	福建
8	《装配式混凝土建筑结构技术规程》	DBJ 15—107—2016	广东
9	《城市居住区规划设计规范》	GB 50180—1993（2016 年版）	国家
10	《低合金高强度结构钢》	GB/T 1591—2008	国家
11	《多高层木结构建筑技术标准》	GB/T 51226—2017	国家
12	《钢管混凝土工程施工质量验收规范》	GB 50628—2010	国家
13	《钢管混凝土结构技术规范》	GB 50936—2014	国家
14	《钢结构工程施工规范》	GB 50666—2011	国家
15	《钢结构工程施工质量验收规范》	GB 50205—2001	国家
16	《钢结构焊接规范》	GB 50661—2011	国家
17	《钢结构设计标准》	GB 50017—2017	国家
18	《工业化建筑评价标准》	GB/T 51129—2015	国家
19	《混凝土结构工程施工规范》	GB 50666—2011	国家
20	《混凝土结构工程施工质量验收规范》	GB 50204—2015	国家
21	《混凝土结构设计规范》	GB 50010—2010	国家
22	《混凝土外加剂应用技术规范》	GB 50119—2013	国家
23	《混凝土质量控制标准》	GB 50164—2011	国家
24	《建设工程文件归档规范》	GB/T 50328—2014	国家
25	《建筑采光设计标准》	GB 50033—2013	国家
26	《建筑地面设计规范》	GB 50037—2013	国家
27	《建筑电气工程施工质量验收验收规范》	GB 50303—2015	国家
28	《建筑防腐蚀工程施工规范》	GB 50212—2014	国家
29	《建筑防腐蚀工程施工质量验收规范》	GB 50224—2010	国家

（续）

序号	标准名称	标准编号	分　类
30	《建筑给水排水及采暖工程施工质量验收规范》	GB 50242—2002	国家
31	《建筑工程施工质量验收统一标准》	GB 50300—2013	国家
32	《建筑节能工程施工质量验收规范》	GB 50411—2007	国家
33	《建筑结构荷载规范》	GB 50009—2012	国家
34	《建筑结构用钢板》	GB/T 19879—2015	国家
35	《建筑抗震设计规范》	GB 50011—2010	国家
36	《建筑模数协调标准》	GB/T 50002—2013	国家
37	《建筑设计防火规范》	GB 50016—2014	国家
38	《建筑物防雷工程施工与质量验收规范》	GB 50601—2010	国家
39	《建筑物防雷设计规范》	GB 50057—2010	国家
40	《建筑用轻质隔墙条板》	GB/T 23451—2009	国家
41	《建筑照明设计标准》	GB 50034—2013	国家
42	《建筑装饰装修工程质量验收规范》	GB 50210—2001	国家
43	《冷弯薄壁型钢结构技术规范》	GB 50018—2002	国家
44	《门式刚架轻型房屋钢结构技术规范》	GB 51022—2015	国家
45	《民用建筑隔声设计规范》	GB 50118—2010	国家
46	《民用建筑热工设计规范》	GB 50176—2016	国家
47	《民用建筑设计通则》	GB 50352—2005	国家
48	《木结构设计规范》	GB 50005—2003（2005 年版）	国家
49	《碳素结构钢》	GB/T 700—2006	国家
50	《通风与空调工程施工质量验收规范》	GB 50243—2016	国家
51	《智能建筑工程质量验收规范》	GB 50339—2013	国家
52	《住宅建筑规范》	GB 50368—2005	国家
53	《住宅设计规范》	GB 50096—2011	国家
54	《住宅装饰装修工程施工规范》	GB 50327—2001	国家
55	《装配式钢结构建筑技术标准》	GB/T 51232—2016	国家
56	《装配式混凝土建筑技术标准》	GB/T 51231—2016	国家
57	《装配式建筑工程消耗量定额》	征求意见稿—2016	国家
58	《装配式木结构建筑技术标准》	GB/T 51233—2016	国家
59	《底层冷弯薄壁型钢房屋建筑技术规程》	JGJ 227—2011	行业
60	《非结构构件抗震设计规范》	JGJ 339—2015	行业
61	《钢板剪力墙技术规程》	JGJ/T 380—2015	行业
62	《钢结构高强度螺栓连接技术规程》	JGJ 82—2011	行业
63	《钢结构住宅设计规范》	CECS 261—2009	行业
64	《钢筋混凝土装配整体式框架节点与连接设计规程》	CECS 43—1992	行业
65	《钢筋机械连接技术规程》	JGJ 107—2016	行业
66	《钢筋连接用灌浆套筒》	JG/T 398—2012	行业

（续）

序号	标准名称	标准编号	分类
67	《钢筋连接用套筒灌浆料》	JG/T 408—2013	行业
68	《钢筋套筒灌浆连接应用技术规程》	JGJ 355—2015	行业
69	《高层建筑混凝土结构技术规程》	JGJ 3—2010	行业
70	《高层民用建筑钢结构技术规程》	JGJ 99—2015	行业
71	《建筑钢结构防腐蚀技术规程》	JGJ/T 251—2011	行业
72	《交错桁架钢结构设计规程》	JGJ/T 329—2015	行业
73	《矩形钢管混凝土结构技术规程》	GECS 159—2004	行业
74	《空间网格结构技术规程》	JGJ 7—2010	行业
75	《夏热冬冷地区居住建筑节能设计标准》	JGJ 134—2010	行业
76	《预应力混凝土用金属波纹管》	JG 225—2007	行业
77	《预制预应力混凝土装配整体式框架结构技术规程》	JGJ 224—2010	行业
78	《整体预应力装配式板柱结构技术规程》	CECS 52—2010	行业
79	《装配式混凝土结构技术规程》	JGJ 1—2014	行业
80	《装配式混凝土构件制作与验收标准》	DB13(J)/T 181—2015	河北
81	《装配式混凝土剪力墙结构建筑与设备设计规程》	DB13(J)/T 180—2015	河北
82	《装配式混凝土剪力墙结构施工及质量验收规程》	DB13(J)/T 182—2015	河北
83	《装配整体式混合框架结构技术规程》	DB13(J)/T 184—2015	河北
84	《装配整体式混凝土剪力墙结构设计规程》	DB13(J)/T 179—2015	河北
85	《装配式混凝土构件制作与验收技术规程》	DBJ41/T 155—2016	河南
86	《装配式住宅建筑设备技术规程》	DBJ41/T 159—2016	河南
87	《装配式住宅整体卫浴间应用技术规程》	DBJ41/T 158—2016	河南
88	《装配整体式混凝土结构技术规程》	DBJ41/T 154—2016	河南
89	《装配整体式混凝土剪力墙结构技术规程》	DB42/T 1044—2015	湖北
90	《混凝土叠合楼盖装配整体式建筑技术规程》	DBJ43/T 301—2013	湖南
91	《混凝土装配-现浇式剪力墙结构技术规程》	DBJ43/T 301—2015	湖南
92	《装配式钢结构集成部品撑柱》	DB43/T 1009—2015	湖南
93	《装配式钢结构集成部品主板》	DB43/T 995—2015	湖南
94	《装配式斜支撑节点钢结构技术规程》	DBJ43/T 311—2015	湖南
95	《灌芯装配式混凝土剪力墙结构技术规程》	DB22/JT 161—2016	吉林
96	《施工现场装配式轻钢结构活动板房技术规程》	DGJ32/J 54—2016	江苏
97	《预制预应力混凝土装配整体式结构技术规程》	DGJ32/TJ 199—2016	江苏
98	《装配整体式混凝土剪力墙结构技术规程》	DGJ32/TJ 125—2016	江苏
99	《装配式混凝土结构构件制作、施工与验收规程》	DB21/T 2568—2016	辽宁
100	《装配式混凝土结构设计规程》	DB21/T 2572—2016	辽宁
101	《装配式剪力墙结构设计规程(暂行)》	DB21/T 2000—2012	辽宁
102	《装配式建筑全装修技术规程(暂行)》	DB21/T 1893—2011	辽宁

（续）

序号	标准名称	标准编号	分　类
103	《装配整体式混凝土结构技术规程(暂行)》	DB21/T 1924—2011	辽宁
104	《装配整体式建筑设备与电气技术规程(暂行)》	DB21/T 1925—2011	辽宁
105	《装配整体式混凝土结构工程施工与质量验收规程》	DB37/T 5019—2014	山东
106	《装配整体式混凝土结构工程预制构件制作与验收规程》	DB37/T 5020—2014	山东
107	《装配整体式混凝土结构设计规程》	DB37/T 5018—2014	山东
108	《工业化住宅建筑评价标准》	DG/T J08—2198—2016	上海
109	《装配整体式混凝土公共建筑设计规程》	DGJ 08—2154—2014	上海
110	《预制装配钢筋混凝土外墙技术规程》	SJG 24—2012	深圳
111	《预制装配整体式钢筋混凝土结构技术规范》	SJG 18—2009	深圳
112	《四川省装配整体式住宅建筑设计规程》	DBJ51/T 038—2015	四川
113	《装配式混凝土结构工程施工与质量验收规程》	DBJ51/T 054—2015	四川
114	《叠合板式混凝土剪力墙结构技术规程》	DB33/T 1120—2016	浙江
115	《装配整体式混凝土结构工程施工质量验收规范》	DB33/T 1123—2016	浙江
116	《装配式混凝土住宅构件生产与验收技术规程》	DBJ50/T 190—2014	重庆
117	《装配式混凝土住宅建筑结构设计规程》	DBJ50/T 193—2014	重庆
118	《装配式混凝土住宅结构施工及质量验收规程》	DBJ50/T 192—2014	重庆
119	《装配式住宅部品标准》	DBJ50/T 217—2015	重庆